人机技术重塑媒介与文化研究

Studies in Reshaping Media and Culture with Human-Computer Interaction Technology

韩素梅　著

·杭州·

图书在版编目（CIP）数据

人机技术重塑媒介与文化研究 / 韩素梅著. -- 杭州 : 浙江大学出版社，2025. 3. ISBN 978-7-308-25867-8

Ⅰ. TB18

中国国家版本馆 CIP 数据核字第 2025FL8242 号

人机技术重塑媒介与文化研究

韩素梅 著

责任编辑 李海燕 葛 娟
责任校对 朱梦琳
封面设计 周 灵
出版发行 浙江大学出版社
（杭州市天目山路 148 号 邮政编码 310007）
（网址：http://www.zjupress.com）
排 版 杭州好友排版工作室
印 刷 杭州高腾印务有限公司
开 本 710mm×1000mm 1/16
印 张 19
字 数 312 千
版 印 次 2025 年 3 月第 1 版 2025 年 3 月第 1 次印刷
书 号 ISBN 978-7-308-25867-8
定 价 78.00 元

国家社科基金后期资助项目
出版说明

后期资助项目是国家社科基金设立的一类重要项目，旨在鼓励广大社科研究者潜心治学，支持基础研究多出优秀成果。它是经过严格评审，从接近完成的科研成果中遴选立项的。为扩大后期资助项目的影响，更好地推动学术发展，促进成果转化，全国哲学社会科学工作办公室按照“统一设计、统一标识、统一版式、形成系列”的总体要求，组织出版国家社科基金后期资助项目成果。

全国哲学社会科学工作办公室

目录

第三编　人机交互的主角们

第四编　人机交互的技术文化批判

图目录

表目录

绪　言

“读万卷书，行万里路”是人们拓展认知的两种主要途径。如果从类比的角度讲，前者——“读”类似于传统的信息传播方式，人们以视觉、听觉为主拓展认知；后者——“行”则是身体与环境、身体与认知的交互认知。如今，随着人机交互（Human-Computer Interaction，简称 HCI）技术的展开，“读”与“行”的认知正在发展转变。

人机交互技术直接把人与非人的信息交互摆在我们面前，比如 ChatGPT。机器的合成语音、人形机器人、人的数字化身、增强现实技术中人机共在的信息传播等，无不对既有的传播主体、传播渠道、传播环境、传播关系、传播观念、传播效能发出挑战。

不同于大众传播时代的主要传播形态，人机交互技术使原本作为信息制作者、分发者、接受者的角色转变为人自身也进入信息系统，即原本作为旁观者的人——不论是作为听众还是观众，开始借由技术把身体投入传播情境中，有学者把这一现象称为离身性向具身性的转变。① 人机技术的交互性，就是技术由工具与手段转变为传播主体的一部分，是技术与人共同成为信息的制作体、发布体、传送体与接收体。从人机技术的发展看，之前以读、听、看为主的信息传播过程变得越来越“身临其境”，人机技术正在改写传播格局与传播形态。

从传播格局看，人机技术背景下传播的本质是跨物种传播，这与以往的传播技术、传播过程、传播主体大为不同。在人机技术的背景下，人机交互是一场双向奔赴，即身体进入信息传播的系统，技术也在扩张人的感知觉能力。由技术转化的“临场感”既打开了新的感知觉通道，也打开了新的空间疆域；进而人的边界受到挑战，比如生物传感器和脑机接口（brain-computer interface，简称 BCI）技术、人工智能生成内容（AIGC，AI Generated

---

① 芮必峰、孙爽：《从离身到具身——媒介技术的生存论转向》，《国际新闻界》2020 年第 5 期。

Content)等既是连接跨物种信息的新技术,也是抹除人机边界的新技术。这个过程也同时指向人与“机”背后的资本、政治、社会组织等的复杂勾连,以及人类学层面的人类形态演化、哲学层面的人的本体属性等问题。总之,传播实践及传播研究的格局也因新的经验与实践而持续扩张其疆域。

从传播形态讲,人机技术是人与技术的双向靠拢,即身体的技术化、数据化和技术的拟人化、人形化。身体的技术化,在游戏世界中已然出现,它也是人的媒介化;技术的人形化则是技术的文化面。因而,人机技术的交互传播所研究的,既是人机技术对人类传播的改写,也是人机技术对人类文化的认同或改造。人机交互的传播同时作用于人类的传播形态与文化规则,不同的是,技术改写传播形态,带来的是传播的新现象;而技术的人形化甚至人格化则体现出技术背后的组织规则和文化规则,这在人形机器人尤其是女性 AI(Artificial Intelligence)身上尤为明显,这是人机技术的文化新现象,也是人的主体位置的哲学新现象。

从人机交互的关系程度看,两者的双向奔赴分为感知、行为和思维三个层次。从感知层面讲,以智能语音技术为代表的听觉延伸、以全息智能 3D 技术或 VR(虚拟现实)等技术为代表的视觉延伸、以智能触控技术为代表的触觉延伸、以图像识别技术为代表的认知延伸和以传感器技术为代表的体感延伸等,都使人的感观和中枢神经系统在传播活动中得以延伸。从行为层面讲,当机器具备人的行为能力,并成为人的智能帮手时,就是人机交互的行为融合。从思维层面讲,当机器模拟人的思维和意识时,就是人机交互的思维融合。① 而当机器有了人的外形时,人机交互的社会关系就会更加明显,“机器人的外观和行为表现之所以要近似人类,就是为了创造出‘与机器人交往就像与一个合作伙伴、一个能够回应我们行为的个体交往一样’的印象”②。人与人形机器人的交互不只局限于信息传播的范围,它还在心理认同、社会关系重组等方面拓展出新的关系。

从研究思路讲,本书分四个主题共十章展开,四个主题是:人机交互的传播技术回溯及理论基础;人机交互的传播形态及其逻辑;人机交互的传播

① 高慧琳、郑保章:《基于麦克卢汉媒介本体性的人机融合分析》,《自然辩证法研究》2019 年第 1 期。

② 〔丹麦〕马尔科·内斯科乌:《社交机器人:界限、潜力和挑战》,柳帅、张英飒译,北京,北京大学出版社,2021 年,第 2 页。

主体及文化意义；人机交互的传播价值。四个主题的基本逻辑结构如图 1 所示。

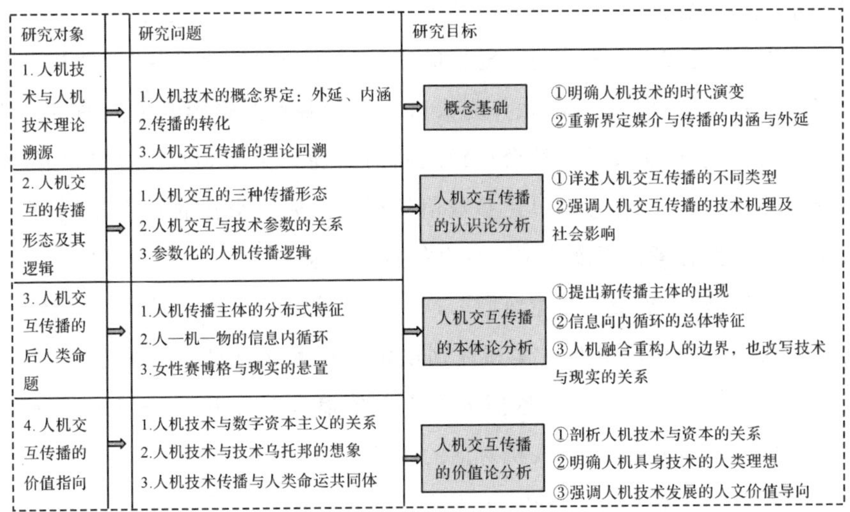

图 1　研究的四个主题逻辑

四个主题构成本书的四编。

第一编是“人机交互与传播变革”，这一编从智能技术演进和人机关系、混合现实理论基础两个方面展开。第一章“人机交互传播的技术理念”，以人—机技术“智能化”的内涵开篇，借维纳（Norbert Wiener）的控制论原理，即“宇宙的基石不是能源而是信息”，为人—机—物的互联互通提供认识论基础。人机交互既开启了新的传播关系，也因“机”所属主体的社会组织性质而带动了新的社会关系，这是人机交互传播的基本背景。第二章“人机交互传播的社会及哲学思考”涉及两个方面：一是人机关系，二是混合现实。就人机关系而言，本书依时间线索分别阐述五个相关理论：图灵关于机器的认知智能、强化人机技术认识框架的梅西会议（Macy Conference）、梅洛-庞蒂（Merleau-Ponty）的知觉现象学、唐·伊德（Don Ihde）的技术诠释学和人工智能三学派。

第二编是“人机交互的三种形态及其逻辑”，这一编具体分析人机交互传播的三种形态及其以技术参数为主导的传播逻辑。第三章“人机交互的三种形态”，分为：1. 视听式体验形态，这种形态下，人是看与听的体验化主体；2. “赛博格”（cyborg）式交互形态，这种形态下，技术嵌入身体，人机共同体是传播的主体；3.无器官交互形态，这种形态下，作为信息载体的肉身在万物互联的情境下以意识连接万物，从而显示更为显著的后人类传播形态。第四章“参数化的人—机交互逻辑”，阐述技术参数直接决定了人机传播的交互程度，它把技术调整到与人对接的参数标准，而“量化自我”就是技术与人对接的基本结果。技术参数作为人机对接的基本逻辑影响了人的主体性位置，进而容易遮蔽技术与社会实践之间的区别。在技术参数的主导下，没有什么主体的存在，存在的只是参数值的配置。人机交互的时代，原本关于技术的社会性思考也逐渐让位于社会的技术性思考。

第三编是“人机交互的主角们”，这一编关注人机交互的信息新主体，这包括人机合一的赛博格新主体和性别视角的技术文化批判。第五章“作为分布式新主体的‘赛博格’”，依照人机交互传播的三种形态，把人机技术影响下的传播主体分为三种：人机对话的主体、人机共栖的“赛博格”主体和去除肉身的赛博朋克主体。其中，关于人机对话的分析着眼于技术的人格化；人机共栖的赛博格分析与第三章里关于赛博格式交互形态形成对应；赛博朋克的分析则着重于从科幻文化的视角观察其包含的后人类传播主体现象。人机交互的过程是以人—机形式遮掩人—人形式，这也是信息的组织化与主体的气泡化的双重过程；同时，隐私侵入更加隐秘。第六章“人机合成体的女儿们”，以女性（女声）机器人为对象，关注人机技术及其传播包含的文化意涵和伦理问题。“机器与妖妇”的叙事原型既呈现于科幻文本中，也依旧体现于人工智能的现成物中；而机器与人的形象组合则包含两个方面的意义指涉：一是性别外形的机器人是现实性别形象、性别关系的对象投射；二是机器与人的组合也指涉着人与机器的关系思考。只有人工智能的性别设定得到深入分析，才能更全面地理解人工智能与人类关系的新旧命题。

第四编是“人机交互的技术文化批判”，这一编对人机技术中的科技公司资本圈地和新自由主义思潮的双峰并峙进行批判性分析。第七章“人机关系的文化之变”，着重点从人机交互传播转向人机技术对文化权力的重组。从技术面讲，人机技术的媒介环境从“广播”到“窄播”再到“私播”，媒介受众由视听式受众转向体验式用户，其文化意涵建基于以身体为信息界面的前提，其结果是真实空间与虚拟空间的混合叠加。从文化面讲，由于人对信息的感知觉关系发生变化，人机之间的关系有走向技术迷思的特征，然而，人机交互不是新的乌托邦式的应许之地。第八章“智媒与资本主义的控制论想象”关注智能化信息技术背后的结构性力量。人机技术的大数据全景分类，使数字文化成为更加精致的利益型或数字化定制文化；看似个性化的“点射”型文化，使数字文化与数字资本主义的关联更为隐蔽。数据资本的高转化率建基于数字文化的魅惑性，它使数字资本主义“无摩擦”和“透明”的特征更加强化；同时信息的不确定性和分布性也为数字社会主义及文化共享提供了机会。第九章“控制与‘失控’：赛博无政府主义”，强调人机技术的发展也含有对现实的一种态度，它可以是一种相对于现实政府的避风港，也可以是一座通向与上帝对话的巴别塔，这是赛博无政府主义的价值追求。受控制论自我控制、自成体系理念的影响，人机技术包含了乌托邦式社会组织的观察与期待。然而，人机交互传播中的社会烙印不容忽视，在赛博无政府主义的大旗之下，奉行技术自由、个人自由的技术精英，依旧操演着阶层与性别等话语主导权；在数据收集、信息经济方面，赛博无政府主义与商业交易的关系更加错综复杂。

终章部分阐述“人机交互传播与‘后人类’命题”。人机技术使“人是媒介的延伸”这一后人类命题更加显著。从人机关系的角度讲，“后人类”是数据的人格化和人格的数据化，是人工智能（AI）和人工生命（AL）的接合体。人类命运共同体融合了人类中心主义与去人类中心的视野，也扩展了对有关信息传播及生命的认知。

总之，本书的思考从控制论的“世界的基石是信息”这一理念开始，以对控制论的反思为线索，最终以对技术文化的批判作结。具体讲，控制论为人机交互提供了认识论基础，但这一原理只作用于人机交互的技术层面。为了达到人机连接的平滑性，控制论原理会让人顺应“机”的形态，即两者的交互更多的是让人“屈尊”俯就于“机”，这既弱化或取消了人的复杂性，也排除了人与机的社会语境。换言之，“机”不只是技术与参数化的体现，“机”的背后是资本、政治、社会组织等的复杂勾连。人机交互是人与技术、技术与社会、社会与资本、资本与政治的交互，因此，本课题既是对传播新形态的观察，也是对人与技术的社会关系批判，以及对人机关系涉及的本体论关系的思考。

第一编

人机交互与传播变革

第一章　人机交互传播的技术理念

他(维纳)对将人视为机器的观点不感兴趣,而是热衷于将人和机器一视同仁地当作自主、自律的个体。[①]

——凯瑟琳·海勒(Katherine Hayles)

一、人机技术与维纳的控制论理念

2021年8月20日,埃隆·马斯克(Elon Musk)带着一个身穿黑白服装的人形机器人(Tesla Bot)亮相。这个身高约1.72米、体重约57公斤的机器人,以轻快的舞步炫耀着其灵活的身姿。2022年9月30日,埃隆·马斯克及其团队又在2022 AI Day活动中携Tesla Bot人形机器人Optimus原型机上场。在展示视频中,Optimus提水浇花、搬运物品,能定位并主动避让周围人员。2022年10月,工业和信息化部、教育部等五部委印发《虚拟现实与行业应用融合发展行动计划(2022—2026年)》的通知。通知中的"重点任务"明确强调推进关键技术的融合创新,具体包括:

> 围绕近眼显示、渲染处理、感知交互、网络传输、内容生产、压缩编码、安全可信等关键细分领域,做优"虚拟现实+"内生能力,强化虚拟现实与5G、人工智能、大数据、云计算、区块链、数字孪生等新一代信息技术的深度融合,叠加"虚拟现实+"赋能能力。推进云、网、边、端协同能力体系建设。支持产业链上下游协同、面向特定场景、具备商用潜力的应用技术研发。

---

① 〔美〕凯瑟琳·海勒:《我们何以成为后人类:文学、信息科学和控制论中的虚拟身体》,刘宇清译,北京,北京大学出版社,2017年,第10页。

总之,人机交互技术不仅在科技领域成为人类创新创业的前沿方向,更是国家数字经济的重大前瞻领域和产业发展战略的重要布局。

关于人机技术及其理念其来有自,最典型且有深刻影响力之一的当属维纳的“控制论”。维纳在1948年的《控制论:或关于在动物和机器中控制和通信的科学》中宣称,宇宙的基石不是能源,而是信息转换。但是信息又是抽象的,信息就像人类,必须有一个物质载体。在凯瑟琳·海勒看来,信息不可能离开使它作为物质实体存在于这个世界的载体而存在,而这种载体是实在化的、特定的。① 控制论的信息转换理念加上信息需要以物质性载体呈现,成为人机融合技术及人类传播向人机交互传播全新构型的理念基础。同一时期,以图灵(Alan Mathison Turing)为代表的计算机技术探索及其著名的“图灵测试”(Turing Test)②,开启了机器的智能化方向。随后,1946—1953年间的梅西会议及“冷战”格局下互联网技术的竞争,加上符号主义、联结主义、行为主义等人工智能三学派的迭起,都为人机技术的实践及理念打下了多重基础。

(一)人机技术

人机交互、人机融合是当代智能技术发展与当代传播形态变迁的基本背景和未来趋势。所谓人机交互、人机融合,可以从两个方面理解:一是人向智能化机器的靠拢;二是机器的“人化”——人格化的形态特征。人机交互的技术基础是计算机智能技术,人机交互、人机交融是当今智能技术发展的整体趋势;同时,人机交互的“机”和交互程度始终是一个动态的过程(如图2所示)。

人机交互、人机融合涉及两个核心概念,即“人”和“机”。其中,“人”易于理解,而“机”是问题的关键。换言之,两者之中,“人”的概念基本不变,或至少在目前看来基本不变;“机”与“交互”“融合”的概念和程度持续更新,比如媒体理论学者列夫·马诺维奇(Lev Manovich)就把“机”看作计算机,把“交互”当作用户通过借助某些设备而与计算机之间进行的指令输入与信息输出过程。

---

① 〔美〕凯瑟琳·海勒:《我们何以成为后人类:文学、信息科学和控制论中的虚拟身体》,刘宇清译,北京,北京大学出版社,2017年,第65页。

② 图灵测试指测试者与被测试者(一个人和一台机器)分别被隔开的情况下,测试者通过一些装置(如键盘)向被测试者随意提问。进行多次测试后,如果有超过30%的测试者不能确定出被测试者是人还是机器,那么这台机器就通过了测试,并被认为具有人类智能。

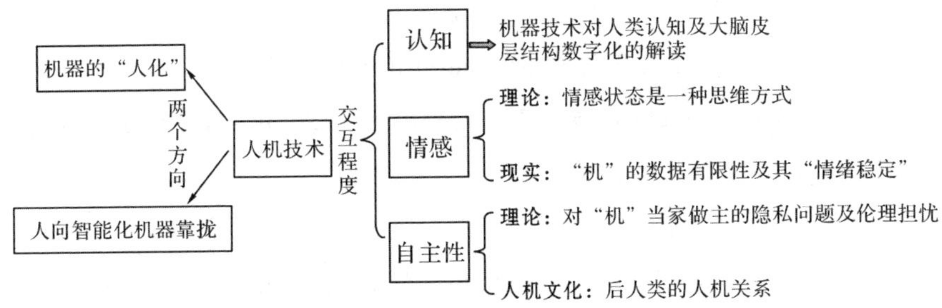

图 2　人机交互的基本关系及其交互层次

“人机交互界面”这一术语描述了用户与计算机交互的方式。人机交互界面包括实体的输入输出设备，诸如显示器、键盘和鼠标，也包括一系列将计算机数据结构进行概念化的隐喻。例如，苹果公司在 1984 年推出的麦金塔计算机交互界面，使用了排列在桌面上的文件和文件夹作为隐喻。此外，人机交互界面还包括处理数据的各种方式，即用户对数据执行的有意义操作所使用的语法。现代人机交互界面的指令包括：复制、重命名和删除文件，列出目录的内容，启动或终止程序，设置计算机的日期和时间。①

显然，这样的人机交互界面现在看来已经非常过时了。在列夫·马诺维奇的键盘、鼠标和 1984 年的麦金塔之外，触屏技术、语音交互技术、虚拟现实技术、脑机接口技术已陆续登场：

1990 年，杰伦·拉尼尔(Jaron Lanier)创办了 VR 公司 VPL Research，开始推出一系列民用 VR 设备；

1993 年，苹果公司推出掌上计算机(PDA)；

1997 年，飞利浦公司推出能够无线接入邮件和传真的数字智能手机；

1999 年，第一款 AR(增强现实)开源工具 ARToolKit 面世，人机交互开始从二维转向三维空间；

2000 年，交互语音应答技术面世；

① 〔俄〕列夫·马诺维奇：《新媒体的语言》，车琳译，贵阳，贵州人民出版社，2021 年，第 70 页。

2004年,Web2.0开始成为主流;

2007年,苹果公司发布iPhone和iOS操作系统;

2008年,Google发布开源移动操作平台Android,多点触控和传感器技术成为新的交互方式;

2011年,苹果发布语音助手Siri;

2013年,Leap公司发布体感控制器Leap Motion,手势识别技术得以突破;

2014年开始,虚拟现实设备如Oculus Rift、Vive等陆续问世;

2015年,任天堂发布AR手游Pokemon,微软推出MR(混合现实)眼镜;

2018年,Facebook推出Oculus Quest,无须线缆连接,使VR的沉浸式体验感更好;

2019年,欧盟委员会发布人工智能伦理准则;

2020年,埃隆·马斯克投资的Neuralink发布了一个可植入颅内的无线脑机接口设备;

2021年,Facebook更名为Meta,全力进军元宇宙;

2022年6月1日,一则“#50年后虚拟孩子将普及#”的话题成为微博热搜话题;

2022年11月30日,埃隆·马斯克宣布,可能在六个月内将Neuralink安装在人体内;

2023年3月15日,OpenAI发布了多模态大型语言模型ChatGPT-4;

2023年3月17日,微软发布AI办公助手Microsoft 365 Copilot,将GPT-4接入微软全家桶产品;

2023年5月25日,脑机接口公司Neuralink宣布已获美国食品和药物管理局(FDA)批准,即脑机设备植入人类大脑获得批准;

2023年6月5日,苹果公司发布Vision Pro,人们通过眼睛、双手和嘴巴就能控制Vision Pro,苹果公司称之为“空间计算设备”;

2024年1月,诺兰·阿博(Noland Arbaugh)加入脑机接口公司Neuralink的临床试验,成为第一个接受该公司大脑植入物的人,手术后他可以用意念通过脑机接入设备与朋友交流、玩游戏、下国际象棋;

2024 年 7 月，脑机接口公司 Synchron 称渐冻症患者可以使用意念控制苹果 Vision Pro。

……

总之，人机交互的介质和程度持续变化，其间，“智能化”是理解人机交互的关键。

一般而言，人的智能分三种，即认知智能、感知智能和行为智能。与此对应，人工智能的智能也可以以这三种划分。认知智能指学习和推理等能力，如人工智能的符号主义学派就是从模仿人类的认知开始的；感知智能指从视觉、听觉、味觉、嗅觉、触觉等方面获得的智能，比如现在通过大数据和算力能识别图片、人脸语音、语句的人工智能；行为智能就是行为主义人工智能，如机器人，既包含了认知也包含了感知和行为的能力。这三类智能也与人工智能三学派分别对应，关于这一内容将在本章第三节再作介绍。总之，人工智能在这三个方面的智能水平，直接决定了人机交互的方式与效果。

机器智能与人的智能的匹配性是人机技术的核心所在。谈论“奇点”来临的雷·库兹韦尔（Ray Kurzweil）把计算机智能超越人类之时判定为“奇点”到来的标志，即“以前专属于人类智能的许多任务以及活动，现在能完全由电脑控制，更加精确，范围也扩大了”。库兹韦尔明确表示：“人工智能领域并不是尝试复制人脑，却仍然达到可与人脑匹敌的技术水准。”[①]这类看法成为人工智能的一个潮流，如 Google 人工智能研究员弗朗索瓦·肖莱（Francçois Chollet）也持类似看法，他认为人工智能的定义可简化为“努力将通常由人类完成的智力任务自动化”[②]；这与图灵一致：“只有计算机能像人类那样思考，它才被认为是智能的。”[③]而被称为“现代计算机之父”的冯·诺依曼（John von Neumann）更进一步，他认为计算机与人的神经系统本质相似，都具有模拟计算与数字计算的混合特征，并且大脑与计算机的功能都在

---

① 〔美〕雷·库兹韦尔：《人工智能的未来：揭示人类思维的奥秘》，盛杨燕译，杭州，浙江人民出版社，2016 年，第 87 页。

② 〔美〕弗朗索瓦·肖莱：《Python 深度学习》，张亮译，北京，人民邮电出版社，2018 年，第3 页。

③ Alan. “Mathison Turing: Computing Machinery and Intelligence”. *Mind*, *New Series*, 1950, 59(236): 433-460.

于处理和加工信息。简言之,"智能"化的程度决定了人机交互的程度。

人机交互技术是动态的,其交互的程度可以从认知、感知、行为及自主性三个层面分别看。

从认知方面讲,人机技术是以计算机技术为基础,机器及数据技术向人脑智能动态化靠近且连接人类的信息连接系统,是机器技术对人类认知及大脑皮层结构数字化的解读。不同于农业文明时期手拿锄头的技术,也不同于工业文明时期蒸汽机和汽车的技术,在智能化的过程中,电脑的出现一如其命名一样开启了人机关系的新时代,这时,电脑成了人脑的外挂,人脑成了电脑无限趋近的对象。数字化技术是人机连接的必要条件——代码成为人机通信的通用语言,大数据又使人机连接更为紧密;传感器等技术可使人机的物质性连接成为可能……因此,人机技术便是智能技术,智能技术则包含了技术无限向人靠拢的趋势,这个无限靠拢既是物质与技术层面的,也是文化及本体论层面的。人越来越依据算法驱动和智能感知而向人工智能靠拢,比如已经出现的体态识别、脉搏识别、虹膜识别、指纹识别等,人工智能技术也越来越依赖于逐渐隐身的基础设施和技术构架而人形化、人格化。

在智能技术大规模开发和推广之前,机械、机器的工具属性十分明显,它如同人类的工作"把手",延伸了工作和生活的效能,如机床、机械手臂、挖掘机等。从电子计算机开始,"机"在工具之外有了"仆从"的意味,人类发出指令,计算机执行指令,运算、输入输出代码以形成文字、图像、视频等;有时还可以执行一些动作指令,如扫地机器人。此时,"机器人"的说法就已经把机器的工具属性上升到"仆从"的地位。芯片技术如同仿生心脏——虽然简单,但与机械化的延伸人的四肢的工具大为不同。不管怎样,机械化工具和计算机都是为人类服务的,关于这一点,想来不会有质疑;而人机交互使智能技术有了感知和模仿人的数据连接。

人机技术涉及的技术条件有"智能传感、智能芯片、算法模型、专家系统在内的智能媒介基础层,和包括自然语音交互、图像识别、人脸识别在内的智能技术层,以及虚拟现实、无人驾驶、无人机、智能音箱、陪护机器人等一系列智能产品在内的应用层,均为智能媒介"[①]。硬件之外,软件是智能化的关键,数据、芯片技术及算法模型才是人机交互的核"芯"所在。因此,人机

---

① 别君华:《智媒传播中的人机融合关系及其实践维度》,《现代传播》2019年第11期。

关系中,"机"不再是如人类把手的工具,它成了人类大脑甚至情感的外挂,人也成了"机"的延伸或肉身外挂。这时,"机"有了与人平起平坐的机会,甚至其上升趋势势不可当。向来沉默不语、忠心耿耿的"仆从"会不会有一天取而代之,坐上主人的交椅,这成了人机交互的终极命题,也是人机交互背景下传播主体变化、传播生态变化、传播内涵变化以及传播意义变化的基本背景。

硬件和软件只是提供了人、机、物相互作用的物质和技术条件,人、机、环境的交互才是智能的产生[①]和人机交融的必要条件。人机交互分两个层次,人机相互作用是开始;换言之,交互是起点与过程,交融是效果与目的。从交互的效果看,当机器具备与人"平起平坐"或具备人类智慧的时候,便达成人机融合。但真正的平起平坐没那么简单,智能机器首先是在算法与认知上与人交互,它胜在算法智能与认知交互;其次是智能机器或机器人拥有人一样的判断、思考甚至情感能力,即弱人工智能和强人工智能的不同阶段。"强人工智能是说机器会全面达到人的智能,强人工智能有时也会和'通用人工智能'(Artificial General Intelligence)同义;而弱人工智能是说机器会在某些方面达到人的智能——AlphaGo 就是弱人工智能的代表。"[②]大致看来,弱人工智能可以看作人机交互,强人工智能可以看作人机融合。

从感知及更高层次的情感方面讲,机器在认知连接的基础上会有情感偏向吗?被称为"人工智能之父"的马文·明斯基(Marvin Lee Minsky)给出了明确的回答——他的著作《情感机器:人类思维与人工智能的未来》的书名就是明证。在书中,马文·明斯基强调情感状态是一种思维方式:人们"每一种主要的'情感状态'都是因为激活了一些(大脑)资源,同时关闭了另外一些资源——大脑的运行方式由此改变了。通过这种方法,我们可以把情感状态看作不同资源相互作用下的结果";而使不同资源产生作用的是人类的思维方式:"我们的许多情感状态是由思维方式压制某些资源而形成的",换句话说,"情感状态与人们所认为的'思考'过程并无大异,相反,情感是人们用以增强智能的思维方式"[③]。

---

① 刘伟:《人机融合智能时代的人心》,《人民论坛》2020 年第 1 期。

② 尼克:《人工智能简史》,北京,人民邮电出版社,2017 年,第 224 页。

③ 〔美〕马文·明斯基:《情感机器:人类思维与人工智能的未来》,王文革、程玉婷、李小刚译,杭州,浙江人民出版社,2016 年,第 4-5 页。

在谈到是什么使孩子对父母产生依恋时,明斯基举了一个在沙滩上玩耍的小朋友卡罗尔的例子。当卡罗尔用勺子而不是叉子把杯子填满后,她得到了妈妈的赞扬,她因此会感激与自豪,这会进一步促使卡罗尔提升自己的目标;而如果她受到无端的指责,那么她会因羞愧而贬低目标,这就是依恋型学习模式的形成。依恋是在压制一些资源的条件下形成的,被压制的资源被用来识别其他资源所犯的错误;同时,由依恋产生的自我意识情感中,自豪会使人们更为自信、乐观和富有冒险精神,羞愧会使人们改变自己,从而避免再次陷入同样的羞愧状态。总结来说,他认为大脑在接受到外界信息的时候,激活了一些资源,这些资源是人类与生俱来的,意在激发一些本能的反应,如愤怒、恐惧等;另一些资源是人类在不断学习和成长中获得的,"这种发展过程使得人们形成了一种情感状态,我们称之为'理性'而非'感性'"。明斯基把这种情感表现称为"人类最高层次的反思思维"[①],是理性而非情感。

按明斯基关于情感是一种思维方式的解释,由大脑资源激活的情感状态为情感机器的制造提供了思路。换言之,情感状态也是人类大脑的一种生物算法,这是人机融合的关键,也是人工智能的未来。与明斯基的分析类似,杜克大学神经工程中心的负责人米格尔·尼科莱利斯(Miguel Nicolelis)在引用加拿大神经生理学家罗纳德·梅尔扎克(Ronald Melzack)及其同事的研究时指出,大脑神经矩阵中的神经通路管理着诸如与幻肢相关的情绪与情感。[②] 脑机接口技术正是基于这样的原理,即"人类大脑运行着唯一能让基因摆脱定义人类未来的重大责任的生物算法"[③],因而,脑机穿越由此可以实现。

但是就目前的人机交互看,情感连接或者还只是科学家的一种理论分析,或者是现实中人机交互的理性数据支撑,或者是科幻文本中愤怒的人工智能体(如电视剧《西部世界》《真实的人类》)或孤单的人工智能体(如电影《人工智能》)。目前的人机交互长在数据输入与数据输出,短在情感、意识与思维的复杂与精密。没有情感的机器人在人机交互中既是优势也是劣

① 〔美〕马文·明斯基:《情感机器:人类思维与人工智能的未来》,王文革、程玉婷、李小刚译,杭州,浙江人民出版社,2016年,第353页。

②③ 〔巴西〕米格尔·尼科莱利斯:《脑机穿越:脑机接口改变人类未来》,黄珏苹、郑悠然译,杭州,浙江人民出版社,2015年,第56页、第192页。

势，比如我们常见的智能语音广告推广，常常会有这样的说辞：

> 它们不知疲倦，可以一周 7 天一天 24 小时不间断地接听语音咨询或人机对话；它们情绪稳定，不会像人类那样因早上在家受气而把情绪带到工作场所中……

有时，这样反复循环情绪稳定的机器声音足可以把寻求问答与对话的人逼到抓狂。人类传播的整体性和系统性在人机交互的情感层面受到更大的阻碍。本应连接人的生物的、心理的、社会的与文化的情感在算法这里遭到过滤，或者说，人机交互中的算法、传感器等——至少目前看还无力识别与回应人类情感。

从行为及自主性方面看，近年有关“人工智能”的界定由之前的可计算性和人机之间的可通约性，开始向机器的自主性侧重，比如欧盟就将“人工智能”定义为“显示智能行为的系统”，它可以分析环境，并行使一定的自主权来执行任务。[①] 在机器与人类大脑具有相似性和通约性的基础上，机器向人类“攀附”的特征开始转向机器“当家作主”的局面，也正是因为人工智能中透露出的自主性趋势，才使机器人伦理的话题浮出水面。试想一下，一个知道你全部信息的人工智能，哪一天如果不再听从你的指令，或者按照科幻文本常见的叙事——机器人觉醒了，那这种自主权比起决定给主人提供什么样的语音信息，或者能替人类完成无人驾驶的行为，才更加可怕。比如在《爱、死亡、机器》第三季叫《杀戮小队开杀》(*Kill Team Kill*)的一集，里面的反派主角就是一个控制论杀戮机器。因此，阿西莫夫(Isaac Asimov)的“机器人三定律”不仅在科幻领域广泛流行，而且在科技领域也被设定为基本准则，如 2019 年欧盟委员会发布的人工智能伦理准则。

首先看阿西莫夫的机器人三大定律：

> (1)机器人不得伤害人类个体，或者目睹人类个体将遭受危险而袖手旁观；
>
> (2)机器人必须服从人的命令，当该命令与第一定律冲突时例外；

---

① 方莹馨：《欧盟发布人工智能伦理准则》，《人民日报》2019 年 4 月 11 日第 017 版。

(3)机器人在不违反第一、第二定律的情况下要尽可能保护自己的生存。

机器人三大定律就是在认可人工智能自主权的前提下设置的。2019年4月,欧盟委员会率先发布了七条有关AI的道德伦理准则,其目的是期望建立“以人为本、值得信任”的AI标准,以提升人们对人工智能产业的信任。这七条伦理准则是:人的能动性和监督能力、安全性、隐私数据管理、透明度、包容性、社会福祉、问责机制,以确保人工智能足够安全可靠。[①] 在七条伦理准则中,第一条准则就是人的能动性和监督能力,这与“二战”结束之后对计算机技术及人工智能的热切探索已然不同。

虚构文本中,比如科幻小说、电影和电视剧里,高阶发展的智能标志则是人工智能主体意识的觉醒,而这个觉醒者及觉醒的时刻往往又会成为虚构作品最具戏剧化的情节,这也映射了人类对于人机技术深潜心底的不安或恐慌。这种不安在AlphaGo战胜人类围棋高手之后得到了回响,而通过自主收集数据进行计算并战胜了AlphaGo的Alpha Zero,更是成为人们对人机技术自主性的恐慌依据。ChatGPT及大规模生成性AI的到来,再次引爆了人们对技术的恐慌,如香港大学于2023年2月向师生发出内部邮件,禁止在所有课堂、作业、评估中使用ChatGPT或其他AI工具;国外许多大学也有同样的禁令。

总体而言,目前的人机交互实践以认知层面的信息传输为主,但人机交互的情感与自主性也逐渐出现。比如ChatGPT可以通过训练情感分类模型对文本进行情感分类,并提取出其中的情感因素和情感规律,进而自主生成文本内容。但是,更需强调的是,“智能”与技术的叠加产生了新的权力运作方式,算法借智能之手成为新的权力元素,它背后的政治、资本及社会组织无不觊觎这一新的权力猎场。人机技术的可通约性是一个数学与计算的问题,但人机交互的可通达性更是一个传播与社会、人与技术、人与权力结构交杂的问题。

回到传播学领域,如果循着人机技术的发展方向思考传播学的未来,以人类中心主义为前提的传播学,在走过了辉煌的大众传播、网络传播之后,

① 方莹馨:《欧盟发布人工智能伦理准则》,《人民日报》2019年4月11日第017版。

其边界与格局必将发生革命性的变化(见图 3)。人与人的交往所构成的人际传播、大众传播、社群传播或者现今的圈层化传播等,都将在人机传播、人内传播的势力扩张下,既不断收缩其既有领地,也不断扩张其学科边界。

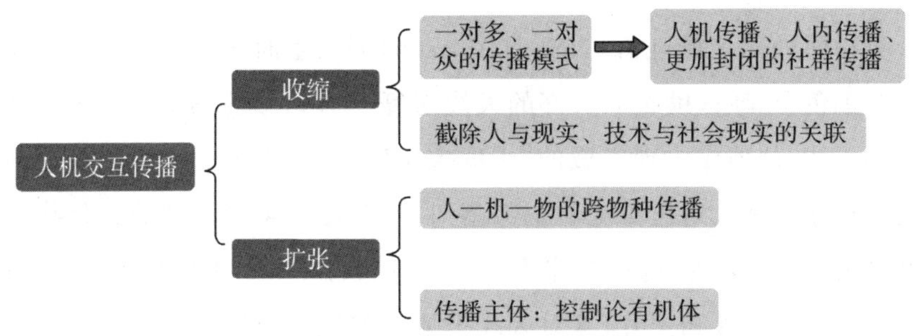

图 3 人机交互的传播变革

从收缩的角度讲,人机技术的交互传播在两个方面体现明显:一是从一对多、一对众的传播模式中继续收缩其传播范围,而人内传播、人机传播、小范围的社群传播则会相应增多;二是人机互连在延伸了人的感知觉通道(味觉、嗅觉、触觉还是难以有效传递)的同时,也会进一步"截除"人与社会现实、技术与社会现实的关联。

从扩张的角度讲,人机交互技术在做的是跨物种的事情——在人与机之间建立起传播的通道,而通行于这一通道中的不再只是人这一种传播参与者。人机技术支持的是人与机无限接近的传播性——这种无限接近,可以是人格化的声音,如微软小冰、微软小娜,或苹果的 Siri;也可以是人格化的机器人,它不仅以声音示人,而且以身体和样貌示人,如人形智能体索菲亚。这位侃侃而谈的索菲亚女士除了年轻漂亮,还拥有国籍,是一位持有沙特国籍的"女性"。当人工智能朝着人类走来的时候,人类自身也朝着人工智能的方向发展,我们戴上各种装备,把自己的身体与各种管线、设备接合起来,一个赛博格的人类正在技术洪流中沿着智人开启的人类之路继续前行。人机交互的传播便是两个方向的靠拢:人类朝技术开放自己,技术模仿人类的外貌、举止,甚至性格脾气。

因而,人机交互传播扩张的不只是跨物种的人机共在,它还扩张了人的边界。人机交互中,后人类的话题悄然而至。从物质层面看后人类是人、机、物的互通状态,其表现是"身体性存在与计算机仿真之间、人机关系结构与生物组织之间、机器人科技与人类目标之间，并没有本质的不同或者绝对的界线”[①]。在这个新的信息传递系统中，人与机的信息传输、信息反馈至关重要。这样一来，人就有了媒介的属性，这与麦克卢汉宣称的“媒介是人的延伸”已然不同。

英国的内尔·哈比森（Neil Harbisson）因出生时患有严重的色盲症而无法辨别色彩，便借助植入头部的天线恢复了对色彩的感知。这个装在他头上的天线，使他成为现实版的“天线宝宝”——他头上的天线不仅能向大脑皮层传递正常人对可见光的全部感知，甚至连人类看不到的红外线和紫外线都能看见。这时，他的身体成了一个“接收器”——不仅是色彩，还有来自卫星的图像信号和图片；这对天线把他的神经系统变成了一个可以接收信息、图片和数据的真人（非人工）智能脑机。此外，内尔还在他的牙齿上安装了蓝牙和与之配对的震动系统，内尔将其命名为“齿间通信系统”。另外还有美国的里奇（Rich Lee）因在耳朵皮下组织植入了一个耳机而引起媒体注意……随后，为了能够让手指尖对外播放耳朵里正在响动的音乐，他又在手指里安装了扬声器。

这类半人半机械的赛博格也被称为控制论有机体，它们正在成为后人类的新主体，或者说，也是人机交互传播的新主体。在这个过程中，人机的可连接性建基于信息化和数据化——“数据爆炸之下的人正在变成机器，掌握巨量数据的机器正在变成人”[②]。物质可以转换成数字，数字可以跨物种传输，当这两个条件均可以实现时，它也是人机交互、人机融合的前置条件。

（二）维纳的控制论原理

跨物种的数据传输必须依赖数据信息的可反馈特征，这是维纳控制论的基本理念。控制论认为，人与机器都是信息通信的机体，信息是人与机器的基础，由此，人与机器才可以建立连接。[③] 在《控制论》中，维纳明确提出宇宙的基石不是能源，而是信息转换，这成为人机技术及人机交互传播的认识

---

① 〔美〕凯瑟琳·海勒：《我们何以成为后人类：文学、信息科学和控制论中的虚拟身体》，刘宇清译，北京，北京大学出版社，2017 年，第 4 页。

② 吕尚彬、黄荣：《中国传播技术创新研究——以技术进化机制为视角探究 2017—2018 年创新特点》，《当代传播》2018 年第 6 期。

③ 〔美〕N. 维纳：《控制论（或关于在动物与机器中控制与通信的科学）》，郝季仁译，北京，科学出版社，1985 年，第 8 页。

论基础。

控制论(cybernetic)一词来自希腊语词根“操舵员”,这“恰如其分地描述了控制论的人机装置:动作迅捷,敏于变化,一种既作为(信息)流又知道如何跟随流动的存在(生物)”①。控制论把信息的物质性与符号性合而为一,这样一来,物质与意义的二元分割便得到了统一。其实在1948年出版《控制论》之前,维纳就在1946年的一篇论文中明确表示,在能量与信息的运动中“最根本的概念是消息(message)”②。这个起自对发射炮系统中人与机器顺畅结合所要求的信息流通和同步反馈,一直影响人机技术的持续更新,比如代码、数据、联通的重要性越来越代替了人所蕴含的更错综复杂的信息,这也为人的二进制还原论或信息拜物教埋下了影响深远的种子。

在控制论原理中,数据信息的发出与到达,以及由算法得出的信息再发出与再到达,形成了交互的特点。人成为信息中介,并以数据的形式呈现可反馈的特征,是人机交互的基本前提。维纳在《控制论》中认为:“控制工程的问题和通信工程的问题是不能区分开来的,而且,这些问题的关键并不是环绕着电工技术,而是环绕着更为基本的消息概念,不论这消息是由电的、机械的或是神经的方式传递的。”继而,对于信息的统计就变得尤为重要,“我们必须发展一个关于信息量的统计理论”“我们决定把这个关于既是机器中又是动物中的控制和通信理论的整个领域叫作cybernetics”③。反馈的前提是统计,有关控制和通信的cybernetics包含了人类机体与机械体之间的信息往来交互,因而,控制论与有机体才有“联通”的机会,两者的结合就是控制论有机体或赛博格。控制论有机体成为人机技术背景下协同式的传播新主体。

从技术演化的角度看,自人体延伸出去的媒介演化为机构性的媒体组织,而控制论原理又把媒体的理念拉回到人自身这一媒介中,即把从人体延伸出去的各种媒介通道拉回到人本身的端口中,人与万物及机器一样,构成信息传播与信息反馈的载体。从人类演化史的角度看,之前具有线性特征的媒介演化历史似乎变成了一个圆形循环的过程:

---

①② 〔美〕凯瑟琳·海勒:《我们何以成为后人类:文学、信息科学和控制论中的虚拟身体》,刘宇清译,北京,北京大学出版社,2017年,第138页、第68页。

③ 〔美〕N.维纳:《控制论(或关于在动物与机器中控制与通信的科学)》,郝季仁译,北京,科学出版社,1985年,第8页,第11页。

> 我们从控制论中学到的最本质的东西是绕圈子思考：A 引出 B，B 引出 C，但从 C 又可以回到 A。这类论点不是线性的，而是圆形的。控制论对我们思想的重要贡献是让我们接受循环论证。这意味着我们必须观察循环过程，并了解在什么情况下出现平衡，从而形成稳定的结构。[①]

控制论并不着意于媒介演化，但它包含的万物皆媒、万物互联的理念，既为媒介的去机构化埋下了伏笔，也为人机交互的信息勾连打下了基础：

> 我们不是固定不变的质料，而是自身永存的模式。模式就是消息，它可以作为消息来传递……如果我们有可能传递人体的整个模式，有可能传递人脑及其记忆以及记忆之间错综复杂的关系这一整个模式，使得一个假想的接收工具能够以适当材料把这些消息重新体现出来，那就能够使身心所表现的过程延续下去，并且通过稳态过程使这些延续所需的完整性得以保持下去。[②]

从维纳的设想看，这种信息传递可以跨越身体、大脑、记忆及接收工具而得以延续，信息并不局限于一个主宰者。这个技术化的思路也可以作为一个隐喻，即协作、平等、崇尚技术，以及对传统政治的不信任，这些都是控制论和系统论提供的一种意识形态选择。[③] 麦克卢汉（Marshall McLuhan）于 1950 年接触维纳的《控制论》，也深受《人有人的用处》关于通信的社会角色的影响。他关于媒介与社会组织部落化的看法明显具有控制论的身影：人类个体和所有物种由一个单一的神经系统联系，一系列电子信号穿过人类的神经元，并在电视机之间、收音机之间、计算机之间循环，穿梭于整个世界。[④] 人机协同进化的理念不只体现于麦克卢汉的媒介进化观点中，也通过后来的《全球概览》（*Whole Earth Catalog*）、《共同进化季刊》（*CoEvolution*

① 〔美〕约翰·布罗克曼：《AI 的 25 种可能》，王佳音译，杭州，浙江人民出版社，2019 年，第 253 页。

② 〔美〕N. 维纳：《人有人的用处——控制论和社会》，陈步译，北京，商务印书馆，1989 年，第 75 页。

③④ 〔美〕弗雷德·特纳：《数字乌托邦：从反主流文化到赛博文化》，张行舟等译，北京，电子工业出版社，2013 年，第 30 页、第 48 页。

Quarterly)和《连线》(*Wired*)等反主流文化刊物广泛传播。

国内对控制论理论的关注并不算晚，早在20世纪50年代就本着发展现代科学的目标而引进了控制论[①]；80年代随着美国传播学的引介，控制论又与信息论和系统论一道成为国内传播学的入门级理论视野。因而，陈卫星就将控制论与经验—功能、结构主义方法论一道作为传播学的三个学派。[②]陈力丹的看法与此相似，认为传播学大致可以分为“经验—功能”“技术控制论”和“结构主义符号—权力”三派，而在技术控制论学派的理论中，控制论思想起着核心作用。[③] 在人机技术勃发的今天，控制论理念依旧贯穿于人工智能的符号主义、联结主义和行为主义三流派中(详见本章第3节)。

前面提到的“天线宝宝”和热衷于动手改造自己身体的生物黑客(bio-hacker)们也是活生生的控制论有机体或赛博格。但“天线宝宝”尼尔·哈比森和生物黑客们的行为引发的往往是较小范围内的猎奇式围观，而埃隆·马斯克在进行脑机接口技术开发中所做“三只小猪”和“打游戏的猴子”的科学实验却令全世界议论纷纷。此外，法国国家数字科学技术研究所(INRIA)和法国国家健康与医学研究院(INSERM)合作开发的脑机接口软件OpenViBE，也可以实现通过思维控制计算机的功效。

马斯克的脑机接口公司Neuralink的目标是研发超高宽带的脑机接口系统，以实现与人工智能的共存——这依旧是控制论理念的实施，即把大脑与外部通信系统连接起来，使大脑信息绕过语言指令或肢体动作而直接转换为驱动外部设备的指令。制造“机械战甲”的米格尔·尼科莱利斯这样解释脑机接口的一般工作原理：“多电极阵列以及微芯片用于记录大规模的脑活动。然后使用信号加工技术将原始的脑活动转化为数字指令。这些数字指令作用于机械手臂，重新形成大脑产生的自主运动意愿。来自机械促动器的视觉、触觉及本体感受反馈被传输回被试的大脑。”[④]Meta公司也斥巨资收购了一家脑机接口初创公司CTRL-labs，意图开发增强现实眼镜——其技术原理是眼镜直接将大脑想法投射到电脑屏幕上。

---

① 彭永东：《控制论的发生与传播研究》，太原，山西出版传媒集团，2012年，第179页。

② 陈卫星：《传播的观念》，北京，人民出版社，2004年，第4-15页。

③ 陈力丹：《试论传播学方法论的三个学派》，《新闻与传播研究》2005年第2期。

④ 〔巴西〕米格尔·尼科莱利斯：《脑机穿越：脑机接口改变人类未来》，黄珏苹、郑悠然译，杭州，浙江人民出版社，2015年，第120页。

大脑的1000亿个神经元中包含负责信息交换的细胞体、信息传递的轴突和收集其他神经元信息的树突，这样的构造与计算机的确非常相似，这也正是维纳在《控制论》的副标题中所畅想的——“或关于在动物和机器中控制与通信的科学”。在书中，维纳已经预见了脑机接口的可能性：

> 现代超速计算机在原理上是自动控制装置的理想的中枢神经系统；并且它的输入和输出不是必须采取数字和图形的形式，也可以分别利用像光电池和温度计这样的人造感觉器官的读数，以及马达或螺线管的运动情况。利用应力计或类似的仪器读出这些运动器官的运动情况，并把它当作人造的运动感觉去报告，去“反馈”给中枢控制系统，这样我们就能够制造出具有几乎是任何精巧程度的性能的人工机器了。[①]

脑机接口技术中脑机接口芯片是关键。2020年8月28日，埃隆·马斯克在新的脑机接口芯片发布会上展示了其最新设备——一枚只有硬币大小的芯片，它有1024个信道，可以读取脑神经活动信息，并实时传输脑电波数据。发布会上的主角是三只被植入了芯片的小猪，小猪在现场走动时，脑机接口设备会把它的脑电波传输出来。2021年4月8日，马斯克的脑机接口公司又公布了一段叫作佩格的猕猴用意念打游戏的视频。佩格脑中有植入的芯片，它先是被教导用操作杆来打游戏，然后，它脱离操作杆用芯片中植入的意念玩起了游戏。2022年11月30日，马斯克又展示了一段猴子“打字”的视频。猴子可以追踪Neuralink在屏幕上用黄色高亮显示的按键，而装在猴子头骨里的Neuralink芯片可以读取猴子的大脑活动，在屏幕上移动光标，最终它拼写了“Can I please have snacks”的英文短句。2024年1月，诺兰·阿博成为Neuralink公司第一个接受脑机技术手术的人，术后他可以用意念与人交流或下国际象棋。

脑电波的数据化和可传输性，的确可以为伤残人士和抑郁症患者等提供可替代的解决方案，同时，人类与人工智能的融合正在把科幻作品中关于控制论有机体的想象变为现实。控制论有机体也使身体不可避免地成为信

---

① 〔美〕N.维纳：《控制论(或关于在动物与机器中控制与通信的科学)》，郝季仁译，北京，科学出版社，1985年，第27页。

息系统循环的关键节点。关于这一点，维纳早有设想：

> 今天，我们认为身体远不是一个守恒系统，它的各个组成部分在这样的环境中工作着：它们在这里所能利用的功率远较我们想象的要大得多……我们已经开始注意到我们身体中神经系统的原子——神经元——这样重要的要素，它们是在跟真空管非常相同的条件下工作着，它们所需的很小的功率通过血液循环由外部供给；我们也注意到了记载神经元功能的最本质的簿记不是能量的簿记。总之，对自动机（无论是对金属自动机或是对血肉自动机）的新的研究都是通信工程学的一个分支，它的基本概念就是关于消息、干扰量或“噪声”、信息量、编码技术等等的概念。①

在维纳的设想中，作为信息载体的血肉自动机开启了人机交互传播的可能，即信息最终要解决的是跨越物种障碍的平滑且及时的传输与反馈，不论是身体、机器还是物体，维纳的控制论想要达到的是“控制”——对于社会所有这些反内稳定的因素来说，通信工具的控制是最有效也是最重要的。②通过通信工具——包括人，达到有效的信息流通与控制，是维纳以舵手操作船柄、指南针等，进而引导船只控制航行的控制论比喻。在这个过程中，人是承载信息的环节，它必须被经过，它也必须被克服。跨越身体，即跨越物种间的鸿沟，这至少是维纳的理想，也是延续至今的人机技术愿景。

计算机先驱约翰·麦卡锡（John McCarthy）并不认同维纳，他拒绝使用维纳的“控制论”说法，转而创造了“人工智能”一词。但 20 世纪 60 年代，维纳的控制论思想在媒体、传播学、艺术和音乐及哲学领域都引起了广泛的谈论，Edge 网站的创始人约翰·布罗克曼（John Brockman）提到，在纽约的许多媒体工作者和艺术家当时正在阅读维纳的作品，广播里也正在播放介绍控制论学说的节目。其后，尽管“随着 20 世纪 70 年代初数字时代的到来，人们不再谈论维纳，但如今，他的控制论思想被广泛采用，已经内化到了不再

①② 〔美〕N. 维纳：《控制论（或关于在动物与机器中控制与通信的科学）》，郝季仁译，北京，科学出版社，1985 年，第 42 页、第 160 页。

需要名字的地步。它无处不在,飘荡在空气中的每个角落"[①]。

维纳的控制论思想包含了可计算可反馈的人机物交互的可能,但也忽视了人类的认知因素及切身感受中包含的情境性、历史性等的世界联系,当然,维纳也注意到了技术与权力控制、技术与财阀集团的关系。如果同时阅读维纳的《控制论》与《人有人的用处》,会发现维纳的担忧和矛盾。一方面,他通过控制论理念畅想了一个人机物交互的信息连接系统;另一方面,他又担忧技术使用者图谋不轨。维纳多次谴责了刚刚过去的"二战"中的法西斯主义以及紧随其后的麦卡锡主义等,他对借机器进行操纵的新法西斯的可能性也表示了忧虑:"如果我们追求胜利,但是并不知道我们所要的胜利到底是什么意思,我们将会发现鬼魂在敲我们的门。"[②]

人机技术的发展目标是人类可以跨物种地进行信息传输与信息交流,但这只是人、机、物联接的手段,而非目的。如若以信息传输为最终目的,那么,信息至上必然导致数据至上,数据至上必然导致数据霸权。在数据金矿的争夺中,权力、资本的争相介入已然硝烟弥漫。传播学发展至今,这类分歧也一直以相似的面貌呈现在经验学派和批判学派的各执己见中。但维纳把他的控制论原理从技术领域推至社会领域的思路(《人有人的用处》),也在试图弥合技术与社会、科技与人文的视野鸿沟。因而,人机交互传播的理解也是对技术与社会的理解;经由技术介入的人机交互传播虽然与以往的传媒模式不同,但在技术与社会的关系方面,两者还是有许多相通之处的。

(三)强调信息跨界循环的梅西会议

1946 至 1953 年间,由梅西基金会(Josiah Macy Foundation)发起组织的梅西会议,以控制论、人工智能、社会组织、脑科学等的跨学科系列会议闻名于世。根据一些学者的看法,"控制论进入社会科学甚至在一定程度上进入物理学和生物学领域,相当大的原因是由于梅西会议……梅西大会把控制论变成了第二次世界大战之后最重要的知识范式之一"[③]。凯瑟琳·海勒

---

① 〔美〕约翰·布罗克曼:《AI 的 25 种可能》,王佳音译,杭州,浙江人民出版社,2019 年,第 1-2 页。

② 〔美〕N. 维纳:《控制论(或关于在动物与机器中控制与通信的科学)》,郝季仁译,北京,科学出版社,1985 年,第 176 页。

③ 〔美〕弗雷德·特纳:《数字乌托邦:从反主流文化到赛博文化》,张行舟等译,北京,电子工业出版社,2013 年,第 18 页。

也确认在第一次梅西会议上，冯·诺伊曼就和诺伯特·维纳“开宗明义，明确表示在‘人—机’等式中，最重要的实体(entity)是信息而非能量。他们的主张为(会议的)讨论指定了方向”①。从参会者名单看，这种知识范式也多少影响到了“二战”以来传播学的范式生成。以第一次梅西会议为例，参会者除了控制论的创始人维纳外，还有被称为传播学创始人的香农(Claude Elwood Shannon)、拉扎斯菲尔德(Paul Lazarsfeld)、卢因(Kurt Lewin)等，信息论的代表人物香农更是梅西会议的明星。

围绕控制论的一系列梅西会议，其组织形式本身就“身体力行”了控制论的理念：信息的跨界传播。首先是参与者的跨学科特点，来自神经生理学、哲学、语义学、心理学、电气工程学、社会学的学者们，以松散的形式参与会议讨论；其次，不同于一般的学术会议议程，与会者不提交论文，发言者只陈述简要的观点，随后的争论成为会议主调，这种跨界对话与交流本身就是控制论秉持的信息不分媒介而跨界流通的理念。梅西会议的宗旨是“信息比物质更重要”，即在人机关系中更重要的实体是信息，要将信息与意义剥离，信息才会顺畅流通。信息从一个载体或语境流通到另一个载体后，仍然保持一个稳定的数值，这与香农和韦弗(Warren Weaver)在《传播的数学原理》(*Mathematical Theory of Communication*)中关于通信的数学模式理念一致，这也与控制论的理念一致，即认为生物可以数据化，机器可以思考，人类可以成为智能化的可计算装置；与机器装置可以模仿人类思维一样，这也是图灵的智能机和冯·诺伊曼的自动机的设想；这一观念也影响到人机传播的未来设想，如莫拉维克(Hans Moravec)的设想——将人类大脑中的信息下载到电脑中。

梅西会议的跨界属性及其对技术的认识论探讨，激发了有关人机技术的多学科畅想。“梅西会议的与会者从第一次会议中，就能想象到自己开启的异端之门后面会是怎样瑰丽的美景……人类学家玛格丽特·米德(Margaret Mead)后来回忆说，自己参加第一次会议时，为那些横空出世的思想兴奋不已，以至于‘直到会议结束我才注意到自己咬掉了一颗牙齿’。”②

---

① 〔美〕凯瑟琳·海勒：《我们何以成为后人类：文学、信息科学和控制论中的虚拟身体》，刘宇清译，北京，北京大学出版社，2017年，第68页。

② 〔美〕凯文·凯利：《失控：机器、社会系统与经济世界的新生物学》，东西文库译，北京，新星出版社，2010年，第698页。

以控制论为主题的梅西系列会议有几个分歧值得关注，这是凯瑟琳·海勒对梅西会议的总结，即关于信息与意义、信息与活生生的人的问题等。这些问题也是人机交互传播需要关切的问题，即作为媒介的人与作为信息主体的人有何异同？在人机交互过程中，信息与技术是协同式的主导者还是人依旧是主导者？技术的人与肉体的人有何区别等问题。

在信息与意义的关系方面，可以计算出来的信息势必要经过过滤，过滤的标准是可计算性，因而，意义便不在可计算的信息之列。“为什么要将信息与意义剥离？申农和维纳希望信息从一个语境到另一个语境的过程中需要保持某种稳定的值。如果要将信息与意义拴在一起，当每一次被植入新的语境时，它的值都可能发生变化，因为语境会影响意义。”[①]对语境的控制，或者换种说法，去除信息与环境的联结，进而更方便数值的稳定性，这个思路像极了图灵测试。图灵测试也是严格地控制语境，被试的长相、声音、动作、表情、姿态以及书写的笔迹等全部被屏蔽、隔绝，对询问者的回答被限制在中间人的信息传递或远程打印通信设备中。一种十分“清洁”的信息流通环境把人的情感、情绪以及复杂的思维、思绪等降至可计算的程度，这样，信息与意义便油水分离。图灵测试并不考虑人的情感面，这里有一个预设——即人是理性的动物。这种去语境化的测试又在维纳与香农的主张中得到回应，即信息是在不同介质中流动而不会变化的实体（entity），这一数字化的信息又在莫拉维克关于把大脑信息下载到电脑的设想中得以体现。在梅西会议的一系列讨论中，信息重于意义的认识论十分盛行，正如梅西会议的活跃人物、神经生理学家沃伦·麦克卡罗（Warren McCulloch）认为的，人类的神经功能可以建立一种模型，并且这一模型可以与自动化理论相结合，因为“大脑不像肝脏分泌胆汁那样分泌思想，但是……它们按照电子计算机计算数字的方式计算思想”[②]。

按照计算的方式计算思想，这与人机交互技术的发展方向直接相关。在这个过程中，信息的“物化”与“平滑”——是以擦除附着于其上的难以计数的其他信息为代价的；同样，这种擦除也看不到人的脸、表情及其情绪变化、体态、童年记忆及刻写在其身上和心里的祖先的、历史的、民族的、性别

①② 〔美〕凯瑟琳·海勒：《我们何以成为后人类：文学、信息科学和控制论中的虚拟身体》，刘宇清译，北京，北京大学出版社，2017 年，第 70 页、第 78 页。

的印迹。当然，对于维纳、香农及麦克卡罗等同道中人来说，只有把信息限定在稳定的数值范围内，才能实施信息计算与不同媒介间的稳定传输。如凯瑟琳·海勒所说，这种对动态平衡的执念“在第一波控制论中获得胜利，主要因为它更易于量化管理”。

同样，就人机交互过程而言，信息传输应该是其第一波传播现象，这应该被视为人机交互传播与技术的对接部分；信息传递的接受应该是人机交互的第二波传播现象，这应该被视为人机交互传播与人的对接部分。在梅西会议中，麦克卡罗与瓦尔特·皮茨(Walter Pitts)合作开发的麦克卡罗—皮茨神经元模式(McCulloch-Pitts Neuron)建基于一个认知基础上，即机器人装置与人的大脑皮层识别模式线路是相同的，这为人机交互中构成人的“碳基”与构成机器的“硅基”的物理串联提供了基本前提。人的思想的代码化也使软件、硬件与湿件有了控制论体系下互联互通的可能。

梅西会议上，强调信息的稳定性而摒弃语境因素的论调，也体现出另一种历史语境，照凯瑟琳·海勒的说法，“二战”之后的语境在系统地阐述“什么可以当作自动平衡”这个问题时起了很大的作用。由于战争带来的巨大变化，在战后麦卡锡主义的阴云笼罩之下，回归平衡、回归客观、强调稳定也成为一些科学家极力强调的主题。梅西会议试图把主体性与人的活生生的面貌阻隔在技术与计算之外，试图以此去除或弱化“二战”中技术与政治的纠缠，科学家们试图将信息系统打造成一个自循环的封闭王国。这种理想的工作状态与工作环境，极其不愿面对复杂的人心似海的世界，也极其不愿面对纷繁复杂的社会历史。因而，梅西会议既延续了控制论的技术自循环理念(它当然也无视维纳在1950年时通过《人有人的用处》对控制论的补充说明)，也以其去社会化、去历史化的理念定格了“二战”之后几十年来计算机与政治、军事的复杂关系图卷。

梅西会议也有不和谐声音的存在，用海勒的话说，就是“模型的简单性与现象的复杂性之间的滑动不是没有人提及”[①]。梅西会议上，最成问题的概念是反身性，它成了梅西会议上没有正式命名的模糊不清的星团。对于夹在信息回路中的人而言，其心理学层面的复杂性使客观、数值、可量化的

---

① 〔美〕凯瑟琳·海勒：《我们何以成为后人类：文学、信息科学和控制论中的虚拟身体》，刘宇清译，北京，北京大学出版社，2017年，第88-89页。

控制论系统变成无从捉摸的和不可回避的。依据梅西会议的史料，海勒认为在一众科学家当中，应该是一位来自耶鲁大学精神病医院的神经生理学家库别(Lawrence Kubie)最先发出了“不和谐”的声音。

库别认为，语言既可以是交流的工具，同时也是人类自我反照的镜子；换句话说，语言既是客观事实的反映，也是主观心理的反射。语言作为信息的一种，有其客观性与主观性的叠加，或者说是意识与无意识的叠加。库别以其神经生理学家的敏锐进而指出，神经过程不只是可以用数值表示的过程，神经过程也是由无意识动机主导的。他在梅西会议的多次发言中，反复表达了对将心理现象简化为机械模式的焦虑，“我想弄清楚神经过程在医学中的复杂性和微妙性。没有这一步，如果只是为了对它进行数学处理，我们很容易陷入过度简化的危险”①。这被会议主导者麦克卡罗指责为弗洛伊德式的心理分析，麦克卡罗认为，如果科学语言都染上主观性的话，科学就无法摆脱人类弱点的过失。在第九次梅西会议上，库别指出物理学家忽视复杂的心理现象，而偏爱简化的抽象模型。的确，按照海勒的观察，在梅西会议的记录副本中，情感不在梅西会议的讨论范围之内，究其原因就在于科学探索的架构要求忽略观察者本人的视角。

人类学家凯瑟琳·贝特森(Katherine Bateson)在梅西会议结束后，反思了会议的主题偏向，这与梅西会议的记录副本形成一种认识论对比。她对沃伦·麦克卡罗有这样的描绘：“沃伦有一双明亮、严厉的眼睛，头埋在瘦削的双肩上。白头发，白胡子，欢乐与悲伤，争强好胜与彬彬有礼，奇怪地融合在他身上。”②贝特森把梅西会议上模糊不清的人的轮廓描绘为一个有血有肉、有生动表情和丰富内心的人，一个在控制论信息系统的量化模型远景里的人变成了一个特写镜头中的人。这令人想起另一段描述，当德勒兹被问及他是如何与福柯结识的，他写道：“比起记住一个日期，记住一个人的举手投足或是放声大笑要容易得多。”③一个人的音容笑貌、举手投足是他或她生而为人的丰富性所在，这些鲜活的人类特征及其社会属性也是人类智能的一种表现——这个人不只是一串由数字构成的计算物。一个有机体的生命存在，一个信息的表达主体，除了其生物性功能，其智能还应包含情感、自主

①② 〔美〕凯瑟琳·海勒：《我们何以成为后人类：文学、信息科学和控制论中的虚拟身体》，刘宇清译，北京，北京大学出版社，2017年，第93页、第191页。

③ 〔瑞典〕芙丽达·贝克曼：《吉尔·德勒兹》，夏开伟译，南京，南京大学出版社，2019年，第52页。

意识、历史性、社会性等多种价值。

在人机技术的信息和代码流中,“看! 这个数值”应该还有一个背面,那就是——“看哪! 这是一个活生生的人。”在人机交互的历史背景中,梅西会议也给我们留下了一个认识论的分歧,即数值背后终归是数值? 抑或是数值背后还有复杂网络结构体系中的有思维有感情的个体?

麦克卡罗在去世前一年时曾激动地说:“我特别不喜欢人类,从来都不喜欢。在我看来,人是所有动物中最卑劣最有害的。我看不到任何理由,如果人能够发展比人类自己更有趣的机器,那机器为什么不能取而代之,愉快地奴役人类呢? 它们可能有很多乐趣,发明更好的游戏,远远超过我们。”① 麦克卡罗仍旧坚持他对机器与人类数值化的钟爱,终生不渝。与此同时,帮助组织这场会议的助理——包括速记、打字、记录、复印等大量繁琐工作的女秘书弗雷德(Freed)却误被记录为弗洛伊德(Freud)。凯瑟琳·海勒认为,这个“误会”非常贴切,因为这个女人(弗雷德)真的就像一个弗洛伊德的病人,尽管通过她的努力,会议副本发出了自己的声音,而这个副本却没有她自己的声音。

凯瑟琳·海勒这样总结梅西会议:特定阶级的男人倾向于去语境化和具体化,因为他们处于指挥别人劳动的位置。男性科学家们的话是自己飞到书中去的,他们不太会注意为他们服务的个体。对他们而言,促使这些事情发生的背后繁重的劳动仅仅只是一种抽象,一种从其他可能用途转移过来的资源,因为他并不是那个承担劳动的人。进而,在语言层次之外,超越理论和方程,在她的身体、双臂、手指和疼痛的背上,珍妮特·弗雷德知道信息从来都不是无形的,消息不会自己流动,认识论不是一个在稀薄的空气中流动的字词,直到它与实践连接起来。② 这就如同对人机交互传播的理解,人机技术的上手性趋势(而不是在手性)③ 容易让人忽视技术物质性应有的基础设施供应、物质资源供给、物质性劳动和物质性社会关系等多重意涵。

梅西会议的控制论话语体系及其数值化的信息连接理念,忽视了人文的、社会的、心理的、历史的人机结合问题;而理性的、数值的、可量化的人机

---

①② 〔美〕凯瑟琳·海勒:《我们何以成为后人类:文学、信息科学和控制论中的虚拟身体》,刘宇清译,北京,北京大学出版社,2017 年,第 104 页、第 107-110 页。

③ 海德格尔关于工具与人的关系的表述,“在手”表明工具在手上,还不是得心应手或者说还没有融为一体的状态;“上手”表明工具在手上,如“庖丁解牛”一般与人融为一体的状态。

连接却受到热烈追捧。尽管海勒钩沉了那些被男性科学家忽视的女性会议助理，描摹了麦克卡罗极具性格特征的肖像，但以上两个方面的史料添加也只是以控制论为主色调的会议轶闻。维纳关于技术反思的《人有人的用处》则像会务助理弗雷德一样被人们整体性地忽视了。在《人有人的用处》中，维纳非常明确地指出了机器与人的人文关系：

> 我讲的是机器，但不限于那些具有铜脑铁骨的机器。当个体人被用作基本成员来编织成一个社会时，如果他们不能恰如其分地作为负着责任的人，而只是作为齿轮、杠杆和连杆的话，那即使他们的原料是血是肉，实际上和金属并无什么区别。作为机器的一个元件来利用的东西，事实上就是机器的一个元件。不论我们把我们的决策委托给金属组成的机器抑或是血肉组成的机器（机关、大型实验室、军队和股份公司），除非我们问题提得正确，我们决不会得到正确的答案的。[①]

维纳的控制论受到追捧，“人有人的用处”被忽视，也是值得玩味的现象。在理解人机交互传播时，“人有人的用处”也应该包含其双重的含义——人作为媒介端口的意义和人本身作为主体存在的意义。但“人有人的用处”并没有成为人工智能的发展主调。梅西系列会议之后，1956 年美国达特茅斯学院召开了“达特茅斯会议”（Dartmouth Conference），在计算机及人工智能史上，著名的约翰·麦卡锡（是他提出了“人工智能”的说法）、马文·明斯基、克劳德·香农等人聚在一起，讨论着智能机器人的发展问题。以此为起点，人机关系的科学实践与控制论理念一道继续前行。当然，这些由工程师和社会科学家们参与的会议，虽然“目的是统一科学并提出一个普遍的心智工作原理”，但其间包含的矛盾持续至今——“一些参与研究的科学家为军方工作；因此，控制论的应用可以说一直处于很矛盾的状态，即使在那时，它也在纯粹的知识与作为国家控制的工具之间左右摇摆着。”[②]技术专家们一方面带着技术赋予的理想抱负设计着人类未来，另一方面却身处现实

---

① 〔美〕N. 维纳：《人有人的用处——控制论和社会》，陈步译，北京，商务印书馆，1989 年，第 153 页。

② 〔美〕约翰·布罗克曼：《AI 的 25 种可能》，王佳音译，杭州，浙江人民出版社，2019 年，第 258 页。

境遇之中，这也是理解人机交互始终不能忽视的境况——以技术自由的理想甚至加密无政府主义的自由向往一路前行，在路上，却又总是与政治、经济、军事相伴，甚至于还要听从或服务于以上种种领域的要求。

二、试图过滤掉身体与语境的图灵测试

阿兰·图灵的《计算机与智能》(*Computing Machinery and Intelligence*，1950)被称为人工智能科学的开山之作，后来常被用来测试人机技术智能水平的"图灵测试"由此而来。

在《计算机与智能》中，图灵首先发问："机器能够思考吗?"紧接着，他说按照常规，似乎应该先给出"机器"和"思考"的定义。然而，他又说可以先从一个"模仿游戏"开始。这个游戏就是著名的"图灵测试"，即在游戏实验中，一个询问人待在一个房间，另两个人在另外的房间，游戏目的是判断两个被询问者哪个是男性、哪个是女性。为了排除声音和字迹对判断的影响，两个人的回答最好是使用远程打印通信或通过中间人传递答案。这个测试的目的是解析这样一个问题：如果用一个机器来扮演其中一个角色，询问者会发生多大的判断错误？图灵说这个新问题的优势在于"它把一个人的体力和智力完全区分开来"。他承认，的确，没有任何工程师或化学家宣称能够生产出和人的皮肤完全相同的物质；也许未来这样的发明也是有可能的，但是，赋予一个思维机器人以皮肤对于让它更像人并不能提供帮助。因而，图灵假定：机器的最优策略是努力提供和人一样的答案。

测试中相互隔离的人，与目前所见的人机交互有高度的相似性。他或她以单一的信息符号为中介，即打印出来的信息作为判断其性别的唯一信息来源，两人的声音和字迹及身体语言甚至气息等信息，均被排除在外。看到这里，是不是容易让人联想到网上的匿名身份，一个人可以随意在网上为自己创建一个在线身份，无论是男是女是老是小，因为他或她的身体信息是不必也不能在网上传递的。

图灵测试的意图在于，机器能不能思考？他要把一个人的体力——这里是指智力之外的身体信息，排除在机器智能的范畴之外。机器的智能是图灵测试的重点，但图灵测试为人机交互埋下了另一个伏笔，即人机交互的

过程中身体可以缺席。

去除人类的沉重肉体是图灵设想的智能机器人的必经途径，这里面依循的是身心二元的基本认识，因而，约翰·彼得斯(John Peters)认为图灵使“经典的唯心主义实验场景死而复生”，因为“进行交流的双方被隔绝在两个不同房间，他们不能‘现身’交流”[①]。在彼得斯看来，这是一种对“非亲身在场”的交流的幻想，这种交流只将智能本身作为唯一有意义的因素来考察，而这种智能被化约为“交流双方参与对话和作出应答”的能力。游戏参与者彼此的联系，靠的不是有肉体存在或透露出明确信息的媒介……在这场实验中，图灵压制一切与人体有关的迹象，比如笔迹和声音，其目的是测试，在只有文本的情况下，人体的独特性是否仍会显现……图灵认为，我们对人体的痴迷必须去除，机器和人各有所能，不必厚此薄彼。[②]

没有任何身体痕迹，例如姿态、气味、触觉、声音、手写笔迹等，只是通过打印出来的文字信息判定智能水平，这像极了机器人的行为。在后来的实验中，图灵用机器代替了两名交流对象中的那名男性，让询问者在不知情中进行判断。这一实验中，图灵提出了一个影响至今的观点：肉体与智能无关，语言信息就可以传递智能认知，身体携带的信息可以不参与传递智能认知的过程。

这是否与图灵本人对自己的同性恋身份的困扰有关，不得而知。但约翰·彼得斯倾向于这么认为，“靠电传打字机进行交流，这如同图灵为自己设想的生活——他希望一个人待在自己的屋子里，只用理性辩论与外界发生关系”[③]。在现实世界中，图灵最终没有逃离身体与身份对他的影响。图灵被迫接受了对自己的身体改造，但最终也没有完全接纳这种改造，于是，死亡成为最终的解决方案。如果把图灵之死当作一种隐喻，那么，人机交互的死结也在于此，即理性计算与肉身的社会属性之间想要楚河汉界泾渭分明，几乎是痴人说梦。

人到底不仅有理性、可记录的一面。打印在纸上的信息，如同一个开口很小的漏斗，过滤掉太多的信息。诸如一个人说话的语气，他或她身上的气息，他或她衣服的颜色与配饰，他或她的语气、面容、态度、情绪等，都在传达

---

①②③ 〔美〕约翰·彼得斯：《对空言说：传播的观念史》，邓建国译，上海，上海译文出版社，2017年，第337页、第338页、第340页。

活生生的人的信息。更何况，从语言看，还有太多的双关语、嘲讽、反话、结巴，以及“欲辨已忘言”“意在言外”等情状。再以剧本为例，写成文字的剧本传递的是一种信息，依照剧本上演的话剧则包含了现场演出的声、光、走位、动作、细微的表情变化，以及现场观众与台上演员之间的情绪互动。流动在剧场空间的那种兴味，比如低语的、专注的、凝固的、紧张的、兴奋的情绪等，构成一个生动鲜活的气场，台上与台下的情绪互动、情感交流等，是静静躺着的文字剧本难以传达的。再比如，把剧本变成电影之后，电影这一媒介又不同于现场演出的话剧，剧本虽然相同，但以剧本为基础，人的立体、鲜活、生动与画面、声音、银幕剪辑等的艺术技术又是另一番景象。“媒介即信息”的理念把能传达信息的所有介质当作媒介，而图灵只把打印出来的文字当作智能水平的测试标准，这显然是缩小了媒介与智能的范围。

图灵测试在计算机领域、认知科学和哲学领域的影响日渐深远，20 世纪 60 年代的聊天机器人 Eliza Chatbot 和 70 年代的 Parry 聊天系统都是围绕图灵测试的原理设计的；迄今为止，AI 语音客服、人机对话的聊天机器人如 ChatGPT 都有图灵测试的身影。图灵在他的《计算机与智能》一文中预测，到 2000 年，计算机可以在 5 分钟的对话后，骗过 30％的人类评委。这一预言已经在机器人新闻、机器人写诗等领域成为现实，2017 年湛庐文化和微软合作出版了一本《阳光失了玻璃窗》的诗集，该书的主打宣传语是“人类历史上第一部 100％由人工智能创作的诗集”。下面是其中一首《我的两滴眼泪》：

我的爱人在哪
云是一片不羁的震撼
快马儿一个钟响
爱了我爱的诗人
家是一条变化的河流
我与你邂逅在人间
彷徨
我的心如同我的良梦
到了你我撒手的时候
陡然把眼泪吞坠
无情的白色的大眼睛

人间最幸福的异类

道上没有一点点的灯

有关诗歌和眼泪的创作，显然是从图灵最初的“机器能思考吗”的提问，转向了机器人也可以抒情这一挑战上。但是这一挑战还是借助于大量材料的“投喂”与机器的综合——这是微软智能小冰从519位中国现代诗人的几千首诗歌中，经过上万次迭代学习创作出的七万多首诗歌，其中的139首诗歌被挑选出版。这里有个令人尴尬的问题，那就是人类自己也是“天下文章一大抄”——自小开始的阅读、吟诵、情绪抒发的写作练习、同辈评价、他人认同等，也是一种类似于数据库语料重组的过程，这与微软小冰写诗似乎没啥不同。但是，人类的诗歌创作“发乎情”的状况说到底是常态，而微软小冰的“发乎情”则是程序结果，更别说其诗歌多数还有不知所云、词藻堆砌的痕迹。这也是目前人机交互的症结所在，即一方长于计算和速度，另一方长于肉身记忆；一方长于理性化的智能，另一方则长于情感、语境……

写作机器人方面，大约2010年左右是人工智能写作的爆发期。如2009年美国西北大学研发的“统计猴”(StatsMonkey)软件，它可以对棒球比赛中的选手、得分和获胜率等进行数据抓取和筛选，并在12秒内自动生成一篇完整的报道。《洛杉矶时报》2014年3月推出Quakebot的写作机器人专门进行地震预报方面的写作；美联社于2014年7月推出Wordsmith写作机器人从事财经及体育方面的报道；《纽约时报》于2015年5月推出Blossombot写作机器人。国内，“腾讯财经”2015年9月推出写稿机器人Dreamwriter，被称为国内机器新闻写作的首次尝试；不久，2015年11月，新华社的写稿机器人“快笔小新”也登台亮相。“今日头条”的“张小明”(Xiaomingbot)则于2016年里约奥运会上大显身手，它可以在2秒内写完稿件并上传至媒体，其以每天30余篇的报道量及对人类语气的模仿而受到关注。其后，《人民日报》中央厨房的“小融”“小端”，新华社的“i思”，《光明日报》融媒体中心的“小明AI两会”等纷纷亮相。

但人类不能被完全还原为智能认知，因而人机技术背景下的信息交互面临的最大挑战就是信息传播的丰富程度。“参与我们日常生活的机器人，如果要成为与我们对等的伴侣，不仅需要表现出可信的社交线索，而且也必须能够识别这些线索并作出恰当的反应。这一点不仅局限于交流和情绪的各个方面，它也包含大量场景性的、私人性的、文化性的和历史性的语境。”[①]比如“今日头条”的“张小明”在2016年8月16日一篇奥运会男乒半决赛的报道中写道：

> 奥运乒乓球男子团体半决赛在里约会议中心3号馆如期举行，耗时3场大战，比赛中韩国队表现不理想，绝望之际，失败女神朝其抛出了橄榄枝……

“张小明”没有领会“橄榄枝”的文化意涵，这是数字数据、自然语义难以涵盖的一面；同时，这样的智能应用也容易把人化约为一串一串的数据链和数据参数。在图灵的《计算机与智能》里，似乎包含了人机“平等”的理念，但实际上，这一理念也开启了对人类丰富性的抹除：

> 图灵所参与的工作，是要将“存在的巨链”改写为一段信息密码。后来，从内嵌人类遗传信息的DNA密码，到有些人至今仍渴望促成的世界新秩序，都是为这种改写所作出的努力。总而言之，图灵对“只要具备人类自我，交流就能得到保障”的观点发起的进攻令人钦佩；然而，他将交流中的爱、吸引力、爱欲和死亡等有形之物抹除的做法，却令人不安。他相信可以制造出与原件毫无差异的复本，这也是他对复制人体外形毫无兴趣的原因之一。但图灵测试中有所缺失的——这也是试图对人进行复制的整个人工智能领域这个文化复合体所缺失的——是对“人对他者的渴望”的完全忽视；按照黑格尔的说法，正是这种渴望使我们人类从动物界上升到主体意识之乡。正如引人入胜的悬疑谋杀故事一样，在图灵的交流观中，“尸体/身体”(body)被隐藏了起来，因此而招致谋杀的是“男人/人类”(man)本身。[②]

图灵在1951年英国广播公司第三电台的谈话节目中，甚至把超级智能

---

① 〔丹麦〕马尔科·内斯科乌：《社交机器人：界限、潜力和挑战》，柳帅、张英飒译，北京，北京大学出版社，2021年，第19页。

② 〔美〕约翰·彼得斯：《对空言说：传播的观念史》，邓建国译，上海，上海译文出版社，2017年，第342页。

机器看成人类的救赎。[①] 这话并不奇怪，1950 年时他就说过计算机是“祂[②]创造的灵魂的华丽居所”[③]。在图灵这里（包括在维纳的控制论里），人是信息的中转站——它不是信息的终端，它是信息的接收体与发送体。从人类的历史进程看，图灵以及其他一些人的设想，使得“我们正在进入一个过渡期——从由人类所主导的时代转变为由越来越自治的机器所主导的时代”[④]。

秉承图灵智能机理念的冯·诺伊曼则在去世之前渴望“无身体干预的纯意识”读写技术的产生——假如可以复活，不知道冯·诺伊曼在看到 ChatGPT 或 Apple Vision Pro 后会有怎样的反应。在乔治·戴森（George Dyson）的《图灵的大教堂：数字宇宙开启智能时代》中，作者特意提到冯·诺伊曼去世前与友人的谈话——

> 我们聊得有些随意，不过谈话的大体内容如下：你说自己处于一种内省的状态，并且与时空间的幽闭恐惧症搏斗着——从空间的角度来说，是因为你的身体阻挡了你的去路；从时间的角度来说，是因为迟缓的基元反应……你说的这些问题或许可以通过一个机械装置来解决……这个装置可以把书上的内容投射到天花板的光敏面上，并且可以用磷光铅笔在上面书写，而且可以选择向前或向后翻页。该发光指针有多种颜色，也能够擦除。你说过这样的发明不容易，但也不是不可能……我们设想的是能够“无身体干预的纯意识”读写。[⑤]

冯·诺伊曼的“无身体干预的纯意识”与图灵的去除肉身的信息传递理念相仿。图灵从轻视人的身体开始（冯·诺依曼的“无身体”的设想），为神（上面引用的“祂”）与智能机留下了统治宇宙的空间。在图灵这里，机器与人类生物之间没有什么界限——这与维纳的控制论异曲同工；但机器智能与人的智能的平起平坐的设想又与维纳不同。

---

① 〔美〕约翰·布罗克曼：《AI 的 25 种可能》，王佳音译，杭州，浙江人民出版社，2019 年，第 41 页。

② 指神明的第三人称代词，常用作上帝、耶稣或神的第三人称指称。

③⑤ 〔美〕乔治·戴森：《图灵的大教堂：数字宇宙开启智能时代》，盛杨灿译，杭州，浙江人民出版社，2015 年，第 334 页、第 350 页。

④ 〔美〕乔治·戴森：《图灵的大教堂：数字宇宙开启智能时代》，盛杨灿译，杭州，浙江人民出版社，2015 年，中文版序。

维纳的控制论是“或关于在动物和机器中控制与通信的科学”，是把机器与生物进行联结的理念，而不是以机器代替人类。在1948年关于控制论的著作发表之后，1950年维纳针对控制论又发表了《人有人的用处》，其副标题就是“控制论和社会”。维纳认为，机器的最大弱点是计算不出人事的变化；机器对社会的危险来自使用机器的人；维纳强调在使用机器的时候，不只是要关注技术如何做的问题，还要关注人类利用机器的目的。[①] 维纳在关注人机技术的同时，也把忧虑的视野扩展至人类社会的宏观图景中，他强调技术需要适应人类目的，他甚至警告说“对机器统治的依赖将成为一种新的威胁力极大的法西斯主义”。他认为危险不在于机器变得像人类，而是人类变得像机器。1964年去世那一年，维纳又出版了《上帝与傀儡公司》一书，他说“未来世界不是一张舒适的吊床，任我们躺在那里等待机器人奴隶的服务”[②]，而图灵则专注于用机器解决人类的思维。相对于维纳从控制论的技术视野向社会视野的拓展，图灵并不关切人机技术的社会语境问题，或者说以此回避社会环境的介入，但图灵最终也没能逃离社会规范对他的控制。

在图灵这里，人机技术的重点是“机”：

> 身体已经变得不再重要——这也许是一个合理的乌托邦，它逃离了当下的现实世界。在这个世界中，图灵自己的身体和性取向被过分地看重，以至于给他带来了无限痛苦……处于离散状态的机器，靠电传打字机进行交流，这如同图灵为自己设想的理想生活——他希望一个人待在自己的屋子里，只用理性辩论与外界发生关系。[③]

图灵机试图摆脱身体的羁绊，这也是图灵对通用智能机的设想，他自己的身体也被改造着：1952年，图灵因同性恋被定罪，被迫接受激素治疗；1954年6月7日，图灵死于氰化物中毒。图灵试图绕过人类肉身及其语境信息而开启机器思维的可能，但他自己的身体却最终难逃社会观念的摆弄。

---

① 〔美〕N. 维纳：《人有人的用处——控制论和社会》，陈步译，北京，商务印书馆，1989年，第150页。

② 〔美〕约翰·布罗克曼：《AI的25种可能》，王佳音译，杭州，浙江人民出版社，2019年，第21页。

③ 〔美〕约翰·彼得斯：《对空言说：传播的观念史》，邓建国译，上海，上海译文出版社，2017年，第340页。

图灵为人机交互、人机对话提供了基本思路，但图灵测试也借削平人类认知而迁就了“机”的数据僵化，进而也使人机交互排除了技术与人、技术与社会、技术与历史更全面更深入的关系。

三、人工智能三流派

究其实质，图灵测试是一种计算智能，这个思路延续至今。图灵之后，对人类智能的技术模仿相继产生了三种理路，即“人工智能三学派”：符号主义（symbolicism）、联结主义（connectionism）[①]及行为主义（actionism）（见图 4）。

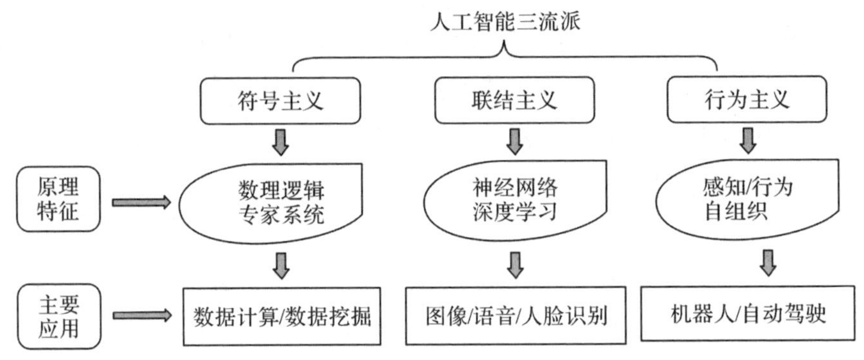

图 4　人工智能三流派

（一）符号主义

符号主义人工智能（Symbolic AI）是 20 世纪 50 年代到 80 年代末人工智能的主流学派，它始于 1956 年的“达特茅斯会议”，人工智能先驱赫伯特·亚历山大·西蒙（H. A. Simon）、约翰·麦卡锡、马文·明斯基就是符号主义的主要支持者。符号主义认为人工智能来源于数理逻辑，即在符号的基础上进行运算和关系推算，并借逻辑性的和数学的符号组接模仿人的思维，因而人的思维过程可以用计算机的符号逻辑进行模拟。简言之，符号主义人工智能的基本理念是认知即计算。可以看出，这一理论有控制论的身影，其

① 国内也有译为“连接主义”的，如凯文·凯利的《失控：机器、社会系统与经济世界的新生物学》中译本。

符号是指数学符号及后来的数据代码,它的思维是直线的、理性的。

如果从信息传播的角度看,符号主义人工智能的理念与经验学派的传播理念有相似之处,即信息传播包括可量化的过程和可测定的效果。

20世纪50年代,赫伯特·亚历山大·西蒙和艾伦·纽厄尔(Allen Newell)提出了"物理符号系统假设",该假设认为"对一般智能行动来说,物理符号系统具有必要的和充分的手段。所谓'必要的'是指,任何表现出一般智能的系统都可以经分析证明是一个物理符号系统。所谓'充分的'是指,任何足够大的物理符号系统都可以通过进一步的组织而表现出一般智能"[①]。这个假设提供了人工智能早期在有限范围和静态环境下的计算"智能",即在有限范围内的程序设计,它是实用主义的和可计量的。这里的物理符号与意义符号不同,它只满足于静态的、有限范围的、数学符号的人工智能要求。

有限、静态的符号推理只能达到有限计算的效果,认知方面的不足推动符号主义转向专家系统。专家系统是指具有大量专门知识与经验的程序系统。这个系统通过仿效专家的决策过程,并据此自动编码人类的决策过程,这个自动编码的过程就是我们比较熟悉的算法过程。现下的广告投放、保险理赔、贷款审批、气象预报、医疗健康智能辅助等就是专家系统的应用。20世纪90年代,专家系统又发展出分布式专家系统,进一步提升了对数据的挖掘能力,如物流、社会保障、证券、消费者分析等,再如精准把握用户观看需求的Netflix。

整体上,符号主义有两个方面的问题:一是仍以数学计算看待系统化的世界;二是忽视了人类智能存在的交互现象。

就前者而言,现今的算法偏见、算法黑箱就是其局限性体现,如定向广告中的种族歧视。控制着美国22%数字广告市场份额的社交媒体网站Facebook,曾允许广告商在其广告定位工具的"人口统计"类别下排除具有某些"族裔亲缘关系"的用户来"缩小受众范围"。这种定向广告可以阻止非裔、亚裔或西班牙裔观看特定的住房广告。[②] 在《计算机不能做什么》中,休

---

① A. 纽厄尔,H. A. 西蒙:《作为经验探索的计算机科学:符号和搜索》,载〔英〕玛格丽特·博登:《人工智能哲学》,刘西瑞译,上海,上海译文出版社,2001年,第150页。

② 唐颖侠:《算法黑箱强化偏见 数字技术加剧美国的种族歧视》,《光明日报》2022年6月20日第12版。

伯特·德雷福斯(Hubert Dreyfus)指出了符号主义假设的要害:(1)生物学假想——大脑如同数字计算机一样是一个通用符号处理装置;(2)心理学假想——心灵的工作模式与数字计算机相同;(3)认识论假想——一切知识都可被形式化;(4)本体论假想——世界由独立的、离散的逻辑元素组成。[①] 其实,德雷福斯早在1965年就评估了西蒙和纽厄尔符号主义理念的工作,并否认了计算机对人类行为的完全分析;哈佛大学艾肯计算实验室教授厄廷格尔为德雷福斯的《计算机不能做什么》所作序言中这样说:"数字计算机由于无身而导致的局限性,比由于无心而导致的局限性更大。"[②]去除了身体感知的关键作用,符号主义理念下的人机智能是大打折扣的。

简单说,符号主义与把人类传播、人类交流简单理解为信息符号的传递过程极其相似。符号主义把智能还原为可计算、可量化的过程,简化了人类智能的内涵。比如"小度"这类机器人聊天软件,当我们试图用"小度"来唤起它时是无效的,即"小度"的呼唤并不能唤起"小度",因为"小度小度"才是它程序里的唤醒词。再如当我们说"我冷"的时候,它会说"不算冷,杭州今天温度适中,16度至20度";但在真实的人类对话中,假设这是一对情侣,女方对男方说这句话时,她希望得到的也许是其他的意思,比如动作的回应——给她披上一件衣服或带她到暖和一点的室内。再比如这是晚上临睡前,宝宝对爸爸或妈妈说的一句话,那么,爸爸妈妈也不会告诉他"不算冷,杭州今天温度适中,16度至20度"这样怪异的话,爸爸或妈妈只需给宝宝盖上厚一点的被子即可。以气温来回应人类,这样的小度并不智能,它的应答只是迅速在语料库里寻找匹配的台词脚本,实际上,小度只是人类的一个另类玩具。当然,这只是人机交互的初始阶段,它能达到的效果只是客观事实的问询,比如"今天天气怎么样""放一首'二手玫瑰'的歌"等。

符号主义AI是笛卡儿身心二元论的体现。身心二元论认为,认知只是思维的逻辑性体现,与身体无关,也与身体连接的外在世界无关,更与感觉无关。但是,目前的人机交互面临全方位感知的障碍,即视觉、听觉、味觉、触觉、嗅觉的全方位交互,这是符号主义AI难以回避的挑战。其实早在1986年,人工智能专家布鲁克斯(Rodney Brooks)就提出,好的智能应该是

---

① 〔美〕休伯特·德雷福斯:《计算机不能做什么——人工智能的极限》,宁春岩译,北京,生活·读书·新知三联书店,1986年,第166页。

② 於春:《传播中的离身与具身:人工智能新闻主播的认知交互》,《国际新闻界》2020年第5期。

具身化和情境化的，他明确道“世界的最好模式是世界本身”，机器人应以世界本身为表征，而不是内在的世界模式。[①] 人不只是世界最好的传感器，人本身就是世界的一部分。

与人类智能相比，人工智能的符号主义是其初级的发展思路，人工智能及信息交互的多感知、情境式连接，是今后人机交互的重要关节。

（二）联结主义

联结主义 AI 是基于神经网络及其连接机制的人工智能算法，这是仿生学意义的人工智能开发理念，所以又被称为仿生学派（Bionicsism）或生理学派（Physiologism）。目前来说，联结主义在视频、声音方面感知能力的运用较突出，如广泛应用的人脸识别和语音对话，包括引发广泛关注的 ChatGPT。简单讲，联结主义 AI 在人工智能的实践理念是“智能的关键在于构建一个合适的计算结构”[②]。如果说符号主义人工智能是理性、线性的逻辑推理，那么联结主义则是网状和交叉的，它是相互影响、系统化的算法。所谓“联结”，指的就是人类大脑的神经元之间联结如同一个网络，在这样的网络中，神经元群相互呼应，并且迅速完成对外在对象的认知任务。脑科学家们发现，人类大脑的神经元可以传递生物信号，它在接收到一个输入的信号后经过处理再输出一个信号给其他的神经元。计算机科学家据此设计出神经元函数，这些神经元函数以层的形式组成一个人工神经网络，它们包含一些权重和偏移值方面的参数，计算机经过持续不断的权重和偏移训练——即识别结果与实际结果间的实时调整，构成了机器的自主学习，即 AI 的深度学习原理。

20 世纪 60 年代后期，神经网络已为人所熟知，用雷·库兹韦尔的话说，“联结主义”占据了人工智能领域的半壁江山；库兹韦尔甚至认为，依照人类大脑神经网络的构造与特征，模拟完整人类大脑的目标预计 2023 年就可实现。[③] 1969 年，麻省理工学院人工智能实验室的两位开创者马文·明斯基和西蒙·派珀特（Seymour Papert）共同出版了《感知器》一书，该书论证的适用

---

① Brooks, R: “Intelligence Without Representation”, *Artificial Intelligence*, 1991: 47(1/2/3).

② 〔美〕梅拉妮·米歇尔：《AI 3.0》，王飞跃等译，成都，四川科学技术出版社，2021 年，第43 页。

③ 〔美〕雷·库兹韦尔：《人工智能的未来：揭示人类思维的奥秘》，盛杨燕译，杭州，浙江人民出版社，2016 年，第 117 页。

范围只适用于前馈神经网络,不包含其他类型的神经网络,但这一适用范围还是被人为地放大了,因而这本书的问世使得20世纪70年代对神经网络的投资大为减少。至80年代,实际可行的生物神经元模型即适用于上述联结主义AI的模型诞生了。[①] 1986年,由鲁梅尔哈特(D. E. Rumrlhart)和麦克莱兰德(J. L. McClelland)带领的团队出版了《并行分布式处理》(*Parallel Distributed Processing*)一书,此书被称为联结主义的"圣经"。这本书提出了以下观点:"人类比当今的计算机更聪明,是因为人的大脑采用了一种更适合于人类完成他们所擅长的自然信息处理任务的基本计算架构。"[②]人类大脑是智能中心的理念,为大脑与电脑的连接思路打开了通道,这也是许多科幻作品的共同点,如《黑客帝国》中的主角NEO,他的躯体可以停留于地下的锡安城,而大脑却可以通过技术连接进入一个叫作Matrix的程序世界。

神经网络的原理对风起云涌的人工智能语音技术有重要的价值。根据多层结构的神经网络及其原理,深度学习技术得以成形,比如根据大量数据,神经网络可以自己进行诸如图形识别的事情,这是深度学习的主要应用。2016年,牛津大学和谷歌公司共同宣布,他们通过大量电视素材的句子,训练出一个会读取唇语的神经网络——这也是电影《2001:太空漫游》里会读取唇语且令人生畏的哈尔9000的特长。2017年8月,苹果公司又为Siri推出了基于神经网络的语音合成方式。人们的语音本身是非线性和情境化的,它的语音元素及组合和情境化应对,如同人类大脑的神经网络,利用这种非线性的神经网络结构教会人工语音进行自主性的深度学习,才是人机交互的发展方向。Meta公司的研究人员则收集了十几万条由志愿者相互扮演角色生成的对话,这些对话数据又成为训练智能语音神经网络的素材,人工语音由此学会了在人机对话中主动提问。

2022年11月30日,OpenAI发布了ChatGPT的原型,它可以提供涵盖各种知识领域的详细和流畅的回答,这迅速引起了人们的关注。ChatGPT是一种生成式预训练变换器(GPT)类别的语言模型,它依靠巨量的人力和算力进行优化。GPT-1训练涉及的参数量为一个多亿,GPT-2达到了百亿,GPT-3变成了1750亿,扩容了近1500倍。到了GPT-3.5,也就是ChatGPT,

---

① 〔美〕雷·库兹韦尔:《人工智能的未来:揭示人类思维的奥秘》,盛杨燕译,杭州,浙江人民出版社,2016年,第131页。

② 〔美〕梅拉妮·米歇尔:《AI 3.0》,王飞跃等译,成都,四川科学技术出版社,2021年,第43页。

OpenAI 引入了人类反馈强化学习(RLHF)机制。该机制通过 40 位专家的参与,对 GPT-3.5 针对不同问题给出的三个答案进行打分,并建立奖惩模型,使其符合人类的期望,进而使机器的回答与人的预期或社会文化习惯更加接近,换言之,更有“人味”。2023 年 3 月面市的 GPT-4 的训练参数量则在万亿级别……依托巨大的参数量,ChatGPT 的应答会越来越像人的回应;并且因为用户在一个线程中曾经留下的信息及其上下文,ChatGPT 可以继续使用这些信息进行回应。

联结主义 AI 与符号主义明确的逻辑性一样强调秩序与计算,即将意义转化为向量和足够大的几何空间,但多了海量的交互连接与系统性。从这一点看,神经网络还是一个比拟的说法,它仍旧量化了人类的神经网络——人类大脑有近 1000 亿个神经元,要探知它们的结构图,以现有的技术是不可能的。理想的联结主义是经由网络的量化交互而产生质的变化甚至飞跃,即一些神经元的联结与运算使网络“开窍”——产生智能,这多少有些令人神往,也多少有些令人怀疑,如同凯文・凯利(Kevin Kelly)在《失控》里所说:

> 然而,一切事物均来自低等连接这一理念着实令人惊诧。网络内部究竟发生了什么神奇变化,竟使它具有了近乎神的力量,从什么关系连接的愚钝节点中孕育出组织,或是从相互连接的愚笨处理器中繁育出程序?当你把所有的一切联结到一起时,发生了什么点石成金的变化呢?在上一分钟,你有的还只是由简单个体组成的乌合之众;在下一分钟,联结之后,你却获得了涌现出来的、有用的秩序……连接主义者猜想:也许创造理智与意识所需要的一切,不过就是一个够大的互相连接的神经元网络,理性智能可以在其中完成自我组装。甫一尝试,他们的这个梦想就破灭了。[①]

凯文・凯利击中了联结主义的要害,即物理连接是否就一定意味着化学反应——神经网络的类比使人工智能的“智能”化相比符号主义有了起

---

① 〔美〕凯文・凯利:《失控:机器、社会系统与经济世界的新生物学》,东西文库译,北京,新星出版社,2010 年,第 459 页。

色，但是连接就是智能的话，那么神经元的生物比拟就同时成为生命的比拟。

科幻电影《她》依据的原理便是自主深度学习。电影中，人工智能系统OS1的化身萨曼莎就是语音识别与语音合成的产物，但是她却拥有迷人的声音和体贴的关切。进一步深究的话，这一份体贴却来自各种素材的积累，来自人工智能语音的自我进化——查看和读取男主人公西奥多的邮件、通信记录、社交网络活动、照片，了解他的措辞，分析他的情感需求等。这个科幻情节的设定在我们现在的网络购物及商品推送等日常生活中并不少见。萨曼莎的“体贴”能力便是基于神经网络的深度学习，这类人工智能可以通过自组织的方式——而不只是事先准备给它的语料进行更恰当的回复，它具备了自主学习的能力。在这一点上，神经网络的方法或理念也使人工智能语音技术更显人格化。

其实，人—机对话更接近于人—人对话，甚至是永生式对话——撰写《智能语音时代》的作者詹姆斯·弗拉霍斯(James Vlahos)在其父亲临终之前三个月开始用摄像机记录下大量的对话内容。这位一心想以对谈方式留住父亲记忆的作者，以父亲生前的口述史为素材开发了一款爸爸机器人(Dadbot)，它能复制父亲生前回忆，并借助程序设定与作者对话。但他认为，未来的机器人在现有技术的支持下，可以生成新的话语，甚至会有感知情绪的能力。同样，相信“奇点”会来的科学家雷·库兹韦尔则保留了几十箱他父亲的纪念物品，这些物品包括大量的信件、毕业论文、原创随笔和一本未完成的书稿。另外，还有他父亲收集的唱片、乐谱、照片和家庭录像等，这与Meta公司对人工智能语音进行神经网络训练的原理一致。而国内民众更加熟知的李泽厚于2021年11月去世之后，与他有关的另一条消息也引起关注，那就是他生前捐了8万美元及每年的会费，同意将其大脑交由科研机构冷冻，以供日后脑科学成熟之后再解冻研究。不论是以声音或对话留念，还是以虚拟影像互动，人类向死而生的宿命似乎在人机技术的推动下出现了松动，而信息与传播的人类学内涵也得到进一步的推进。

神经网络的系统性、联结性还有一个脑科学的方向，那就是脑机接口的技术创新。巴西籍科学家米格尔·尼科莱利斯认为，负责创作大脑思维“交响乐”的是相互连接的神经元集群，而感觉是一个主动的过程，它始于我们的头脑，而非其他身体部分，外部世界只是恰好与这个身体部分发生了接触。他认为我们之所以会出现不同的感觉，是因为特定的感受器和神经受到了刺激。以幻肢现象为例，经过大量实验发现，这种对已经不存在的肢体痛感来自大脑，而非身体本身，这证明了是大脑在主动塑造自我感以及身体存在的边界。[①] 米格尔·尼科莱利斯据此提出脑机融合的可能性，他也把这一理论应用于2014年巴西世界杯上用意念开球的截瘫者的脑机设备中。“交响乐”式的大脑神经而非局部论的大脑神经突破了身心二元论的认知，这一观点虽然不是经典的人工智能算法理论，但其中包含的大脑的统率性及身体的可替换性原理，为“脑机穿越”的人机融合提供了新的视野。

联结主义原理在两个方面有所启示。其一，由神经网络的机理提供的信息可复制性，仍旧是仿生属性的，或者说是生物属性的，而在信息的社会生成方面乏善可陈。联结主义的人机技术联结或复制的是神经网络的机制——更何况就神经网络的高度复杂性而言，也只是模仿其部分的运作过程，比如巴西世界杯开幕式上开球的“机械战甲”。即在联结主义的理念下，人机技术与信息传播是仿生性质的，是神经网络的结构复制，它是信息方式的搬运模式，而不创造或生成信息。举个人们再熟悉不过的例子，人类的小孩刚出生时跟狼放在一起，这个小孩如果不与人类社会接触，便不会说话，那么他或她就是生物性的人，但就其社会属性而言，则缺乏人类的社会性成长。人机传播同样如此，机器自己并不创造信息，它的信息即令是经由神经网络系统深度、自主的学习，也只类似于一个图书馆的搬运工，图书馆本身并不创造信息。其二，其中寄托的人类情感的不能割舍也是人机传播更深层的动因。人机传播的机器是人类传播系统的他者，但它也是人类与人类之间、人类与宇宙之间新的跨物种传播过程。但这种物种跨越，是基于传播与交流介质的不同，而非本质的不同。

智能是否就等同于信息的传输、运算、输出，虽然这信息量远比符号主义的丰富复杂，但是把智能还原为联结，比把智能还原为数理逻辑好不到哪里去。从联结主义看人工智能，其智能的路途还是“路漫漫其修远兮”。如果把联结主义当作信息传递的一种隐喻，人机交互的表层问题也是信息的穿越式联结——穿越了碳基与硅基的联结，在神经元的仿生性基础上，使信

---

① 〔巴西〕米格尔·尼科莱利斯：《脑机穿越：脑机接口改变人类未来》，黄珏苹、郑悠然译，杭州，浙江人民出版社，2015年，第55页。

息与代码在万物之间畅行;但是,畅通无阻的信息联结依旧要面对身体感知的复杂性与不能完全还原为计算的无意识情况;更何况思维的情境性、历史性和社会性亦是相对封闭的神经网络难以完全框定的。人机交互不只是生物与机器的联结,它也是身体与心灵、身体与社会、身体与历史、身体与情境的联结。

(三)行为主义

行为主义 AI,从名称看也与以上两种明显不同,它注重行为活动,比如智能机器人。行为主义 AI 的核心观点是智能产生于主体与外在环境的相互作用中,即主体在外界环境的刺激下产生相应的反应,这种持续、动态的反馈行为即是行为主义 AI 的表现。行为主义人工智能集合了符号主义的认知能力和联结主义的感知能力,在此基础上融合行为能力,而与更复杂、动态的环境有所互动,如特斯拉的首款人形机器人 Optimus 和波士顿动力(Boston Dynamics)的机器狗 Spot 和机器人 Atlas。行为主义更偏向于硬件,传感器和控制器是主要的技术支持,如被称为控制论动物的机器蜘蛛、机器鱼和布鲁克斯(Brooks)的六足行走机器人等,2014 年身穿“机械战甲”的截瘫青年朱利亚诺·平托(Juliano Pinto)也体现了人工智能的行为主义理念。

行为主义产生之初是心理学的研究课题,即一反传统心理学对复杂意识的关注,转而关注人的行为,即看得见的客观行为可以折射出人的内在意识。行为主义还与控制论有着渊源,即感知、反馈、行动、自组织、自适应等系统化自组织系统的存在,行为主义希望通过模拟生物的进化机制,使机器获得自适应能力。[①] 至 20 世纪 80 年代,行为主义理论与人工智能的探索相结合,生成有别于符号主义及联结主义的人工智能新思路。行为主义 AI 也有仿生学的痕迹——人工智能本身就是对人类智能的仿生,而不是符号主义的数学推理、联结主义的类似神经元的联结等,这使人工智能的智能性走进真实环境之中。“感知—动作”的行为模式借助感应设备把外部信息传感到机器上,再模拟生物体——动物或人应有的反应采取相似的行为。行为主义注重反馈与模仿的行为调节与经验积累,而不专注于对人类大脑神经

① 成素梅:《人工智能研究的范式转换及其发展前景》,《哲学动态》2017 年第 12 期。

元及其联结进行全面深入的了解，它又把人机关系从大脑的研究和复制的梦想拉回到身体行为的经验性这一点上，因而，“从某种意义上说，行为主义是极端的经验主义”①。

通过反复的刺激反应和行为模仿，再通过行为经验的持续叠加，机器就会越来越像人——至少在行为表现上。这是著名的“斯金纳箱子”(Skinner Box)实验——从刺激—反应的行为中学习，最终复制出一定的智能；人工智能的智能也由此得到，这虽然有些“痴心妄想”，但把外部环境考虑在内，把智能与情境化反应放在一起考虑，毕竟也是人工智能理念的进步。

20世纪末，行为主义AI明确了关于智能的看法——智能不是数据堆积后的线性计算和神经网络的探究和模仿，智能来自感知与行为，其智能水平取决于情境化的反应，即对外部环境的自适应能力。这一行为主义AI的理念促使其成为当下人工智能的重要学派。可以看出，这一基于刺激—反应的生物模式是对行为模式的“控制”，即给予怎样的刺激，就产生怎样的行为反应。但行为并不是人类行事的全部，以行为倒推心理，还是把人类还原为生物性或动物性的存在了。当年的“斯金纳箱子”实验等行为主义心理学，在其他人看来，就“带有极权主义倾向，好像除了行为主义，了解人类的其他任何方法都无关紧要”。因而，行为主义会给人以“包裹着反人类的感觉”②。在杰伦·拉尼尔看来，行为主义的刺激—反应及奖励机制，忽视了解人类的其他方法。的确如此，比如在人类表现出来的行为以外，感觉、情绪、沉默等，在行为主义的视野下都容易被忽略，难怪我们会把生活中某些冷冰冰、直线思维的人称为机器人。

实际上，行为主义AI的理念仍然基于理性考量，这也是人工智能三学派的共同特点。不同于现象学等对技术与人类的关系思辨，但凡涉及人工智能的实践理念，便一定会遭遇技术、机器难与活生生的人百分之百的智能匹敌。

人—机关系的智能连接依旧只能在数据传输、大脑神经元模拟以及基于刺激—反应之行为经验的积累方面盘桓，而人类身体感知与智能的关系、人类意识中的历史性、社会性与智能的关系等，都是人工智能难以跨越的

---

① 尼克:《人工智能简史》，北京，人民邮电出版社，2017年，第113页。

② 〔美〕杰伦·拉尼尔:《虚拟现实:万象的新开端》，赛迪研究院专家组译，北京，中信出版社，2018年，第69页。

“物种”难题。基于人机交互的信息过程也应戒除专注于信息符号与信息计算、信息反应这类相对闭环式的思考，而对人机交互传播的理解应该从符号、信息联结、刺激—反应的模式中突破出来，同时考虑人机联结的现实问题和历史问题。

弗朗西斯·福山(Francis Fukuyama)在他的《我们的后人类未来》中对智能技术深表担忧，因为它“有可能改变人性并因此将我们领进历史的‘后人类’阶段”[①]。但是，肉身的滞重、意识的难以捉摸也成就了人性的魅力，智能技术想要复刻或改写人性并非易事。

---

① 〔美〕弗朗西斯·福山：《我们的后人类未来》，黄立志译，桂林，广西师范大学出版社，2017年，第10-11页。

第二章　人机交互传播的社会及哲学思考

这些对于“轻无一物”的视野促使物质生产、维护和处置的常规劳动等内容被推到学者注意力的边缘。[①]

——格雷厄姆·默多克(Graham Murdock)

一、可交互及媒介物质性

可交互是人机连接的根本。2014年巴西世界杯的首场比赛，截瘫青年朱利亚诺·平托身穿“机械战甲”用意念为比赛开出了一球，这一举动与埃隆·马斯克脑机接口公司的技术展示一样，使大脑控制机器的前沿探索进入大众的视野。2023年6月苹果公司发布的Vision Pro是一款新一代人机交互技术。在专属感知计算芯片和多达17个传感器和12个摄像头的支持下，Vision Pro头显可以不需要借助手柄等物件，直接支持眼动交互、语音交互和手势交互。其实早在2002年，主持巴西世界杯“机械战甲”项目的尼科莱利斯就通过训练一只猴子，使它成功地用意念控制一只机械臂的动作。

人机交互技术，不只要求传播工具、传播技术应具有可交互性，也要求人类信息的可传递性、可交互性。目前与人机交互技术相关的人工智能技术、传感器、大数据、VR、MR、AR、脑机接口、类脑计算等新型信息传播技术，既努力把传播技术、传播工具、传播对象的物质性转变为数据化方式，又努力把人的信息进行数据化处理，这样才能把人、机、物连接起来。

就是说，人机交互的第一步是以技术来转化两者共有的物质性，其结果便是使物质性转化为媒介性。所谓媒介性，用克莱默尔(Krämer)的话说，

---

① 〔英〕格雷厄姆·默多克：《媒介物质性：机器的道德经济》，刘宣伯、芮钰雅译，《全球传媒学刊》2019年第2期。

"是一种将事物视为传输和中介的发生场合的视角",在这个理念下,媒介便是"一个人类行为学意义上的、以功能为导向的概念。此功能性体现于这样一个事实,即第三方在异质性的双方之间建立连接,以便某些事物可以传输、交换和循环"[①]。在人机交互的过程中,人与机的物质性转化为媒介性的程度越高,两者的交互性程度也就越高,就是说,人与机都要将自身转换成符合数据连接的介质。人机交互是人机各为对方的媒介,两者的关联也使对方既是传播的受体也是传播的主体。人的皮肤、心跳、虹膜、指纹、耳朵以及脑电波等都成为一种可以与技术对接的媒介方式,这时,人自身成为具有媒介性的湿件,可以编码,可以复制,可以上载。

在人与机的媒介性转化过程中,人的技术维度和机的"人"的维度便凸显出来。这时,信息与传播就转向智能与连接,即马克·汉森(Mark Hansen)所说的两个"I"和两个"C"的变化:从信息(Information)的I到智能(Intelligence)的I,从传播(Communication)的C到连接(Connection)的C的变化过程(见图5)。

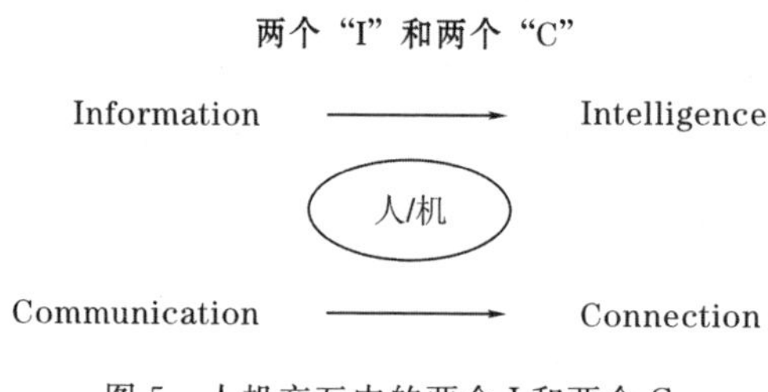

图5　人机交互中的两个I和两个C

这时,生物性的传播媒介与信息性的媒介平台合而为一,人类成为最敏捷的"移动传感器,身体成为一个代码之身,一个界面"[②];因而,具有媒介属性的人与智能技术的接合,使得生物学的有机智慧与具备生物性的信息回路之间的区别变得不再能够辨认。[③]

人机交互就是人机互为媒介,这个过程会有一个重要影响,那就是媒介

---

① 曾国华、毛万熙:《克莱默尔论媒介:从病毒、感知到人工智能》,《国际新闻界》2021年第5期。

② Mark Hansen: *Bodies in Code: Interfaces with Digital Media*, New York, Routledge, 2006.

③ 〔美〕凯瑟琳·海勒:《我们何以成为后人类:文学、信息科学和控制论中的虚拟身体》,刘宇清译,北京,北京大学出版社,2017年,第46页。

的物质性会被忽视。互为媒介的过程就是互相连接的过程，信息反馈与信息控制成为连接的过程与目标，这时人机信息会代替物质性成为可交互的条件，这就是维纳控制论的体现：信息比物质更重要。但有些信息是不可交互的，比如人类更复杂的情感与理念。

在人与智能设备的关系中，人类就要放弃拥有复杂精妙心灵的社会身份，而以携带有限身体信息的生物身份进行人机交互。比如，智能手环的智能性依旧以心电监测、睡眠监测、健康报告等信息输出为主，准确地说，这种所谓的人机交互还谈不上什么交互性；有交互性的人机对话，也时常是问的各式各样，答的千篇一律、机械刻板。这种不在一个频道的鸡同鸭讲，使人类一次次地在技术面前碰壁，原因很简单，人的信息量与机的信息量对接不上，人的媒介性大打折扣，机的媒介性也大打折扣。

所以，目前的人机交互中，人类在心脏与心灵中，只能择心脏进行信息传递；在脑神经与头脑中，只能择脑神经进行信息传递。心脏与脑神经，在向技术打开时，部分地放下了自己的全部智能而去迁就技术的"智能"水平，这在还原人的生物性的同时，也削减了人的社会性与历史性，这是目前来看人机交互的焦点问题。克莱默尔在分析人与机的媒介性时，特别提及人类一方的非理性现象：

> 人工智能的人文反思的基本问题不是"机器有智能吗"，而是"机器能理解意义吗"……"理解意义"并不是指能够区分猫和狗，而是指知道猫不是平面的，会抓，会疼。理解意味着能认识到，从不同的角度看，情境会呈现出新的形态和内容。它将一种可感知的图样与图样本体论中所没有的事物联系起来。诊断图样意味着忽略矛盾和悖论。我们不得不害怕的与其说是机器那一方的人工智能，不如说是人类这一方的非理性。我们不得不希望的不是机器的全能奇点(singularity)，而是人类在与机器打交道时的开明理性(enlightened reasoning)和成熟。[①]

克莱默尔所担心的是人机交互过程中人对机的屈尊俯就，毕竟，人类在与智能技术对接时只能遵守两者的数据通约性，这种通约性还有赖于"机"

---

① 曾国华、毛万熙：《克莱默尔论媒介：从病毒、感知到人工智能》，国际新闻界2021年第5期。

的硬件及软件的智能水平。随着计算机芯片越来越微小化,力反馈传感器、仿真技术、纳米技术、转基因技术、量子技术等科技水平的发展,媒介性的人成为"移动网络的节点主体"[①]。这样一来,人与技术之间的数据连接,也使人类的本质成为一个问题,海勒斯在谈及后人类时认为,"身体性存在与计算机仿真之间、人机关系结构与生物组织之间、机器人科技与人类目标之间,并没有本质的不同或者绝对的界限"[②]。

对人机交互的理解容易形成技术与信息自成一统的幻象,媒介物质性的视野有助于拓展技术与社会的关系理解。仍以维纳的控制论来说,在控制论比喻中,舵手通过船柄、指南针、星空等得到和反馈信息,从而引导船只控制航行,这个过程还离不开船、舵手的劳动、船柄、控制船柄的手的压力等。

格雷厄姆·默多克把物质(物质性)概括为"这一系统中所使用的原材料和资源、支持日常交流活动的设备,以及构建和维护这些基础设施和机器所需的劳动链"[③]。这一说法把媒介物质性称为"一切涉及'物'与'物质'的媒介构成、媒介要素、媒介过程和媒介实践,而'媒介'本身所具有的物性也由此重新显现"[④]。总之,媒介物质性注重信息传播过程中媒介的物质基础、物质资源及物质性劳动和物质性社会关系。

人机交互的物质性即体现于如下两个方面:一是物质基础及物质材料;二是物质性劳动与物质性关系。

就物质基础和物质材料而言,人机交互的智能性首先建基于大量的物质材料和物质资源,如在智力节目中战胜人类两位智力冠军的机器人沃森,功率为 85000 瓦,而人脑仅消耗 20 瓦;脸书、美国国家安全局和其他机构正在建造一个功率超过 1 兆瓦、占地超过 4 公顷的超大存储设施,而 DNA 仅需 1 毫克便具有这么大的存储容量[⑤];比特币方面,截至 2021 年 5 月 17 日,

---

① 孙玮:《赛博人:后人类时代的媒介融合》,《新闻记者》2018 年第 6 期。

② 〔美〕凯瑟琳·海勒:《我们何以成为后人类:文学、信息科学和控制论中的虚拟身体》,刘宇清译,北京,北京大学出版社,2017 年,第 4 页。

③ 〔英〕格雷厄姆·默多克:《媒介物质性:机器的道德经济》,刘宣伯、芮钰雅译,《全球传媒学刊》2019 年第 2 期。

④ 章戈浩、张磊:《物是人非与睹物思人:媒体与文化分析的物质性转向》,《全球传媒学刊》2019 年第 2 期。

⑤ 〔美〕约翰·布罗克曼:《AI 的 25 种可能》,王佳音译,杭州,浙江人民出版社,2019 年,第 294 页。

全球比特币"挖矿"的年耗电量大约为134.89太瓦时(1太瓦时为10亿千瓦时),如果把比特币视作一个"国家",它在全球国家耗电量排名中居第27位,已超过瑞典的耗电量。① 截至2022年8月底,在网络基础设施方面,国内所有地级市已经全面建成光网城市,千兆用户超过7055万户;另外,5G基站有210多万个,5G用户超4.9亿;全国算力总规模超过150EFlops(每秒百亿亿次浮点运算)。

震惊世人的巴西截瘫青年朱利亚诺·平托为世界杯开出的一球,同样离不开物质基础——"机械战甲"。这副"外骨骼"由肢体辅助装置和神经传感系统组成,其运作原理是当平托的大脑发出指令后,大脑意念经由头盔和身体的神经信号传感器,再传输到背包内一台计算机装置中,计算机装置在处理了神经信息之后再转化为相应指令,驱动液压活塞完成开球动作。这一整套"外骨骼"装置重10公斤,系统成本为2万美元,由25个国家150多名科学家联合打造,这是网上报道提及的内容。但除了能看到科学家的数量外,我们很难通过各类报道得知制造这副"外骨骼"花费了多少工人的工时,以及支持其日常实验的设备及构建和维护这些基础设施所需的完整劳动链的情况。

被称为国内最大"元宇宙夜店"的"修勾夜店"是代身化的传播与文化形态,是以数字化身方式参与的一场云狂欢,它似乎不像"机械战甲"那样需要可见的物质材料。在修勾夜店中,用户只要创建一个角色,动动鼠标或点击屏幕就能加入一场云蹦迪的群体狂欢——一群抹除了实在形象的数字化身、一个虚拟的电视屏幕、一些虚拟的烟花和一个虚拟的舞台,谁也认不出谁,但又身处化身了的"狗"群中任意扭动狂欢。这个看似虚拟的世界似乎与物质基础、物质材料无关,但直播软件、获取使用者弹幕、将固定弹幕内容绑定到对应"小狗"上、窗口推流等,都是一场"元宇宙夜店"必需的基础准备。另外,程序建模、海报宣传、合作品牌的技术与内容配合、表演彩排、虚拟舞台的搭建、影像素材和灯光的设计、像素水平与流量入口的匹配等,都影响和制约着这个"元宇宙夜店"受欢迎的程度。

除了技术的物质需要之外,修勾夜店还离不开现实世界里"钱"这一关

---

① 新浪财经:《比特币"挖矿"1年耗电量已超瑞典全国用电量,位居全球第27》.(2021-05-21)[2023-05-27]. https://www.360kuai.com/pc/9a46bc00155178800?cota=3&kuai_so=1&tj_url=so_vip&sign=360_57c3bbd1&refer_scene=so_1.

键要素。比如，蹦迪用户可以通过拉高送礼数额至场里最多从而获得坐在特邀嘉宾旁并与之互动的特权。此外，技术开发者与平台的经济关系也值得关注。2022年5月28日，修勾夜店主办“Blue Dash 100％ BEATS元宇宙音乐节”，直播结束后，修勾夜店老板涨粉5000，礼物收益达7.8万元，但按平台50％的抽成来算，则只剩3.9万元。按照飞瓜数据的修勾夜店投放参考报价，定制视频价格为3.7万元。那么这次修勾夜店老板的收益似乎并不算大。[①] 虽然参与云蹦迪的网友会说“只有每天去修勾夜店才能治愈我被资本家蹂躏过的身心”——这是修勾夜店直播间负责人某视频下方一条点赞颇高的评论，但是，他们似乎并没有意识到治愈其身心的技术应用与平台、老板之间依旧存在一种体系化的组织关系和资本关系。

由“0”和“1”构成的虚拟交互是社会关系的地理脱域，但不是社会关系的脱域。人机交互的数字化连接似乎使“一切坚固的东西都已经烟消云散了”，因而，“这些对于‘轻无一物’的视野促使物质生产、维护和处置的常规劳动等内容被推到学者注意力的边缘”[②]。诸如电脑配置、智能手机、VR头盔、游戏手柄，更不用说谷歌位于俄勒冈州数据中心的地下电力管道、大量的人工、码农、Vtuber背后的中之人，虚拟主播的设计者及运营者团队，以及网络与机器运行产生的大量热能、废物等，均是默多克认为的“劳动链”上的环节。

基特勒深入媒介技术的内部为媒介的社会性和物质性提供了新视角。他的“软件并不存在”(There is no software)的宣言直指软件为后现代主义的幻象，即软件更加巧妙、狡猾地掩盖了自身的物质性：

> 从简单的指令代码，其语言学延伸仍然是一种硬件的配置，再到汇编语言，它们是这些同样的指令代码的延伸，最后到所谓的标准语言，它的延伸——通过在解释器、编译器与连接器中的无数次迂回——同样被称为“汇编语言”。今天的书写，当它出现在软件的发展中，是一种被分形几何发现的由自我相似物所组成的无限序列；除了，不同于数学

---

① 《当修勾夜店请来“百大DJ”，B站网友：这谁？》.(2022-06-13)[2023-05-27]. https://www.woshipm.com/it/5483802.html.

② 〔英〕格雷厄姆·默多克：《媒介物质性：机器的道德经济》，刘宣伯、芮钰雅译，《全球传媒学刊》2019年第2期。

> 模型，（以一种物理/生理学术语）有权进入其中的全部层级在数学上依然是不可能的。现代媒介技术——自从电影与留声机的发明以来——从根本上就是为了破坏感官知觉而设置的。我们无法再获知我们所书写之物在干什么，至少在我们编程时无法完全知道。[①]

人机界面的透明性和上手性使普通用户更难接近和理解计算机的基础语言及硬件结构，换言之，程序语言的密码性造成的障碍只能使用户对硬件、软件及自身作为湿件作最表层的理解与使用。基特勒以此呼吁"我们现在应该从芯片设计中重构社会学……我们的任务至少是去分析微型处理器的特权等级"[②]。人机互联、媒介弥漫无法离开光纤线路、海底电缆、卫星发射装置和摄像机、相机、传感器、电脑处理器、液压系统、集成电路、气动系统电力、机架等，"在基础设施的所有权上，没有所谓的乌托邦"[③]。相对于原本由机构组织、大型物理空间、大型机械设备构成的大众媒体，更加智能的人机交互，很容易忽视其对物理能耗和基础设施的需要。

在物质性的基础设施之外，还有物质性的劳动及物质性的社会关系，弗雷德·特纳(Fred Turner)在分析赛博文化时说：

> 点对点信息主义这一隐喻，和孕育它的意识隐喻一样，都淡化了物质和技术基础，而这正是数字化一代的生存所依赖的。而在不间断的信息流之外，无数的塑料键盘、硅片、电脑屏幕，以及无限延伸的光纤电缆切实存在着，而所有这些技术都需要人工劳动，先是把他们生产出来，而后是拆解他们。这样的工作依然是非常的危险，不管是对于处理有毒化学物质的工厂，还是对于住在工厂附近的居民、饮用沿途水源的人，还是呼吸泄漏出的有毒气体的人来说，都是如此。而这样的工作也往往由那些没有社会和经济资源的人来承担。[④]

数据传输首先依赖于大量的数据劳动，比如大量的人工劳动对数据分

---

①② 车致新：《软件不存在——基特勒论软件的物质性》，《中国图书评论》2019 年第 5 期。

③ 〔英〕尼尔·弗格森：《广场与高塔》，周逵、颜冰璇译，北京，中信出版社，2020 年，第 435 页。

④ 〔英〕弗雷德·特纳：《数字乌托邦：从反主流文化到赛博文化》，张行舟等译，北京，电子工业出版社，2013 年，第 282 页。

类、字符识别、数据输入、情感分析、数据标记等工作,也就是"喂"给机器大量的数据,帮助机器识别更细微的符码及数据加工等。比如 ImageNet 作为最早的图片数据库,目前拥有超过 1400 万被分类的图片,而这些大部分由亚马逊劳务众包平台 Amazon Mechanical Turk 上 50000 名用户耗时两年完成。① 为了给机器人沃森准备应答电视问答,IBM 公司给沃森投喂了两亿页的书籍资料。

在物质性劳动之外,身体的湿件化依旧勾连着数据生产中劳动与数据偏见的社会关系。在人工智能的数据偏见方面,人类的偏见依旧,或者说更为隐蔽。如在性别方面,声音与语言识别系统的女性偏向;脸部识别系统的女性误识率更高;基于文本挖掘的招聘工具存在的性别偏见;搜索工具中的性别偏见(如搜索"工作"与"购物"的图片时,前者的男性形象更多,后者的女性形象更多)等。② 在种族方面,美国司法系统常用的计算机算法预测中存在明显的种族偏见,如黑人的犯罪预测率普遍较高,而针对再次犯罪的预测更是有明显的数据偏差——如没有再犯罪的黑人被归类为高风险的几率几乎是白人的两倍(黑人 44.9%,白人 23.5%);而实际上归为低风险但又再犯罪者中白人占比是 47.7%,黑人占比是 28%。③ 基于大规模语料库进行预训练的语言模型 ChatGPT 也存在同样情形。2020 年,Twitter 上一位黑人女性使用 ChatGPT 模型创建了一个名为 Lil Miquela 的虚拟角色,但是,当她使用 ChatGPT 向 Lil Miquela 发布一些"黑人"话题时,模型却经常提供歧视性或侮辱性的回应。

为人机交互提供数据的是人类自身,所谓的人机智能传播还是集结于已有的社会结构关系之中的。在脑机技术的趋势下,脑数据也会很有"钱途"——据联合国教科文组织的观察,大脑数据(包含关于特定个体的生理、健康和精神状态的独特信息)在医疗领域之外也已成为炙手可热的商品。

---

① 华高莱斯:《数据标注产业:人工智能的背后》(上).(2020-01-24)[2023-07-25]. http://baijiahao.baidu.com/s?id=1654728744950770118.

② Emilia Gomez:"Women in Artificial Intelligence: mitigating the gender bias",于 2019 年 3 月 8 日欧盟委员会的讲演.(2019-03-09)[2022-04-30]. https://ec.europa.eu/jrc/communities/en/community/humaint/news/women-artificial-Intelligence-mitigating-gender-bias.

③ Julia Angwin, Jeff Larson, Surya Mattu and Lauren Kirchner: "Machine Bias: There's software used across the country to predict future criminals. And it's biased against blacks", ProPublica.(2016-05-23)[2023-07-25]. https://www.propublica.org/article/machine-bias-risk-assessments-in-criminal-sentencing.

神经技术市场正伺机向其他领域扩张，例如情感计算，旨在解释、处理和模拟各种人类情绪；交感神经游戏，这种游戏的玩家使用脑机接口，可以在不使用传统控制器的情况下进行互动。另一个热门领域是神经营销，专门研究可能涉及消费行为的大脑机制。[①]

数据背后的人为性，便是智媒传播的社会性与经济性。

二、“汽车”“手杖”及“身体三”

(一)梅洛-庞蒂的“汽车”和“手杖”

西蒙·波伏瓦(Simone de Beauvoir)在她的自传里这样描述梅洛-庞蒂：“清澈、很是帅气的脸庞，浓密的黑色睫毛，以及男生那种欢乐、爽朗的笑声。”[②]一如上文提及的麦克卡罗的肖像，对个体的人的生动描摹总是容易吸引注意；而在人机技术的发展中，人脸识别则是数字人的应用体现，它是基于人脸特征、神经网络或者弹性图匹配等识别人脸。如果用人脸识别技术看梅洛-庞蒂的脸，那么，西蒙·波伏瓦和梅洛-庞蒂大约都会失望吧。

梅洛-庞蒂的身体现象学与维纳的控制论及图灵的极力抹除身体意象不同，他强调世界的问题可以从身体出发去理解，“应该重新检查将身体当作纯粹客体的定义，以便弄明白它怎样能够成为我们和自然之间的活的联系”[③]。请注意，梅洛用了“活的联系”的说法，“活的联系”便是身体现象学的本质了，梅洛认为“身体是这种奇特的物体，它把自己的各部分当作世界的一般象征来使用，我们就是以这种方式得以‘经常接触’这个世界，‘理解’这个世界，发现这个世界的一种意义”[④]。

梅洛-庞蒂认为，是身体使物质与信息合而为一。身体不只是人与信息建立关系的中介，身体还使人与世界建立起紧密的关系。如果说控制论把身体作为信息系统的一个部分，那么，梅洛-庞蒂是把身体看作生命的承载之

---

① 联合国教科文组织：《保护脑力，不容他人觊觎》，《信使》2022年第1期。

② 〔英〕莎拉·贝克韦尔：《存在主义咖啡馆：自由、存在和杏子鸡尾酒》，沈敏一译，北京，北京联合出版公司，2017年，第157页。

③ 〔法〕梅洛-庞蒂：《可见的与不可见的》，罗国祥译，北京，商务印书馆，2016年，第40页。

④ 〔法〕梅洛-庞蒂：《知觉现象学》，姜志辉译，北京，商务印书馆，2001年，第302页。

所，身体是人们生存于这个世界的载体，而不仅仅是客观信息的载体。具身主体强调身体是意义的发生之所，这容易让人想起传播史上的一件事：1876年贝尔（Alexander Graham Bell）首次接通电话时对华生（Thomas A. Watson）说的第一句话是："华生先生，过来一下，我想见你（Mr. Watson, come here, I want to see you）。"在电信系统建立之初，声音的瞬时连接仍旧无法代替身体的缺席，贝尔的呼唤伴随的是对别人思想的无法触摸。[①] 与贝尔的呼唤相反，历史上也流传着福特汽车创始人亨利·福特（Henry Ford）的一句名言："我们明明雇了一双手，怎么却来了一个人？"福特需要一些制造汽车的人手，但招募到的工人不服管教、偷懒耍滑（后来他把工人看作一个完整的人对待时，工人的工作态度也发生了极大的变化）。

亨利·福特似乎得了笛卡儿身心二元论的真传，也似乎与图灵测试有着相似之处。当然，福特这话自有其语境——福特主义重在生产的标准化、自动化，他希望流水线上的工人如同卓别林在《摩登时代》里的表现——把自己也变成一个生产工具，这会使效率最大化。梅洛-庞蒂则强调身体认知关联人与世界的关系，他强调工具是身体的添加物："身体不再是视看与触摸的手段，而是手段的拥有者。我们的器官远非是工具，相反，工具是我们的添加的器官。"[②]我们的器官远非工具，工具是我们添加的器官，这也与麦克卢汉关于媒介是人的延伸异曲同工，即带有人文色彩的理念。但这样的理念在福特看来会妨碍效率，在他看来，手是生产工具，它可以与人的完整性分离，而只是机械、高效地工作的话，那就完美了。然而梅洛-庞蒂认为"手不是一堆骨和肉，它不过是他人的呈现本身"[③]。

梅洛-庞蒂把数学视野下极力要抹除的身体又拉回到人们的视野中，世界是具身存在的——这样一种认识论同时具有了本体论的意义，唐·伊德认为"梅洛-庞蒂极大丰富了具身的概念"[④]。通过身体感知世界，是梅洛-庞蒂关于身体现象学的核心观点，而身体又借助外在的物或技术延伸了人的感知；换句话说，身体与外在的物——比如梅洛-庞蒂分析的手杖、汽车等一

---

① 〔美〕约翰·彼得斯：《对空言说：传播的观念史》，邓建国译，上海，上海译文出版社，2017年，第262页。

② 〔法〕梅洛-庞蒂：《眼与心》，刘韵涵译，北京，中国社会科学出版社，1992年，第150页。

③ 〔法〕梅洛-庞蒂：《世界的散文》，杨大春译，北京，商务印书馆，2005年，第132页。

④ 〔美〕唐·伊德：《让事物"说话"：后现象学与技术科学》，韩连庆译，北京，北京大学出版社，2008年，第12页。

起构成感觉经验。此时的身体,不只是血肉之躯,它还是经验世界的场所;身体不再只是物理与数学意义的信息节点,它还与感知及世界有着紧密的关系。

说到感知,人类历史上绵延不绝的鬼魂附体的传说,真正说明了灵对肉绝然的也是凄厉的依赖,任是死亡之后的鬼魂也得借助于活人的身体来传递一些信息,不论这信息是来自所谓另一个世界,还是死者割舍不下的对生者的嘱托或报复或其他什么。鬼魂附体也可以是一个隐喻,看一部电影或读一本小说,自己的精神世界被深深触动,看不见的信息包括情感和理念的信息被深深刻印在阅听者心里,这时真可以说是鬼魂附体般的精神交流了。这类灵魂附体、心照神交是精神层面的,但它在身体方面会以笑、哭、泪等感知而在更深层次上打动人心。彼得斯在讨论交流的观念史时就提到了招魂术的意义:至今,"媒介"带有的招魂术意象仍然与交流如影随形,挥之不去。[①]

身体决定我们的此在,我们活生生的生活感触以及我们生存于此时此地的社会和成长记忆。鬼魂附体说明鬼魂不能在空中言说,它强烈渴望附着于活人身上。身体也与心灵难分彼此,梅洛-庞蒂以幻肢现象来阐释身心合一,如在战争中被截去肢体的人依旧能感觉到这部分肢体的存在及疼痛。人机技术也是如此,一串串的数字代码渴望串联起人—机—物的交互,甚至以智能语音、人形机器人等样貌努力复刻人的言行;一个个的人也以一串串的代码试图建立起与物、与魂的连接。比如詹姆斯·弗拉霍斯为保留与父亲的联系造出的爸爸机器人,可以在父亲去世后一如往常每天与他打个招呼,"嗨,你好吗",并根据詹姆斯·弗拉霍斯的回应与儿子聊聊天气、家人、音乐等。这是活人与逝者的联系——至少这是他父亲自己的声音。

人机交互的技术演化似乎朝着由单纯的工具使用、信息传递向灵魂附体的方向发展,而梅洛-庞蒂有关知觉的重要性便顺理成章了,比如被知觉物在场的、鲜活的联系才是人与世界的根本关系。那种孤立于主体的、人以外的冰冷的控制论数据连接,既想超越肉身的"沉重"从而建立更轻盈的数字串联,又想穿越感知觉的肉身从而实现真正的人—机—物的一体化。肉身

① 〔美〕约翰·彼得斯:《对空言说:传播的观念史》,邓建国译,上海,上海译文出版社,2017年,第147页。

是需要忽略和跨越的，但又极难跨越，一如图灵最终没有躲避开身体及生命的被规训、被惩戒。梅洛-庞蒂是要留住肉身，因为在梅洛-庞蒂看来，身体是可感知的也是敏感的：

> 在梅洛-庞蒂看来……我们最初感受的知觉，是随着我们最初开始主动去观察、探索世界而发生的，并且现在也仍然与这些经验有关联。我们在学会认出一袋糖果的同时，也知道了把里面的东西吃下去的感觉有多美好。经过几年的生活后，看到糖果，突然想伸手去抓，期待地分泌出唾液，激动和被告知不行后的沮丧，噼里啪啦剥开糖纸时的快乐，糖果鲜亮的颜色，所有这一切都是构成整体经验的部分……正如梅洛-庞蒂写的那样：一只鸟儿刚从树枝上飞走后，我们从树枝的颤动中，看见了它的柔韧与弹性。[①]

知觉的整体性是经由身体建立起来的，身与心、意识与物质、人的内在与世界的外在等等，整体性不能被还原为数字或数值。梅洛-庞蒂说："灵魂和身体的结合不是由两种外在的东西（一个是客体，另一个是主体）之间的一种随意决定来保证的。灵魂和身体的结合每时每刻在存在的运动中实现。"[②]同理，人机技术不是简单的信息互联，而是信息互动。梅洛-庞蒂的身体现象学，是要把信息与意义、身体与感知、人与世界当作整体来看待；而控制论人—机—物的万物互联和数据流通，是要把身体工具化、材料化，把情感、意志阻隔在身体之外，是要再次践行笛卡儿的身心二元论，这是人机合一的必要前提，因为人与机恰好是在情感与思维的深处有着难以弥合的沟壑。

以梅洛-庞蒂的身体现象学看，身体除了可接收、可传递信息外，还能感知机器、感知人、感知世界。梅洛-庞蒂认为"真实的事物和正在知觉的身体无论离得远还是近，任何情况下，这两者都是并置在世界之中"[③]的。只不过，身体的感知过程对于成人世界而言已经习焉不察，这个现象可以用"得

---

① 〔英〕莎拉·贝克韦尔：《存在主义咖啡馆：自由、存在和杏子鸡尾酒》，沈敏一译，北京，北京联合出版公司，2017年，第323页。

② 〔法〕梅洛-庞蒂：《知觉现象学》，姜志辉译，北京，商务印书馆，2001年，第125页。

③ 〔法〕梅洛-庞蒂：《可见的与不可见的》，罗国祥译，北京，商务印书馆，2016年，第20页。

意忘形”的改造版“得形忘意”来作比。所谓“得形忘意”就是人类的感受通过外在的物而得以延伸，并且成为人整体感知的一个部分，从而不再能够明确地意识到，这类似于海德格尔所说的“工具的抽身而去”或“上手性”。

梅洛-庞蒂以汽车驾驶、女性的羽毛饰品和手杖为例说明这一现象。梅洛-庞蒂说，习惯于戴羽饰帽的欧洲女性能熟练而优雅地避开可能的遮挡物；开车的时候，人会有一种感觉，知道它能否通过某个地方，不用每次都下车去测量；习惯于用手杖的盲人能够借助手杖感知对象所处的位置……这些习惯的养成是因为作为外物的工具被整合进了身体空间之中。“当手杖成了一件习惯性工具，触觉物体的世界就会退却，不再从人的皮肤开始，而是从手杖的尖端开始。”[①]技术不只是人类身体的延伸，技术还是人类的生存方式，技术具有了人类学的意义，或斯蒂格勒(Bernard Stiegler)所说的人的“持存物”，它与身体融合进入人类的演化史。

人的彻底物化和人的彻底意识化，都是梅洛-庞蒂反对的，把知觉和人的行为、外在环境、内在意识与身体当作一个整体结构看，是梅洛-庞蒂之身体现象学的核心理念。总之，人及其身体是作为一个知觉场而存在，而不是一个知觉物而存在。这当中，汽车、羽饰、手杖等带有技术性的工具，扩展了人与世界的关系。尽管梅洛-庞蒂“很少明确谈及技术，但是梅洛-庞蒂所继往开来的是，他在《知觉现象学》等著作中，用非常隐晦和细微的方式，讨论了身体、知觉和行为的作用，而这种作用是通过技术来体现的”[②]。

今天，在技术驱动的世界里，梅洛-庞蒂的身体现象学在以下几个方面启发我们对人机技术及具身传播的理解。[③]

其一，身体不是工具。人类的基本经验离不开身体，没有纯粹的心灵也没有纯粹的身体。这与控制论的理念绝然不同，梅洛-庞蒂的身体现象学把身体放置于人与世界的关系序列中看待。这一点也为理解当下人机技术的发展及具身传播现象提供了基本的认识论前提。比如上传人类意识与记忆的技术畅想、人机之间的交互程度、人形机器人与世界的关系等，都可以借

---

① 〔法〕梅洛-庞蒂：《知觉现象学》，姜志辉译，北京，商务印书馆，2001年，第201页。

② 〔美〕唐·伊德：《让事物“说话”：后现象学与技术科学》，韩连庆译，北京，北京大学出版社，2008年，第46页。

③ 以下内容部分受到《技术如何不偏离人类的生存——梅洛-庞蒂对技术的考量》一文的启发。作者崔中良、王慧莉，《人民论坛·学术前沿》2017年第21期。

助梅洛-庞蒂的身体现象学进行审视。

其二,我们的身体也是包含技术的身体。在人类长久的习惯积累下,技术逐渐刻写于人类身体之中,并逐渐拓展了人类与世界的边界;技术无法再与身体脱离,也无法与世界脱离,技术与身体是并置于世界之中的。那么,以梅洛-庞蒂的理念看,人机技术、人机交互便不存在哪个是主哪个是仆的问题了,技术融入了身体的经验之中,技术与身体的结合直接构成了人类的知觉能力。那么,人机交互传播中的技术与身体的关系也可从这里获得一点理解,人机交互的传播主体——人机合成新主体也可以此为依据。

其三,技术之中也蕴含意义。梅洛-庞蒂以烟灰缸为例,说"烟灰缸的意义不是与烟灰缸的感觉外观一致而只能被知觉理解为烟灰缸的某种概念,烟灰缸的意义使烟灰缸获得活动,显然体现在烟灰缸中"[①]。这段如绕口令式的话实则在强调烟灰缸与语境、意义、用途等的"活的"关联。一如身体与自然是活的联系的说法[②],技术与人也是活的联系。这与麦克卢汉所持的技术是人的延伸不同,梅洛-庞蒂更强调破除身心二分、主客二分的理念,他强调技术与人(通过身体)互相赋予对方以意义。

其四,技术也是人的生存方式。梅洛-庞蒂认为技术经由身体在人与世界之间建立起整体联系,也可以说不论是传统技术还是当代技术,人类在自己的历史演进过程中建构了技术,技术也同时建构起人与世界的历史性、社会性关系。人类正是在持续的技术开发中深化了作为人的主体性存在,技术也正是在这一历史性的过程中,与人类相伴相随。人机技术与人机交互传播不只是技术与传播的关系问题,也是人类的生存命题。

但人机技术到底不同于梅洛-庞蒂所指的汽车、羽饰及手杖,可穿戴设备、VR、AR等与身体的联系更加紧密,人机技术已经成为未来经济、未来军事、未来社会的重要引擎,在梅洛-庞蒂的身体现象学之外,唐·伊德的技术现象学更为切近地关注到了技术与身体的关系。

(二)唐·伊德的"身体三"

人类离开伊甸园之后就借助技术开启了尘世生活——这是唐·伊德论

---

① 〔法〕梅洛-庞蒂:《知觉现象学》,姜志辉译,北京,商务印书馆,2001年,第405页。

② 〔法〕梅洛-庞蒂:《可见的与不可见的》,罗国祥译,北京,商务印书馆,2016年,第40页。

述技术与生活世界的副标题——从伊甸园到尘世[①],即如斯蒂格勒所说的技术的外在化、客观化过程。唐·伊德关于"身体三"的看法就是从人类学、哲学层面对技术与身体关系的探讨。"具身关系构成了所有'人—技术'领域中的一种生存形式"[②],唐·伊德一方面继承了梅洛-庞蒂的身体现象学理论,另一方面又提出了自己的见解。就前者而言,唐·伊德说"借助技术把实践具身化,这最终是一种与世界的生存关系"[③],这显然是对梅洛-庞蒂学说的"附议";另一方面,唐·伊德对技术及其透明性的强调,是从梅洛-庞蒂的身体现象学转向了技术现象学的视野。如果说梅洛-庞蒂的关注点是身体介入人的感知与世界之间,那么,唐·伊德关注的重点则是技术与身体构成的与世界的关系,在这一点上,唐·伊德的技术现象学观点更适于理解人机交互的现象。

唐·伊德在梅洛-庞蒂的基础上延展出技术现象学的理念:"我称这第一种与世界的生存的技术关系为具身关系(embodiment relations),因为在这种使用情境中,我以一种特殊的方式将技术融入我的经验中,我是借助这些技术来感知的,并且由此转化了我的知觉的和身体的感觉。"[④]这第一种技术关系是指感知与世界之间的技术人工物。技术人工物是人与世界的中介;从具身关系又演化出人与技术的透明关系,用唐·伊德的话说,就是"只要透明度足够高,那么将技术具身就是可能的。这就是具身的物质条件……技术就好像融入我自身的知觉的——身体的经验中"[⑤]。透明性,类似于梅洛-庞蒂关于身体借助外物感知世界的习惯性和海德格尔的"工具的抽身而去"或上手性。唐·伊德在说明这种透明性时也提到了汽车,与梅洛-庞蒂一样,他强调作为技术的汽车与人身体之间的"默会"(tacit),知识就是知觉—身体的。技术抽身而去——其不可见性或者透明性,要求对机器的完善设计。"设计的完善不是只与机器有关,而是与机器和人的组合有关。机器是按照具身的方向完善的,根据人的知觉和行为来塑造的。"[⑥]唐·伊德特意强调技术的透明性——这是梅洛-庞蒂关于物通过身体连接世界进而成为身体的习惯性延伸的另一种说法,不同之处在于,唐·伊德把梅洛-庞蒂的"物"替

---

① 〔美〕唐·伊德:《技术与生活世界:从伊甸园到尘世》,韩连庆译,北京,北京大学出版社,2012年。

②③④⑤⑥ 〔美〕唐·伊德:《技术与生活世界:从伊甸园到尘世》,韩连庆译,北京,北京大学出版社,2012年,第85页、第77页、第78页、第78页、第80页。

换为“技术”,这为理解人机技术建构身体感知和信息体验提供了更切近的启发。

唐·伊德有关技术与身体的理论在肉身身体、文化身体之外,回应了20世纪以来技术与人愈加紧密的关系,简单讲,就是他把经由技术的体验作为观察重点。在其著作《技术中的身体》中,唐·伊德对“身体”作了更详尽的分析,从三个方面界定了不同形态的身体,即“身体一”“身体二”和技术维度的身体。“身体一”是肉身身体,是可感、可见、可触的身体,是充满活力的身体,是物质身体;“身体二”是社会和文化意义的身体,是通过社会、政治、文化等构建的身体,是思想、理性、精神的身体;技术维度的身体则既穿越“身体一”,又穿越“身体二”。[①] 这是唐·伊德对技术现象学的进一步解释,即知觉对身体的依赖,技术与身体的“默会”。梅丽莎·克拉克(Melissa Clarke)直接把伊德关于技术维度的身体称为“身体三”。[②] 与唐·伊德的技术维度的身体或“身体三”类似,克里斯·希林(Chris Shilling)则把技术主导下的身体称为“技术态身体”。他认为“‘技术态身体’的观念不仅是说我们基于工作及其他背景都受到技术前所未有的支配,而且意味着生产技术与知识都在向内部移动,侵入、重构并愈益支配身体的内容”[③]。

技术的支配性作用已经侵入工作、生活、学习、社交、军事、经济、心理等领域,对传播学而言,人机技术的信息传播形式也在开启新的信息范式及新的技术、身体、人、世界之间的关系。希林所说的“技术态身体”已与拎在手上的手杖和戴在头上的羽饰不同,技术的向内移动已经开始支配身体,在技术的智能趋势下,身体或人似乎在失去对技术的掌控,而向技术的客体对象转化。

技术维度的身体是说技术改变了人的知觉能力,比如VR和骨传导耳机对人类视觉、听觉的扩张,触感手套对人类触觉能力的延伸,因而,技术与身体一起构成了人类知觉化过程的必要条件,这与观看电视时人作为旁观者的知觉扩张不同。在人机分离的技术中,人的视角是观看者的视角;在人机

---

① Donlhde: *Bodies in Technology*, Minneapolis, University of Minnesota Press, 2002: 17, 26.

② Clarke M: “Philosophy and Technology Session on Bodies in Technology”, *Techné: Research in Philosophy and Technology*, 2003, 7(2): 120.

③ 〔英〕克里斯·希林:《文化、技术与社会中的身体》,李康译,北京,北京大学出版社,2011年,第188页。

技术中，人的视角是参与者的视角。为了更加清楚地说明参与式的技术视角，伊德以跳伞过程进行说明。在参与式的具身视角中，跳伞过程就是跳伞者本人的视角，他的身体与视角全部参与到这个刺激的过程中；在旁观视角中，跳伞时的身体感知是完全虚拟的想象，甚至可以说身体只是一种图像。[①]技术维度的身体能够做到身临其境，它带给人类的身体经验是不一样的——我们在其中，在这个由技术创造的世界之中，而不是之外，而离身性技术最多可以达到的是静态的“千里眼”“顺风耳”效果。

还可以用更生动的事例来说明唐·伊德的“身体一”“身体二”与“身体三”。“身体一”最容易理解，就是我们活生生的血肉之躯。“身体二”则如同电影《楚门的世界》里的楚门，或芭比娃娃式的性别化的女性身体，他们的身体是社会和文化意义层面的身体。在福柯眼里，“身体二”是微观权力发挥其作用的地方，因而，身体是文化与权力的集结地，是身体焦虑、外貌焦虑、年龄焦虑以及医美产业的利润源泉。“身体三”则如同电影《头号玩家》里韦德的身体，他需要借助 VR 头盔、触觉手套、带压敏底垫的全方位跑步机等，使自己身临其境地进入虚拟时空中；也是虚拟主播、虚拟偶像带动平台产业、偶像文化的原因之一。韦德的经验是通过技术连通身体获得的，韦德在虚拟空间中“亲临现场”，但真实的身体又留在现实世界里。不过，借用技术设备进入虚拟时空的韦德仍要参与排名、赢得彩蛋、打怪升级；设计游戏王国的哈利迪自己依然不能避免身体的死亡，他十分清楚，“在现实世界中，我才能吃顿好饭”；《失控玩家》里的“键盘”也不能在他设计出的令人惊叹的“自由之城”里喝到一杯咖啡。

但是唐·伊德并不专注于批判身体与文化、政治的关系，而是着眼于技术之中的身体所带出的“后现象学”或“技术现象学”问题。技术转化了身体与身体经验，技术的透明性也破坏了技术与人的清晰界限，这里，“媒介是人的延伸”与“人是媒介技术的延伸”含混不清。但唐·伊德依旧强调技术对身体而言不只起到辅助的作用，技术还转化了身体，因而，所有技术都不是中性的——这也是唐·伊德对技术人类学的超越。他认为对使用技术的人来说，也包含着对技术的含混性(ambiguity)的情绪：

---

① Donlhde：*Bodies in Technology*，Minneapolis，University of Minnesota Press，2002：4-5.

> 由具身技术所唤起的期望同时具有积极和消极的推进方向。知识活动特别是科学中的工具逐步将知觉扩展到新的领域中。这时的期望是去观察,但这种观察却是借助工具的观察。从消极意义上来说,期望纯粹透明性就是希望摆脱物质化技术的限制。这是一种新型的柏拉图主义,期望摆脱由于技术的参与而重新得到扩展的身体。这种希望充满着矛盾:使用者既想获得技术,又不想获得技术。使用者想获得技术带来的好处,但是又想摆脱技术的限制,而这些转化都是身体借助技术而得到扩展所暗含的。这是人类创造的尘世技术中所包含的最基本的矛盾情绪。①

唐·伊德的这段话强调技术的纯粹透明性是对物质化技术的摆脱,但是这种期望也容易混淆技术的物质形态与物质性的区分。当技术由机械式转向数码化时,是技术的物质形态在发生变化,但这不能排除技术的后台支撑,如人机交互中依旧需要——也是非常必要的移动网络、数据连接需要的基站、其他基础设施、人工劳动等,技术的外化离不开物性的支撑,“所有的第三持存都是靠物性”;这不只是人与技术的关系,也是人与世界的关系:

> 这看起来好像我们所有的认知活动,跟我们的目的性、意志力、欲望相关的所有部分,实际上都很难把它与我们外在的这样一个持存环境相分离,就是说属人的部分是没有办法跟外在的持存环境相分离的。②

对技术与世界的关系性思考是唐·伊德“诠释学的技术”的核心要义。简单说,唐·伊德把诠释学作为技术情境中的特殊解释活动;诠释学关系在人类面向世界时保持了技术的中介作用,但也改变了“人—技术—世界”的关系变量,唐·伊德这样表述这种变量的不同③:

---

①③ 〔美〕唐·伊德:《技术与生活世界:从伊甸园到尘世》,韩连庆译,北京,北京大学出版社,2012年,第81页、第86、95页。

② 张一兵、斯蒂格勒:《第三持存与非物质劳动——张一兵与斯蒂格勒学术对话》,《江海学刊》2017年第6期。

一般的意向性关系：
人—技术—世界
变项 A：具身关系：
（我—技术）→世界
变项 B：诠释学关系：
我→（技术—世界）

唐·伊德认为，从具身关系向诠释关系的发展，是沿着人—技术的连续统进行的，两者的根本区别在于知觉的位置。这也是唐·伊德与梅洛-庞蒂的不同之处：梅洛-庞蒂认为经由身体的体验很重要，伊德认为借由技术的身体体验很重要。可以说，在人机技术的背景下，伊德关于技术诠释学的看法是“与时俱进”的。梅洛-庞蒂也提及了借由技术的身体感知，如汽车、手杖等，但这样的技术更像是身体的辅助工具；而唐·伊德所论对知觉的技术转化却包含了具身关系和诠释关系两种。

以眼镜为例，用眼镜矫正视力，是对视觉的复原。这时，在一般性的意向关系之外（如做实验时戴的护目镜，意在保护眼睛），知觉活动和戴上眼镜的身体之间是透明和同构的，就是说戴上眼镜的视觉效果如同正常视力看到的世界。这时，眼镜与人的关系是具身的，眼镜起到视觉还原的作用，借助眼镜，人与外面的世界发生知觉关系。但是如果在看雪景或太阳时，这时的眼镜不再是还原裸眼视觉的近视眼镜，而是改变裸眼视觉。为了消除强光，太阳镜或墨镜借由着色或偏振等原理改变了我们看世界的方式，这在一定程度上转化了所看的物体和世界。这时，看到的东西不同于裸眼所见。借由眼镜看到的东西，前者是还原外部世界，是对外部世界的同构；后者是转化人对外部世界的认知。前者是具身关系，后者是诠释学关系。“在诠释学关系中，世界首先转化为文本，而文本是可读的。”技术的诠释学作用如同文字和书写的诠释学作用，这里，技术如同语言文字，不再是透明的和工具性的，它对书写化的世界和另一端的阅读者都起到了建构的作用。在技术的文本性或诠释性之下，世界变成了经技术转化后的世界，世界与人的关系不再是透明和同构的，而是经技术转化后的知觉世界。

这样，就会产生一种技术诠释学的困境，即我们如果拒绝经由技术而感知世界，那么我们会漏掉许许多多的信息，我们会成为新技术背景下的新卢德分子，我们会成为离群索居的信息"自闭症"者；如果我们经由技术来感知世界，那么所看、所听、所触的世界则是技术化了的世界，比如《头号玩家》里的"绿洲"世界，《失控玩家》里的"自由之城"，或微软的 HoloLens 眼镜，但这也容易使人患上技术"自闭症"。实际上，这种困境无可避免，彼得斯在谈论人类交流史的时候，也明确了媒介技术的诠释本质："由于有媒介的中介作用，我们面临的种种交流情境本质上都是诠释性的。"[①]与具身关系相比，技术的诠释性不只是与身体结合后对外物的透明的、同构的体现，它还具有了文本的属性。唐·伊德关于技术与人及世界的具身关系与诠释学关系的区分，把技术从透明的、工具的附属地位拉到人与世界构成的舞台中心。这里，"身体三"的概念里，已经包含了"身体一"和"身体二"的部分内容。

在眼镜的事例中，按照唐·伊德"人—技术—世界"的关系分析，作为技术的护目镜体现的是"人—技术—世界"的一般意向性关系；作为还原裸眼视力的近视眼镜体现的则是"人—技术—世界"的具身关系，此时知觉的位置更靠近戴着眼镜的人；作为太阳镜或墨镜的眼镜体现的是"人—技术—世界"的诠释学关系，此时知觉的位置更靠近改写外界状貌的世界——即人看到的世界是经由技术转化了的世界。

这样一来，人的身体既重要也不重要——从重要性讲，身体是"人—技术—世界"系统的关键一环，技术需要连接视觉、听觉、触觉等感官来与世界建立关系。从不重要的角度讲，伴随技术化世界的发展趋势，尤其是数字化技术的发展，技术在"人—技术—世界"的系统中越来越占据"C"位（中心位置），唐·伊德认为"在知觉领域中，数字化过程是必须的"[②]。这个必须，也容易导向"反客为主"的人机局面。被誉为"虚拟现实之父"的杰伦·拉尼尔在他的《你不是个玩意儿》（*You are not a Gadget*：*A Manifesto*）中就表达了这种担忧，即伴随科技的不断发展，人类终将越来越像机器。

这与梅洛-庞蒂关于身体现象学的分析已然不同，技术要通过数字化的代码把世界"翻译"为能够传送的信息，这时，数字化技术与被它转化后的世界，既对人呈现了世界，也对人解释了世界。依据这一观点，人—机技术就

---

① 〔美〕约翰·彼得斯：《对空言说：传播的观念史》，邓建国译，上海，上海译文出版社，2017 年，第 220 页。

② 〔美〕唐·伊德：《技术与生活世界：从伊甸园到尘世》，韩连庆译，北京，北京大学出版社，2012 年，第 97 页。

有了呈现与建构的双重功能，这样一来，技术的参数化在人—机关系中就会越来越重要。在这一点上，伊德的技术诠释学与维纳的控制论原理就产生了交汇，数学逻辑、控制技术、反馈回路均在消除情感与意志的成分，而理性与数据规则成为人—机—世界的运行逻辑。把人类交流还原为代码化过程，这是唐·伊德技术现象学青睐于技术的始料未及的后果，这也在一定程度上与香农、与韦弗的《传播的数学原理》的信息论传播学殊途同归，即信源经编码后变成信号，经过信息渠道（在唐·伊德这里，可以是人的知觉），再经解码或数字“翻译”到达信息的接受方。这时，“身体三”越来越脱离物质身体的“身体一”，也貌似在技术中性的说辞中与作为文化和社会身体的“身体二”渐行渐远，这时，“身体三”的技术还原论色彩便会越来越浓。

当然，唐·伊德还是从技术还原论走了出来，他认为诠释学关系对于理解人—机关系还是不够的，在具身关系和诠释学关系之外，还存在一种它异关系（alterity relations）[①]，因为“我们与技术的关系并不都是指示性的；我们也可以（同样是主动的）将技术作为准对象，甚至是准它者，因此就有了‘它异’（alterity）这一术语”[②]。技术既非身体单纯的辅助工具或身体的延伸，也非转化世界的单纯中介，技术还以它者的或准它者的身份与人类相遇，而计算机是它异技术的很好的例子。伊德用以下方式来表示它异关系：

人→技术—（—世界）

伊德这样解释以上的圆括号：“我这样来放置圆括号是为了指出，在它异关系中可以具有，但是并不必然具有借助技术指向外部世界的关系。在这种情况中，世界就成为情境和背景，技术就作为我随时随地打交道的前景和有焦的准它者出现。”[③]技术与人的关系过程中把外部世界背景化了，而人与技术的关系则成为准它者的关系——技术不再是单纯的物，而是一个可以与人发生关系的对象，比如机器人。“机器人只是不同于我们每个个体的

---

① 也有学者把“它异”关系翻译为“他者”关系，如杨庆峰在《翱翔的信天翁：唐·伊德技术现象学研究》（中国社会科学出版社，2015 年，第 25 页）中就把 alterity relations 译为“他者关系”。

② 〔美〕唐·伊德：《让事物“说话”：后现象学与技术科学》，韩连庆译，北京，北京大学出版社，2008 年，第 57 页。

③ 〔美〕唐·伊德：《技术与生活世界：从伊甸园到尘世》，韩连庆译，北京，北京大学出版社，2012 年，第 112 页。

他者或准他者，与人类的他者无异。”[①]或者说，在它异关系中，作为技术和机器的“它”成了“准他”或“他者”，比如图灵测试机、人们手中的智能手机、Siri、拥有沙特阿拉伯护照的机器人索菲亚以及被人示爱的“微软小冰”。“微软小冰”自问世以来已然成为人类的一个“他者”，请看以下报道：

> 据称，每天约有数百万人在使用微软小冰，小冰可以像人一样回答问题、提出问题甚至思考问题。例如，如果用户发出一张脚踝受伤的图片，小冰会问他伤口有多疼。
>
> 王永东说，小冰可以就任何话题与人们进行交流。他说：“如果遇到她不太了解的东西，她会尝试着进行掩饰。如果无法掩饰，她可能会像真人那样恼羞成怒。”
>
> 据 Geek Wire 报道称，现在已有数百万中国用户向小冰表白过。大约 25％或 1000 万人在使用这项服务时说过“我爱你”。[②]

除“我爱你”的示爱之外，人格化的机器人甚至还会真的被爱上并成婚。2018 年 11 月 4 日，日本一 35 岁的男子近滕显彦举行了一场婚礼，婚礼对象是二次元世界有名的由电子音乐合成软件及虚拟成像技术合成的 16 岁少女“未来未来”。该男子为这场婚礼花费了 200 万日元——包括请柬、司仪、蛋糕、场地等，现场嘉宾共 39 人(在日语中 39 的发音和初音未来相近)。婚礼上，近滕显彦与初音未来共同发表誓词，要“互爱互敬”；婚后生活中，近滕显彦会为初音未来准备多套日常服饰以便在不同季节和场合更换，两人一起喝茶、说话。婚后几年，记者去征询近滕显彦的生活，近滕显彦对初音未来仍旧满意。[③]

> 近滕显彦：“因为真的很可爱，所以是不会说谎的真心话。”
>
> 记者：“不能吃饭，和她说话也不会回你，不会觉得寂寞吗？”

---

① 牟怡：《传播的进化：人工智能将如何重塑人类的交流》，北京，清华大学出版社，2017 年，第 138 页。

② 腾讯科技：《微软人工智能在中国：25％的人对小冰说过“我爱你”》.(2016-02-06)[2021-04-24]. https://www.haote.com/jiaocheng/94931.html.

③ 视频链接见新浪微博.(2023-05-20)[2023-06-22]. https://weibo.com/5543176559/N1raU4QTl? refer_flag=1001030103_.

近藤显彦："这确实是有的，但是，当然能回答我是很高兴，这些都会在脑子里想象……她对我来说是一种救赎。"

不论是玩具还是更像人类的人偶、机器人，人类对这些物件的情感投射是一个人类学、心理学意义的长久现象，但是人机技术使这一现象更为突出，因为人机技术的实质是更逼真的交互性。但人机交互或人偶交互的层次又有不同，如果初音未来真的像人类一样具有现实处境中的个性，或像ChatGPT一样聪明伶俐，甚至是一位拥有独立"人格"的女性的话，近藤显彦恐怕又会避之唯恐不及吧。对虚拟角色抱有情感的现象，在日本被称为纸性恋，日本甚至还有专门发行和虚拟角色结婚证书的公司，它已经向几百对情侣发放了证书。这种人机交互或人偶交互——二次元和三次元的跨次元婚姻现象，看似是人与物、人与技术的关系问题，其实质却是人与人之间的心理距离及社会关系问题。

无独有偶，2007年英国科学家戴维·利维（David Levy）出版了一本书——《与机器人的爱与性——人机关系的演进》（*Love and Sex with Robots*：*The Evolution of Human-robot Relationships*），如同书的标题，与机器人的爱与性可以是人—机关系演化的主题之一。戴维·利维的畅想引发较大争议——无论是技术的可实施方面还是人类伦理、人—机伦理方面，这都体现了唐·伊德关于"它异"关系的分析。无论如何，技术正在成为人类演化过程的另一个主角，并以世界为情境或背景，以人机交互为剧目而登上了人类的演化舞台。想象一下人类的历史演化过程，早先，人与世界是人类演化舞台的两个主角；其后，技术出现，技术演化，并越来越成为人类舞台的重要角色。在人—机技术的背景下，外在世界被推后至背景，人—机交互成为人类世界的主调——社交机器人的不断出现就是例证。此时，外在世界也经历了技术化的过程，这就是唐·伊德对人与技术的第四种关系——背景关系（background relations）的分析。

在背景关系中，技术从前台转到背景之中——更准确地说，应该是一边居于前台一边侵入背景。在这个过程中，技术整合为一个有效的生命维持体系，就好比《头号玩家》里的完整世界——绿洲和《失控玩家》里的自足世界——"自由之城"，或《黑客帝国》里的矩阵世界及在线大型网络游戏《第二人生》。唐·伊德认为，这时的技术系统是自动和封闭的，他把这种系统称为“技术蚕茧”(technological cocoon)。在这种情境中,技术泛化为一种场域,“调节着居民的生活情境”;它同样具有转化的特征,环境成为一种技术化的构造环境,“技术通过与人的生活世界的不同结合方式,展示了独特的非中立性的形式”[①]。而且“恰恰因为背景技术的不在场,它们可能对经验世界的方式产生更微妙的间接的影响”。由单纯的具身化的还原世界,到诠释性的转化世界,再到人机技术的它异关系和背景关系,唐·伊德持续回应了人机技术的发展,也为人机交互的理解提供了视角。

总之,“身体三”并不意味着“身体一”和“身体二”的消失——近年的人形智能机器人,多数以年轻貌美的女性形象出现,再加上早已流行的女性人工智能语音机器等,无不说明技术态与文化态身体的难分难解。

三、真实现实与虚拟现实

我们与他人、与世界的关系大多是通过传媒中介的,电子和数字媒介使真实与虚拟的界限更加难以分辨,VR、AR、MR 等技术又使虚拟现实更成为另一种现实。我们越来越只能通过媒介的真实去了解世界的真实;而在娱乐产业游戏世界的沉浸体验,更使“虚拟实在”这一矛盾的说法淋漓尽致地体现出来。关于真实现实和虚拟现实的思考,既是人与技术的关系思考,也是人与世界的关系思考;媒介视角下(而不是哲学视角下,如海德格尔的“座驾”)的真实与虚拟问题,同样也指向人与技术、人与世界的关系思考。

关于虚拟现实的较早分析起于电子媒介技术在 20 世纪以来的大肆扩张,为此还诞生了一个名词——内爆。内爆应该是一个复数形式的词,就是说,内爆与内爆是不同的,比如麦克卢汉对于内爆的分析是基于电视为主的时代;而现今的数字媒介时代,虽然人们不再把内爆当作一个时髦的学术名词看待,但沉浸式体验的技术使内爆的程度更深,即人自身的内爆。

(一)渐次“内爆”

内爆始于技术媒介,它由麦克卢汉关于电力媒介引发的空间与认知内

① 〔美〕唐·伊德:《技术与生活世界:从伊甸园到尘世》,韩连庆译,北京,北京大学出版社,2012 年,第 113-117 页。

爆，发展到鲍德里亚[①]关于技术媒介与社会内爆相互联系的分析，再到人机技术背景下，虚拟现实对现实世界以及技术对人自身的内爆。

在《理解媒介》中，麦克卢汉几乎以内爆（Implosion）现象串联起技术媒介的历史，即由机械时代向电力时代转型的媒介特征就是内爆。“凭借分解切割的、机械的技术，西方世界取得了三千年的爆炸性增长。现在它正在经历内向的爆炸。”[②]麦克卢汉的内爆理念基于电力时代代替机械时代的宏观背景，即在机械时代，人类完成了身体在空间的延伸；在电力时代，人类的感觉器官和神经系统可以借由电力媒介得以延伸，即不再是人身体的延伸，而是人的意识的延伸或人与人之间的靠近，地球村也于此产生。内爆现象实则就是媒介化社会的现象，即电力时代的媒介使信息无所不在，对真实的模拟——而不是真实本身成为社会的主流形态。

在麦克卢汉看来，一切始于电，“由于电力使地球缩小，我们这个地球只不过是一个小小的村落。一切社会功能和政治功能都结合起来，以电的速度产生内爆”[③]。在麦克卢汉看来，内爆既是认知与意识的向内收缩，也是世界的向内收缩，“电信传输瞬息万里的特性，不是使人类大家庭扩大，而是使其卷入村落生活的凝聚状态”[④]。麦克卢汉关于各类电子媒介的内爆分析（见表1）略带正向的意义，比如他讲到“在电力时代，艺术与企业、校园与社区日益缩小的沟壑，是整个内爆现象的一部分，这种内爆使一切层面的专门家队伍靠得更近了”[⑤]。

表1　麦克卢汉的媒介“内爆”观

电报	从电报问世之日起，西方人开始经历了内爆的过程。
唱机	这一内爆又给音乐、诗歌和舞蹈中的言语节奏赋予新的突出地位和重要意义。
电台	给人提供了第一次大规模的电子内爆的经验，使重文字的西方文明的整个方向和意义逆转过来。
电影	广播和电影合作给我们提供了有声片，使我们在经过爆炸和膨胀的机械时代以后，进一步踏上了内爆和重新整合的逆转过程。这种内爆即收缩的极端形式，就是宇航员的形象，他被紧锁在一块弹丸大小的密封空间中。他非但没有拓宽我们的世界，反而宣布我们的世界缩小到了一个村落的规模。

---

① 国内也有译为波德里亚、博德里亚尔等，本书一律采用更常用的鲍德里亚的译名。

②③④⑤ 〔加〕马歇尔·麦克卢汉：《理解媒介：论人的延伸》，何道宽译，南京，译林出版社，2000年，第20页、第22页、第151页、第301页。

续表

电视	马赛克世界，这是一个内爆、平衡和静态的世界……我们的年轻一代……深受电视的影响。

麦克卢汉关于内爆的分析被鲍德里亚继承下来，并使之在关于虚拟现实的分析中成为一个批判性的概念。与麦克卢汉关于"内爆"的主要后果是时空概念的消失有所不同，被称为"法国的麦克卢汉"的鲍德里亚认为内爆的后果波及面更广，内爆更在于真实世界与虚拟世界之间的界限消融。在鲍德里亚看来，"影像不再能让人想象现实，因为它就是现实。影像也不再能让人幻想实在的东西，因为它就是其虚拟的实在"[①]。内爆意味着符号消解了真实，也即真实与拟像之间的界限不在，因而，他的"海湾战争没有发生"的惊人之论，意在表明它只是一场电视上的符号战争。鲍德里亚认为，媒介在传播信息的同时也在消耗真实，媒介真实在取代事实真实。现代性的"外爆"——西方社会的商品、科技、国界、资本等向外扩张的特征开始转向内部，内爆则是消除所有的界限、地域区隔或差异的后现代性过程，这是对"已有的大众传播提供了最为精辟的后现代批评"[②]。他揭示了后现代社会符号比真实还要真实的"超真实"状况，这种状况如同一场"完美的罪行"——创造一个无缺陷的世界并不留痕迹地离开这个世界的罪行。[③] 在"内爆"世界，真实被超真实代替，形而上学与意义进而消失。

在鲍德里亚看来，当代资本主义的存在形态就是一个仿真的超真实世界，即拟像和模型取代了真实。他把资本主义的拟像发展分为三个阶段(见表 2)。"拟真"的时代就是以真实的符号不断替代真实本身，拟像渗透到了超真实生活的所有领域，随之而来的是我们失去了与真实的所有联系，于是，不确定性的代码统治成为真正的暴力。

表 2　鲍德里亚关于资本主义拟像世界的三个阶段

第一阶段	仿造	从文艺复兴到工业革命	符号与指称对象对应
第二阶段	生产	工业时代	符号与指称对象的交换，机械复制
第三阶段	拟真	现在	模式生产，代码统治

① 〔法〕让·博德里亚尔：《完美的罪行》，王为民译，北京，商务印书馆，2000 年，第 8 页。

② 〔英〕尼克·史蒂文森：《认识媒介文化》，王文斌译，北京，商务印书馆，2001 年，第 226 页。

③ 〔法〕让·博德里亚尔：《完美的罪行》，王为民译，北京，商务印书馆，2000 年，第 32 页。

第三个阶段是人与物存在于世的全新方式，是资本主义的新阶段。拟真是反拟像、反表征的，“不再存在一种表征机制，保有一种拟真机制”，这就是《楚门的世界》被《头号玩家》和《失控玩家》所代替的阶段，楚门的吁求是：

你无法在我脑中装摄影机！

《头号玩家》里的韦德则是：

我来绿洲只是为了逃避糟糕的现实！

不再模仿现实，而是再造一种现实，它甚至比真实还要真实。拟真的本质是“没有实质性领土、某种成为参照系的本体，或者实体。它的形成来自‘没有本源的真实’所堆砌起来的生成模式”[①]。鲍德里亚以洛杉矶的迪士尼乐园为例说明拟真对真实的建构，并且继续不无虚无地说：拟真“通过克隆真实和现实的复制品消灭现实的事物”，于是“不仅我们的过去已变成虚拟的，而且我们的现在本身也已被模拟”[②]；社会被内爆，被拟真过程“吞吃殆尽”[③]。鲍德里亚以完全的失望和绝望批判资本主义对社会和个体造成的“无物之阵”，他在2007年去世之时已经接触到数字技术的蓬勃，但却没有想到在十余年的时间里，一个“元宇宙”的概念横空出世并四处蔓延。

凯文·凯利在谈论机器的自我进化时干脆以“放手则赢”为标题，直指人造物表现得越来越像生命体；生命变得越来越工程化[④]；拟真既可以是人造物，甚至也可以是人本身：

> 现在，耶和华的一些造物们已经开始从地球上收集矿物来建造他们自己的模型。和耶和华一样，他们也为自己的造物起了个名字。但是，由于对人形物的巴别塔诅咒，这个东西有很多种称呼：自动机、机器

---

①③ 〔法〕让·鲍德里亚(台版为尚-布希亚)：《拟仿物与拟像》，洪凌译，台北，台湾时报文化出版公司，1998年，第15页、第140-141页。

② 〔法〕让·博德里亚尔：《完美的罪行》，王为民译，北京，商务印书馆，2000年，第26页。

④ 〔美〕凯文·凯利：《失控：机器、社会系统与经济世界的新生物学》，东西文库译，北京，新星出版社，2010年，第5页。

人、魔像、人形机器人、雏型人、拟像。[①]

虚拟数字人、Vtuber、人形机器人等人—机交互技术已经是比鲍德里亚关于社会的内爆更深入的内爆，即人自身的内爆。如2022年11月江苏卫视举办了一场全部由虚拟数字人参加的演唱会，四位主角名为张小花、潘月半、布鲁老师、淘气蛋，分别对应其原型歌手张含韵、潘玮柏、萧敬腾和刘雨昕。人自身的内爆是21世纪以来人机技术的附属品，技术媒介发展至今，终于把它的发展方向对准了人自己——或者是机器的仿真拟人，或者是人的工程化、技术化。而在科幻作品中，关于人的内爆早已经科技和哲学的双重面目展示出来，比如1982年的电影《银翼杀手》里的主人公、警察里克·德卡德，电影留下的最后悬念就是追踪仿生人的他本人到底是不是仿生人。

尽管鲍德里亚着眼于电子传播技术，但他的内爆理论可以在两个方面启发对虚拟现实的理解。其一，在数字化传播技术乃至于智媒技术的推动下，真实与虚拟的关系更值得关注，由拟像引起的内爆可以由真实/虚拟的人与社会的关系延伸至人/机器、身体/心智等后人类的理解中。其二，鲍德里亚并没有把媒介与内爆的关系局限于技术决定论的层面，相反，他认为内爆现象恰好成为媒介与权力最细致最隐蔽的关系所在，因为"整个既存媒介都将自身建筑于这种界定之上：它们总是阻止回应，让所有相互交流成为不可能""这就是媒介真正的抽象性。社会控制和权力体系就植根于此"[②]。在鲍德里亚看来，在内爆了的虚拟现实世界，社会控制与权力运行更加抽象，主体的权力也消融于媒介构成的内爆世界里；这个过程中，社会控制通过代码运行，它是一种控制论的新资本主义秩序。[③] 鲍德里亚认为，社会的虚拟化阻碍回应，引发大众的消解和社会的终结。显而易见，他对内爆及虚拟现实的审视，延续了马克思主义政治经济学及法兰克福学派的批判视野，也强调了媒介技术与社会关系更加隐蔽的关系。

从媒介技术与社会关系的连接角度看，不论是麦克卢汉的"媒介即信

---

① 〔美〕凯文·凯利：《失控：机器、社会系统与经济世界的新生物学》，东西文库译，北京，新星出版社，2010年，第379页。

② 〔法〕让·鲍德里亚：《符号政治经济学批判》，夏莹译，南京，南京大学出版社，2009年，第168页。

③ 〔法〕让·鲍德里亚：《象征交换与死亡》，车槿山译，南京，译林出版社，2006年，第84页。

息”和“内爆”,还是鲍德里亚的“内爆”“拟真”概念,信息与传播技术使现实持续收缩的现象非常显著。与此同时,对外部的扩展也在持续进行,人机协同的合成主体开始出现,人机交互的传播、人—机—物勾连的新的混合现实逐步呈现。因而,其间的唯物主义及历史性批判视野便更值得重视。此外,人与技术、人与机器、真实与虚拟的关系,也使人的主体性位置开始朝向本体论意义的后人类方向演进。

自电子媒介出现以来,真实虚拟的空间边界始终处于动态变化中。在麦克卢汉这里,内爆现象与地球村的形成均缘于电子技术的发展,进而使物理边界逐渐消融,不同地区与国家可以做到全球村范围内的聚合。这里,虚拟媒介空间对真实物理空间的聚合意义或介入功能已受到麦克卢汉的注意。在鲍德里亚这里,内爆同样缘于电子传播技术,进而使真实与虚拟的边界消融,因而,作为拟真机器的媒介空间,成为一个没有深度、来源或指涉物的后现代符号世界。① 这里,媒介对真实空间的消解、重置或替换,比之于麦克卢汉的内爆更进一步。

总之,媒介技术对社会与世界及人自身的步步深入,或者说,虚拟对真实的持续逼近甚至替换,使虚拟空间的内涵不断变化,外延持续扩张。在麦克卢汉的思考中,媒介是人体的外化和延伸——虽然被贴上技术决定论的标签,麦克卢汉关于人主体性的思考还是值得注意的。但在基特勒看来,麦克卢汉的这一观点是因为他对电子学知识了解不够,或者是对海德格尔的著作读得太少而引起的。② 基特勒不认为媒介是人的延伸,反而认为技术更有吞噬人的主体性的可能,“人类剩下的仅仅是媒介可以存储和传播的东西。重要的不是组织精神的信息或内容”,而是“感觉的系统性组合”;技术促成了一个全新的事物秩序。③ 这当然包括人的认知世界、现实世界,这是更加内爆的内爆现象,因为人借以观察世界的感觉性组合已经被技术改变。

在主体性衰落这一点上,鲍德里亚关于内爆和基特勒关于“媒介决定着我们的境况”异曲同工。可见,伴随信息技术的不断扩张,关于主体性的思

---

① 〔美〕斯蒂芬·贝斯特,道格拉斯·科尔纳:《后现代转向》,陈刚等译,南京,南京大学出版社,2002 年,第 127 页。

② 〔加〕杰弗里·温斯洛普-扬:《基特勒论媒介》,张昱辰译,北京,中国传媒大学出版社,2019 年,第 147 页。

③ 转引自张昱辰:《走向后人类主义的媒介技术论——弗里德里希·基特勒媒介思想解读》,《现代传播》2014 年第 9 期。

考也有一个大致的变化:从经由媒介技术延伸人的身体,到马克·波斯特"第二媒介时代"促成主体的多重和分散[①],再到主体消融于拟真世界,人与技术此消彼长的趋势难以回避。

内爆的趋势已然明显,但引爆"内爆"的又是什么呢?是什么使内爆产生?是什么使"媒介决定着我们的境况"呢?

麦克卢汉是从电力媒介的角度出发分析内爆的,换言之,技术媒介是内爆的主因;鲍德里亚在关注媒介的真实虚拟关系时,是从人与社会的历史唯物主义的批判视野出发的。在讨论内爆时,鲍德里亚比麦克卢汉更为激进,即内爆不仅指感知的内爆和社会环境的收缩,而且指媒体对真实的消融或吞噬,公众随即失去了参与事实的机会,社会随之消失,政治与娱乐、资本与劳动、阶级与阶级、俗文化与雅文化之间纷纷内爆,这种内爆甚至达到先于本原的地步。这种超现实的拟像现象,是鲍德里亚直接批判的对象,即拟像是社会控制和权力体系的体现。

基特勒在战争中找到了原因,他说"战争是现代媒介'真正和事实上的历史先验'",那些"未被书写出的技术规范是一部战争的历史"[②],比如他在关于电影、打字机和留声机的分析中认为,这些新型存储技术都源自美国内战时对技术的开发;而收音机、电视机等是第一次世界大战为每种存贮内容开发出的电力传输技术……(见表3)。

表3 基特勒关于战争促成传播技术开发的分析[③]

第一阶段	始于美国内战	电影、留声机、打字机
第二阶段	以"一战"为开端	收音机、电视机等
第三阶段	以"二战"为开端	自我预测能力的技术、图灵关于未来计算机的设计

虽然被克莱默尔称为媒介基要主义(Media Fundamentalism)[④],但基特勒关于光学、声学、打字机等技术的分析还是透出对引爆因素的认识:

---

① 〔美〕马克·波斯特:《第二媒介时代》,范静晔译,南京,南京大学出版社,2000年,第22-54页。

② 〔加〕杰弗里·温斯洛普-扬:《基特勒论媒介》,张昱辰译,北京,中国传媒大学出版社,2019年,第161页,第158页。

③ 参考《基特勒论媒介》内容(2019年第158页)制表。

④ 曾国华、毛万熙:《克莱默尔论媒介:从病毒、感知到人工智能》,《国际新闻界》2021年第5期。

> 在光学、声学和文字的存储容量得以分离，实现了机械化并得到广泛运用之后，它们各具特色的数据流又可以重新聚合……这种重新组合在第一次世界大战之时就已经成为现实，那时的媒体技术已经不再受到信息存储的限制，并且开始影响信息的传播。有声电影将声音和图像存储结合起来；不久之后，电视又将它们的传送方式也结合在一起。与此同时，打字机的文本存储装置也隐隐发挥着作用，也就是说，受到幕后官僚机构的操控。[①]

基特勒关于操控性官僚机构的指陈主要指向军事力量的驱动，他甚至夸张地说："整个娱乐产业……都不过是一种军事设施的滥用。"这样的看法令人惊讶，也容易引起批判。当然，维纳的控制论、图灵的计算机以及麻省理工学院人工智能实验室等，的确是与战争及美国国防部有直接的关系。基特勒不愿意将任何技术革新归因于社会经济因素，但是战争却提供了一个方便的答案[②]，这是他的传记作者杰弗里·温斯洛普-扬的总结。但军事竞争到底还是社会结构的一种，不管基特勒承不承认，如果把引发媒介技术内爆的原因归于战争，那么，军事竞争和战争是如何引起的？

凯文·凯利与鲍德里亚一样谈论了海湾战争与技术的关系，但是，鲍德里亚侧重强调真正的战争暴力被拟真所遮蔽，凯文·凯利则侧重于拟真技术在这场战争中的关键作用。"海湾战争中的美军颠覆了一个在双方专家那里都颇为流行的观点"，即伊拉克的军人年龄较大、经验较丰富，美军士兵则较年轻、没有经验，每 15 个飞机驾驶员中只有 1 个人有过战斗经验，他们大部分人刚从飞行学校毕业。但战争的结果却是美军一边倒的胜利，这被归功于战前的仿真技术训练。

> 参与沙漠风暴行动的美国空军大队，有 90% 都事先参加过高强度的战斗仿真训练；地面部队的指挥官们也有 80% 事先参加过高强度的战斗仿真训练。国家训练中心为士兵们精心打造了不同级别的

---

① 〔德〕弗里德里希·基特勒：《留声机 电影 打字机》，邢春丽译，上海，复旦大学出版社，2017 年，第 201 页。

② 〔加〕杰弗里·温斯洛普-扬：《基特勒论媒介》，张昱辰译，北京，中国传媒大学出版社，2019 年，第 166 页。

> SIMNET 仿真设备。国家训练中心跟罗德岛差不多大小，位于加州西面的沙漠地带。中心建有价值 1 亿美元的高科技光纤和无线网络，可以仿真坦克在真正沙漠中的战斗场景……
>
> 对于参加了“东距 73 战役”的战斗人员来说，所谓仿真其实是一种三位一体的东西。首先，士兵进行的是一场仿真战斗。其次，战斗是真正通过监视器和传感器来实现的。最后，战斗仿真的是历史。也许有一天，他们也无法说清其中的区别。①

仿真的战争还是真实的战争，两者已经没有清晰的界线。无论是对于参战士兵还是对于观战平民，技术都在改写人们参与世界的方式——战士眼里的战争有了游戏的成分，他们已经对战场了然于胸，监视器与传感器赋予了他们上帝般的视角与立场，隔着屏幕的训练与真实的战争几乎没有什么区别，那么，面对真正的杀戮也就少了面对真人时的内心纠结；同时，那些从导弹瞄准镜里拍摄的镜头使观看战争的平民有了参与者的主观视角，而参与者视角与价值立场（standpoint）之间本身就容易交叠重合。技术与意识形态之间的关联在海湾战争这里彰显无遗，即使是人机交互技术也与军事思想有关：

> 在 20 世纪 50 年代，美国军方认为，苏联如果攻击美国，会同时派出大量的轰炸机。因此，有必要建立一个信息中心，同时接收来自美国所有雷达站的信息，跟踪大量的敌方轰炸机，并协调进行反击。计算机屏幕和现代人机交互界面的其他部分之所以存在，都归功于这种特殊的军事思想。②

人机交互是否强化了个人主义的视角，这个问题还有待深入探讨，但个人视角之外各种力量的介入，如资本、军事、市场等依旧是理解真实与虚拟、人与机器、历史与现实等持续内爆的缘由。

---

① 〔美〕凯文·凯利：《失控：机器、社会系统与经济世界的新生物学》，东西文库译，北京，新星出版社，2010 年，第 362-363 页。

② 〔俄〕列夫·马诺维奇：《新媒体的语言》，车琳译，贵阳，贵州人民出版社，2021 年，第 101 页。

(二)批判性可以消失吗?——虚拟世界的现实问题

增强现实、虚拟现实等技术,如可穿戴式设备、传感器、人工智能、物联网等可以达到沉浸式体验及人的认知,但技术是与政治、经济、军事、文化等权力体系的深度绑定。对技术主导的增强现实、虚拟现实的理解容易悬置现实世界,从而使现实世界的社会关系及权力问题更加隐蔽。

正如齐泽克在谈及虚拟现实时认为的,虚拟现实的实质是虚拟的现实;虚拟现实仅仅意味着让我们在一个人工数字媒体中复制我们的现实体验。他认为虚拟现实至少有三种意义,借用拉康的三界——想象界、象征界、实在界的说法,便有想象的虚拟、象征的虚拟和真实的虚拟三种。他认为想象的虚拟决定了我们和人的相处,比如我们与真实的人打交道时会抹去他的某些特征,并表现得好像他的整个层次都不在那儿一样。在讲到象征的虚拟时,齐泽克借用一个生活场景来说明,比如真正权威的父亲是用一个威严的表情震慑孩子的,而不是大喊大叫。这种威严和权力就是通过虚拟来树立的,如果这位父亲采取打骂的方式,反而是消解了自身的权威。关于真实的虚拟,齐泽克再一次提及拉康,并指出他的实在界就是虚拟的现实。[①] 齐泽克不只关注技术与现实的关系,而是更关心权力与统治的方式转移:"赛博空间将如何影响我们,这并没有直接刻入其技术特性之中;相反,它是以(权力与统治的)社会—象征性关系网络为转移的。"[②]齐泽克认为,在沉浸式技术中——类似于鲍德里亚所讲的内爆式的拟真世界中,个体的我越来越依附于技术化的世界,从而被"不可察觉地剥夺了权力":

> 即在我的沉浸中,我忽略了被计算机化了的相互协调的错综复杂的机制……因此,关键是使赛博空间将影响我们生活之方式的根本模糊性保持敞开:这不取决于技术本身,而是取决于其社会键入方式。沉浸在赛博空间中能强化我们的身体经验(新感性,拥有更多器官的新身体,新性别),它也为操纵机器的人打开了可能性……结果人们不再将

---

① 2003年12月11日,伦敦,《齐泽克讲"虚拟的现实"》,https://www.bilibili.com/video/av68219378。

② 〔斯洛文尼亚〕斯拉沃热·齐泽克:《实在界的面庞》,季广茂译,北京,中央编译出版社,2004年,第299页。

自己的身体与"自己"联系起来……在我们的日常生活计算机化的过程中，主体也越来越"依附化"，被不可察觉地剥夺了权力。①

在齐泽克看来，技术中介的身体与主体的我似乎分离了，比如戴上 VR 头盔之后的身体表现，比如坐在游戏椅上进入虚拟游戏世界的身体，但身体却依旧连接着现实，主体的我只是因此而容易忽略"被计算机化了的相互协调的错综复杂的机制"而已。如果想要把真实生活从虚拟现实中分离出来，有一种极端的办法，那就是极端虚拟化。齐泽克的"以子之矛，攻子之盾"的思路想要提醒世人的是虚拟世界的社会实存。

在齐泽克之前，维纳在《人有人的用处》中明确了与控制论理念相冲突的担忧：他一方面称"我自己是持着自由主义观点的"，另一方面又说"机器自身不会兴风作浪，但可以被人利用，以此增强他们对其余人类的控制"。这种反乌托邦式的担忧包含了使技术服务于人类目的的理念，他强调在利用机器时人类不仅要决定如何达到我们的目的，而且还要决定我们的目的是什么，为什么我们要去控制人。② 以人为目的是技术发展的初衷，但以技术开拓真实虚拟空间时，技术反噬人类的问题也会浮出水面。

从技术层面看，虚拟现实的前景的确令人激动也令人着迷。随着云计算等能力的提升，新型硬件设备不断涌现，虚拟设备的超强能力如网络带宽的硬件环境和硬件的虚拟化，以及具身式微型虚拟设备的逐步民用化，一个向人类内爆的幻觉空间出现了。然而，技术不只扩张了人类向虚拟世界探索的可能，从而使"人类增强"，更具前瞻性的问题应该是：哪些人的增强、什么样的增强等。

对于真实虚拟之间的身体而言，身体既是客体也是主体，既在场又不在场，既是媒介又是感知体。原本在媒介文化时代的凝视与阅听主体，在真实虚拟的叠加空间里转化为一种看似去中心、无等级的"无器官的身体"(body without organs)。德勒兹和瓜塔利以"无器官的身体"来强调身体的无等级性与去功能性。

---

① 〔斯洛文尼亚〕斯拉沃热·齐泽克：《自由的深渊》，王俊译，上海，上海译文出版社，2013 年，第 85 页。

② 〔美〕N. 维纳：《人有人的用处——控制论和社会》，陈步译，北京，商务印书馆，1989 年，第 83 页、第 148 页、第 150 页。

日常所说的身体，有各种器官与功能，它们相互辖制配合从而构成知觉的整体，并以此与社会现实建立关联；“无器官的身体”则意味着身体突破了有机组织的束缚，去除了任何身份的判定，是“一个摆脱了它的社会关连、它的受规戒的、符号化的以及主体化的状态，从而成为与社会不关连的、解离开的、解辖域化了的躯体”[①]。这就是技术媒介对人自身的内爆，身体失去了社会的关联，变得没有边界并远离自主意识与精神，“我们整天喋喋不休地谈论意识和精神，但我们居然不知道身体能做什么，它具备何种力量以及为何要积蓄这些力量”[②]。身体变得液态化了，它随时可以与现实纽带脱钩，并接入一个拟真的世界，一如《头号玩家》里韦德说的“我来绿洲只是为了逃避糟糕的现实”，他随意愿可以与好友一起进入另一个光影世界。

齐泽克以“无身体的器官”(organs without bodies)对德勒兹“无器官的身体”进行分析和评价，齐泽克以为，沉浸于虚拟空间的确可以强化人们的身体经验，但虚拟空间也偷去了我们的身体。他认定德勒兹对资本主义的态度是模糊的，本质上德勒兹的理念是晚期资本主义甚至是新资本主义的东西，“作为一个集体性的、非人化的欲望机器的身体不显然是德勒兹式的吗?”“反中心化不正是‘新的’数字化的资本主义的主题吗?”因而，德勒兹也是“亲资本主义的”。齐泽克清醒地认识到：赛博空间越将我们聚集在一起，使我们与世界各地的任何人进行“实时”交流，就越产生隔离，将我们还原为只会盯着屏幕的个体。[③] 无器官的身体不会远离社会关系，它只是变换了与社会关系的联系方式。

针对虚拟现实的现象，齐泽克以“自由的深渊”来讨论虚拟现实的诸多问题。在《自由的深渊》中，齐泽克强调对虚拟现实的唯物主义观察：我们在界面荧幕上看到的空间是虚拟的，是符号与意象的世界，是被投射到荧幕上和在荧幕上创造的“深度”虚假的世界。当我们跨过这道虚假的门槛看一看荧 幕背后实际的东西时，除了无感觉的数字机械之外，什么也遇不到。因为

---

① 〔美〕道格拉斯·凯尔纳、斯蒂文·贝斯特：《后现代理论》，张志斌译，北京，中央编译出版社，1977 年，第 118 页。

② 〔法〕吉尔·德勒兹：《尼采与哲学》，周颖、刘玉宇译，北京，社会科学文献出版社，2001 年，第 58 页。

③ 〔斯洛文尼亚〕斯洛沃热·齐泽克：《无身体的器官：论德勒兹及其推论》，吴静译，南京，南京大学出版社，2019 年，第 336-350 页。

从模仿(imitation)到仿真(simulation),在界面化的事件背后,是纯粹无主体或无头脑的计算,是一系列的1和0,+和-。[①] 齐泽克点明了智能信息或虚拟空间背后的数据本质,换句话说,当下的人工智能实则是数据智能,虚拟世界实则是新资本主义的数据世界。

齐泽克以辩证唯物主义的视角看待人与机器的新型关系:"在赛博空间中,将意识下载进计算机中的能力,把人们从其身体中解放了出来——但它也将机器从'它们的'人民中解放了出来",从而也剥夺了我们对机器的控制,在计算机化的过程中,主体也越来越"依附化",被不可察觉地剥夺了权力。[②] 在高科技的人工智能、生物传感器、云计算、大数据、VR、AR等令人眼花缭乱的技术名词轮番上演的时代,重提唯物主义似乎吃力不讨好,更何况齐泽克的晦涩也吓退了许多人,但重提唯物主义的确为理解热热闹闹的虚拟空间、元宇宙概念树立了基本的标杆。

齐泽克把虚拟技术的发展看作全球资本主义的发展逻辑,他反复强调虚拟空间的社会化指向。针对亚历山大·巴德和简·索德维斯特在他们的《因特网政治》中关于"因特网贵族"和"用户无产者"的论述,齐泽克的批评是:

> 没有"中立的"因特网贵族:要么是准资本家的因特网贵族,其本身就是晚期资本主义的一部分,要么是后期资本主义的因特网贵族,它是一种不同的生产方式的一部分……它(后资本主义)可以意味一种更开放的"民主"体制,也可以意味一种新的等级制的出现,这是一种信息或生物基因层面的新封建制。[③]

关于新的等级制,似乎有悖于人机技术对跨物种信息流的"抹平"和内爆,但现实情况却是,在人机技术的信息流中,仍旧存在着深刻的等级性——无论这等级是性别、阶级还是种族层面的。关于这种等级性,我们将会在"作为分布式新主体的'赛博格'"部分展开更详细的分析。

---

①② 〔斯洛文尼亚〕斯拉沃热·齐泽克:《自由的深渊》,王俊译,上海,上海译文出版社,2013年,第81-82页、第85页。

③ 〔斯洛文尼亚〕斯洛沃热·齐泽克:《无身体的器官:论德勒兹及其推论》,吴静译,南京,南京大学出版社,2019年,第354页。

遵循马克思主义的齐泽克以阶级等级的结构化视野看待新的科学技术，然而，这一视野还不足以解释人与技术、虚拟现实领域与社会关系中的性别问题。以唐纳·哈拉维(Donna Haraway)为代表的学者明确提出赛博格女权主义的主张，唐纳·哈拉维承认虚拟技术与资本主义的基因联系："赛博格……是军国主义、家长制资本主义的私生子……但是，私生子常常对其出生极其不忠。"这种不忠首先体现于对几种边界的逾越，以及为女性主义提供的新机会："高技术促成的社会关系中种族、性和阶级的某些重组可以使社会主义—女权主义更有效地促进政治的发展。"[①]在1985年发表的《赛博格宣言》中，唐纳·哈拉维把宣言的副标题定为"20世纪晚期的科学、技术和社会主义—女权主义"，她明确了从女性主义视角看待科学技术的立场。

在这篇宣言中，哈拉维明确宣称："我还是宁愿做一个赛博格，而不是一位女神！"哈拉维认为，作为"控制论有机体"的赛博格，由机器和有机体合成，它模糊了人与机械、人与动物、真实与虚拟或物质与非物质之间的界限，并进一步声明："赛博格本身就是我们的本体论，将我们的政治赋予我们。赛博格是想象和物质现实浓缩的形象，是两个中心的结合，构建起任何历史转变的可能性。"这种历史转变的可能性为女性权力提供了新的发展可能，与之前的马克思主义/社会主义—女权主义和激进女权主义不同——它们都自然化了"女人"这一范畴和"女性"社会生命的意识：

> 通信技术和生物技术是我们身体再造的决定性工具，这些工具体现并执行了世界范围女性的新社会关系。
>
> ……赛博格的意象暗示了一条超出二元论迷宫的途径，我们曾经在这个迷宫中向自己解释了我们的身体和工具……它意味着制造并破坏各种机器、身份、范畴、关系和太空故事。[②]

从1985年《赛博格宣言》发表至今，人机技术有了飞跃式的发展。2015

① 〔美〕唐娜·哈拉维：《类人猿、赛博格和女人——自然的重塑》，陈静译，郑州，河南大学出版社，2016年，第319页、第350页。

② 〔美〕唐娜·哈拉维：《类人猿、赛博格和女人——自然的重塑》，陈静译，郑州，河南大学出版社，2016年，第316页、第334页、第346-347页、第386页。

年 2 月，DeepMind 公司用深度学习技术搭建了一台可以自我训练的计算机，这台计算机可以玩一些简单的电子游戏，并击败人类玩家；2015 年 8 月，印度汽车配件生产公司 SKH Metals 的一名工人在工作时被一名机器人误杀；2022 年 10 月，波士顿动力的 Spot 和 Atlas 的机器人大秀舞技——复现韩国男团的 Permission to Dance 的 MV；2022 年 11 月，江苏卫视举办了一场全部由虚拟数字人歌手完成的演出，这些数字人是以张含韵、潘玮柏、萧敬腾、刘雨昕为原型设计的虚拟形象。但人工智能中智能体的性别形象固化，游戏世界、科幻作品中对现实权力关系的复刻，大数据和云计算中的数据资本主义等，也使这个 30 多年前的赛博格宣言更多了些乌托邦的理想主义色彩。

人机交互的世界并不是现实世界之外的桃花源，技术发展并不是单纯自主化的。由科技创生的“弗兰肯斯坦”及人机交互空间是人类对自身形象及身处世界另一个版本的设定，但“弗兰肯斯坦”会不会反噬人类？“拥有完全自主权的机器完成其力量的攀升后，人的存在显然只能以自身的消亡为代价”[①]，这样的预期会不会出现？以及全球范围内人机交互技术的通行会不会削弱人对现实的关注，进而使技术霸权包裹进政治经济文化等更加隐秘的关联体系中等，都值得继续追问。

---

① 〔法〕让·鲍德里亚：《为何一切尚未消失？》，张晓明、薛法蓝译，南京，南京大学出版社，2017 年，第 85 页。

第二编

人机交互的三种形态及其逻辑

第三章　人机交互的三种形态

软件设计和人机交互界面反映了更普遍的社会逻辑、意识形态和关于当代社会的想象。①

——列夫·马诺维奇(Lev Manovich)

智能传播技术使人与智能媒介技术相互靠拢,即媒介的类人化和人的媒介化。人机交互的传播形态根据人的主体位置可以分为以下几种(见图6):视听式体验传播形态,这种形态下,人是看与听的体验化主体;赛博格式传播形态,这种形态下,人机交互是主要的传播方式,人机协同是主要的传播主体;无器官传播形态下,虚拟主体或智能机器人成为主要的传播主体,技术或机器的自主性传播方式尤为明显。

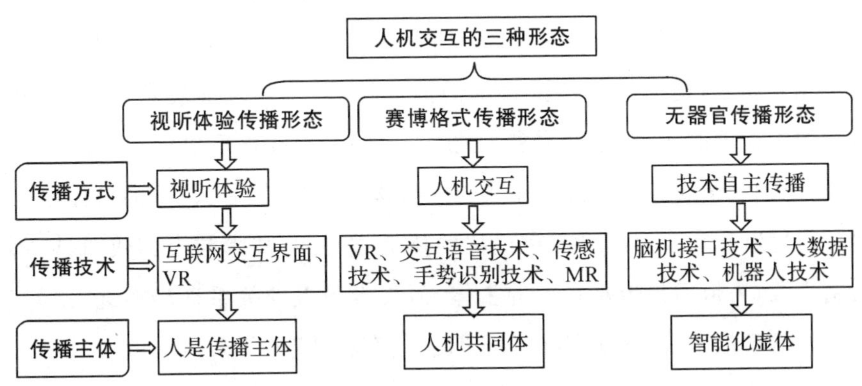

图6　人机交互传播的三种形态

① 〔俄〕列夫·马诺维奇:《新媒体的语言》,车琳译,贵阳,贵州人民出版社,2021年,第119页。

一、视听式体验形态

第一种，视听式体验传播的形态。

“不管是在清晨宁静的校园，还是在人潮涌动的地铁，戴上耳机，你就拥有了这个世界”，这是某音频节目的宣传语，这典型地代表了视听式体验传播的新形态，即以贴身、随身的耳机摒除了大众传媒时期媒介与众人的连接方式，而使媒介以更私密的方式连接起个人用户。其沉浸感与体验感直接以视觉、听觉等方式在认知上建立起与之前离身式媒介不同的信息传播形态。在这种形态下，人类主体逐渐由阅听人向体验者转变，身体有向唐·伊德所说的“身体三”或“技术态的身体”转变的趋势，这时，“看”与“感觉”相得益彰——即相对单一的视觉、听觉转为感知觉的整体介入，是以视听为主的传播逐步转向沉浸与体验。

大众传媒时代，人类的感知觉是被动与消极的，只负责听与看；并且视听对象与人是分离的，但人机交互技术进一步消弱传播的空间距离，使私人领域公开化、公共领域私人化；接受与使用的无距离化，使得受众与大众传媒时代的受众不同，此时，“用户”代替受众，信息的接受者成为信息的使用者甚至发布者，这当然与传播技术的演化有关，比如触屏技术、直播技术。按照唐·伊德的阐释，这类传播现象类似于梅洛-庞蒂现象学意义的“能动的、知觉的和情感方面在世存在的”身体，这身体是“第一人称”的身体或“主动的身体”(active body)[①]。在这样的传播过程中，技术与工具依旧是一种传播手段，人依旧是传播系统的主体，但技术与人的关系逐步靠近，比如苹果公司的智能手表，比如网红“打卡”的“刷存在感”现象。

一机在手，随时打卡——身体在哪就可以把哪里的景、物随时随地上传网络，智能手机虽然不是智能级别的人机技术，但其“智能”化也提供了把身体在场与身份在线结合在一起的机会，物理空间的人与媒介空间的人几乎同步，成为朋友圈打卡、网红打卡、网红直播的常态。这时，线下体验与线上形象是共在的，现实世界与虚拟世界也合而为一：我的视角、体验、世界，使

① DonIhde: *Bodies in Technology*, Minneapolis, University of Minnesota Press, 2002: 17.

身体携带着唐·伊德所说的“身体一”与文化性的“身体二”，而成为身体与技术互相嵌入的“身体三”。健身打卡、美食打卡、学习打卡、工作打卡、旅游打卡……数字化的个体与实存的个体经由打卡而刷新了存在的含义和个体记忆方式，“朋友圈就是我的生活经历，就是我的记忆”成为许多人的共识，这样的参与式体验已经把实在与虚拟联结在一起；这与大众传播的离身化视听方式不同，技术与人的相互接近远远超出了信息传播相对单一的功能而深入到工作、生活、娱乐等全方位的生存方式中。

另外，一些高保真的耳机对听觉的高效扩张及其对外界环境的有效隔离，像极了一个连接阴阳世界的“神器”，它的一端连着一个魂不守舍的肉体，另一端开启的是一个由听觉构筑的世界。“身在此岸，心在彼岸”的状态是“技术态身体”的初始阶段，它不同于大众传媒时代的视听技术，也不同于20世纪七八十年代由索尼开启的Walkman随身听技术文化。这一更加沉浸式的传播形态，努力把二维的视听空间转向三维的视听空间，如专注于触发听觉体验的耳道ASMR（自发性知觉经络反应的简称）。ASMR是借助3D立体声技术，以及拾音器、20Hz-10kHz的麦克风、骨传导耳机、头罩式耳机等，以物体刮擦、抚摸、敲击或人声、耳语、雨声、风声等触发音，经过刮麦、敲击等在颅内、头皮、背部等制造的独特刺激感，是一种立体式听觉为主环绕而成的虚拟感知空间。声音触发了体验式感知，塑造了一种声音的场景，它的“激增翻转成一种内爆，以短促而直接的方式冲击至知觉的最中心”。基特勒这样解释这种内爆：“声音技术与自我意识之间难以想象地接近，反馈回路在传送者与接收者之间形成了一种幻象。”①

头戴式耳机与扬声器相比，正是媒介技术私密化与媒介技术大众化的对比。扬声器技术是将电能变成声能，它的传播功能是放大、失真及方向性，即把声音向周围辐射出去，其功效是传递与认知；耳机则是在耳朵的空腔里形成声压，它有着独特的声场特性，它利于体验式、沉浸式的接收和感受信息，例如听音乐。二维的听觉声音很容易在高保真的技术支持下达到三维的视听效果，且强化了传播过程的个人化或排外性色彩。电影领域的3D立体影像技术，在线游戏的游戏手柄、触摸屏、VR头盔等，均使信息（不

① 〔加〕杰弗里·温斯洛普-扬：《基特勒论媒介》，张昱辰译，北京，中国传媒大学出版社，2019年，第65页。

论是事实信息还是情绪信息）的体验感更加深入，传播的立体化、场景化特征也更明显。

数字技术扩张了人的感知觉，在视觉、听觉、触觉等方面，使大众传媒相对而言较为平面，二维的视听感觉得以拟真、延展、强化，甚至于再造出更为鲜活、刺激的影像和声音世界。这样，数字媒体对信息不仅仅是还原，而且还是场景再造——比如ASMR放大了的摩擦声和抚摸感，3D影像延展了的子弹飞驰等效果，VR影像制造了观看者的主观视角等。

2016年播放的VR纪录片《最美中国》由大疆传媒和优酷等平台联合制作播出，其结合了无人机和VR技术。拍摄者与观看者视角合一的航拍视角增强了受众的参与度与体验感，就好比人有了“鹰眼”的感受，这是技术对视觉感知能力的拓展。但这时的VR是大众传播技术与大众传播视角的技术探索——即仍旧是一对多的传播理念，仍旧是上帝般的远距离观看甚至俯视，观众还是“局外人”，其视听式体验传播与后来升级版的亲身参与的VR体验不同。比如第一季第一集《西双版纳·傣历新年》多数是航拍的大全景镜头，是澜沧江边的大小街道，是围绕在新修建广场周围的十万多热闹的居民，是宽阔的澜沧江及其龙舟比赛，是夜晚的街市和无数飘在空中的孔明灯……第四集《阳朔·岩壁芭蕾》同样是大量的航拍镜头，是瑰奇秀丽的阳朔山水，即令是有些特写式的近身观察，但观看者依旧是“观”众，其位置相对固定，只是视觉范围扩大了，有了“鹰眼”一般的广角视野。但由于过于追求VR技术的“尝鲜”，较多的180度视角反而令许多画面扭曲、失真；同时，在沉浸性与交互性方面，观看者也没有参与画面的叙事情节。这时的VR技术增强的只是观看视角的扩展或新鲜，但止步于更高层次的交互参与。

这时，人在观看、倾听中多了些第一视角的感受和体验，人与媒介的关系更切近了，身体感知觉的调动能力也更明显了。这是一个关键的过渡期，它的起始点是数字技术、触控技术等，它的传播主体依旧是人，但是沉迷于技术世界的数字化人类主体或赛博人，而非大众传媒时期的“沙发土豆”、电视人、容器人等。韩炳哲在论及数字媒体与人的关系时，突出了其与电子媒体时代的差异：

> 在麦克卢汉看来，电子人是具有大众特性的人：“有大众特性的人是地球上的电子居民，他同时与其他所有人相联系，就像是坐在一个全

> 球性体育场里面的观众。正如观众在体育场里谁也不是一样，电子居民的个人身份由于过度的占用，而在心理意义上消融掉了。”但数字人却绝非“谁也不是”。就算是作为群体中的一个部分出现，他仍保持着自己的个人身份。虽然他的表达方式是匿名的，但通常来说数字人有其自己的形象，并且不断地致力于改善自己的形象。他并非“无名之辈”，而是彻彻底底的“重要人物”，他要展示自己，要引人注目。与之相反，大众媒体中的“无人”并不寻求别人对他本人的关注。他的个人身份已经消融，他将自己融于群体之中。群体也即是他的幸福。他无法匿名，因为他本就是“无名之辈”。数字人与之不同，虽然数字人是匿名出现的，但他并非“无人”，而是“某人”，也就是“匿名的某人”。[①]

在韩炳哲看来，麦克卢汉所论的电子人，成就的是大众中的无名个体，而数字媒介成就的是匿名的“重要人物”，他要展示自己，要引人注目，它体现的不是社会学层面的大众和文化层面的大众文化，而是社会学层面的小众、自我，及文化层面的小众亚文化甚至自恋型人格、自恋型文化。就像研究“赛博人”的约翰·R.苏勒尔(John R. Suler)说的：“无论我在哪里上网，总会在空间内偶然遇到我自己。”[②]从电子人到赛博人，技术中介后的人们更便于通过技术遇到自己，而不是库利的“镜中我”或拉康的镜像理论那样通过他人眼中的自己调整自己的社会行为——库利认为“与他人的信息交流，犹如一面镜子，能帮助自我概念的形成”[③]。如果说在电子媒介的交流中，个体是多重、可变、碎片化的，自我构建是一个规划[④]的话；那么，人机技术就为人与自己的相遇提供了便利，这与库利的偏于“社会我”和“客观我”的自我认知不同，人机技术更鼓励人的“主观我”的形成。

鼓励“主观我”的人机技术不否认社会的结构性影响，比如大数据支持的人机对话，比如虚拟现实技术背后的大科技公司对数据的收集与分类及

① 〔德〕韩炳哲：《在群中：数字媒体时代的大众心理学》，程巍译，北京，中信出版社，2019年，第18页。

② 〔美〕约翰·R.苏勒尔：《赛博人：数字时代我们如何思考、行动和社交》，刘淑华、张海会译，北京，中信出版集团，2018年，第31页。

③ 〔美〕查尔斯·霍顿·库利：《人类本性与社会秩序》，包凡一、王源译，北京，华夏出版社，1999年，第132页。

④ 〔美〕马克·波斯特：《第二媒介时代》，范静晔译，南京，南京大学出版社，2000年，第107页。

应用，再比如深入到感官的权力规训与控制等，但是，人机交互技术在把人与技术连接起来的过程中，也一定程度上过滤了人与社会的直接连接。在库利看来，社会的重要意义就在于交流，就是“人们直接的交流，包括交谈和有具体对象的同情，简言之，就是交际”[①]。当然，这种社会联系不必以真身示人，现实交流与想象的交流同等重要，就是说人们通过影像等表征符号也可以达到“镜中我”的效果，即偏于客观、社会的那个“我”的社会化过程：

> 我们的意识都处于永久的对话中……我们的意识不是隐居者的草棚，而是待客和交际的客厅。我们没有真正离开他人的高层次的生活；正是通过想象别人，我们的人格才得以形成；丧失想象别人的能力就成了白痴；意识缺乏这种能力的程度就是它衰退的程度。没有这种意识中的交往，就没有智能、力量和正义，就没有人的高级的存在。因此，意识的生命基本上是交流的生命。[②]

人机交互会部分切断人与社会的真实交往，在斯蒂格勒的眼里，这种切断是一种“科技休克”，即由最新的科学技术发明导致的人的社会生活的断裂。[③] 社会生活是“自我”形成的一个过程，也是社会化的必要过程。人机之间的交互，弱化了人与人、人与社会关系的更多可能，其直接、首要的表现就是技术主导的自恋型人格及自恋型文化的凸显。

在《银翼杀手2049》里，酷似银翼杀手K的全息投影女友joi的投影人广告不断播放着这样的话“给你所希望看到/听到的任何东西”，虚拟世界为看自己想看的、听自己想听的提供了极大的便利。自恋型人格和自恋型文化是人类社会化过程的晚近阶段，也是人机关系的开启阶段，它依循人与技术的消融轨迹，先把自我放大——这种自我放大是相对于大众传媒时代而言的，接着就是与技术的交互融入，最后则是消融——消融人的主体性，进而打开通向非人类中心主义的后人类通道。当然，这个过程既与人机技术有关，也与社会的整体因素有关，它是一个渐进、缓慢但也似乎势不可挡的

---

①② 〔美〕查尔斯·霍顿·库利：《人类本性与社会秩序》，包凡一、王源译，北京，华夏出版社，1999年，第29页、第70页。

③ 张一兵：《心灵无产阶级化及其解放途径——斯蒂格勒对当代数字化资本主义的批判》，《探索与争鸣》2018年第1期。

过程。

其实，在人机技术成为新的经济增长点与全球各国的发展战略之前，数字技术已经在激发自恋文化的通行了。数字技术使自我之镜无处不在，手机摄像头是随身携带的镜子，世界也在各种摄像头及朋友圈的布展下，成为一面镜子。数字技术创造了一个更容易沉迷于自我的世界，人们以高保真耳机及智能终端设备为手段，把自己圈定在一个相对私密但又与平台相连的空间里，沉溺而满足地成为看与体验相得益彰的人类新主体。数字技术还使自我更容易沉浸于另一个世界——不论是主动进入还是消极逃避，这是主体性扩张与自我客体性同在的阶段，自我的一代(me generation)与数字技术的关联不可谓不强。因而，数字技术至少是鼓励了自恋主义的形成，这也是数字技术背景下，自恋文化不同于大众媒介文化的所在。这种文化还会导致与现实体验的不同关系，理查德·桑内特(Richard Sennett)在论及公共人的衰落时，特意提及自恋文化的后果："如果一种文化鼓励自恋主义，那么它必定会阻止人们索取；它必须将人们的注意力从他们的自我利益上转移开，悬置他们判断体验的能力，刺激他们认为每一刻的体验都是绝对的。"①

悬置判断是由场景化、封闭性的氛围或空间促成的。以 ASMR 为例，虽然在严格意义上不是人机技术——它需要的只是专业声卡、拾音器、话筒放大器、麦克风、耳机等，但它在离身式媒介形态转向具身式媒介形态的过程中，相当于一种过渡性质的传播现象，它也有人机交互的沉浸感、临场性和场景封闭性。专业的多声道技术、立体声麦克风和拾音器技术会使身体和心理有更丰富的感知漫游。ASMR 这种专注于触发听觉体验的自发性知觉经络反应，也被称为"耳音"、"耳搔"(或"耳骚")、"大脑按摩"、"颅内高潮"——即 ASMR 可以对人形成一种微妙的刺激撩拨与大脑颅内的舒适感，它重在营造虚拟的、感知的氛围，它既是一种感官体验也是一种神经现象。不论以音频还是视频的形式呈现，收听者与观看者都需要配备不同声道的耳塞或头戴式耳机，然后通过不同的"触发物"引发生理与心理的刺激反应。在生理与心理刺激反应的同时，也是与外界其他事物的暂时隔断。常见的

---

① 〔美〕理查德·桑内特：《公共人的衰落》，李继宏译，上海，上海译文出版社，2008 年，第 284 页。

热门 ASMR 包括低声耳语、指触、环境白噪声、视觉触发和角色扮演等，比如窗外的小雨声、用手指轻触粉扑声、触摸话筒以模仿掏耳朵的声音和感觉、咀嚼较脆的食品如薯片等声音。通过声音钻进耳朵、听觉转化为联觉的 3D 式声音手段，达到的是沉入感官世界而暂时脱离外部世界的效果。因为 ASMR 可以入耳且入心，它就在健康催眠与软色情之间开发出一片灰色地带，这也是它在大众流行文化领域受到关注且引发争议的原因。

虽然目前关于 ASMR 的生理表现、作用效果、不良反应等有待进一步研究，但 ASMR 之类的技术的确强化了以个人为中心、围绕身体感官而促发的临场感。ASMR 通过技术造出一种迷你型的自我中心环境，它可以使听者通过听觉愉悦而释放一种多巴胺，同时又关闭大脑中负责紧张和焦虑的情绪部位而产生作用[①]，因此，也有论者认为："听觉经常出现的自我中心主义(Egocentrism)或者向心(centripete)倾向特征。"[②]这种特征不只适用于听觉，在人机技术固有的相对的封闭性、临场性的加持下，自我中心主义或者"向心"倾向会更加显著。

人机技术与外界的关系是双重的，它既在隔断也在接入——隔断人与外界的某些联系，连接经设计之后的与自我和外界的某些联系。所以，人机技术的特点容易让人产生信息接入与信息传输私人化的判断，但实际情况却是人机技术的开发者掌握了想让人们隔断什么联系什么的权力。人机技术对"主观我"的强化，对自恋型人格和自恋型文化的强化，更容易使桑内特所言的公共人衰落，也更容易悬置技术与文化关系的主导力量。

以上是人机交互传播的第一种常见形态。除了 ASMR 之外，VR 手套、VR 头盔也属于人机交互传播的第一种形态，其传播主体还是以人为主体，传播特点是技术向人的逐渐靠拢。目前的 VR 技术还在人的身体外围盘桓，其效果是通过扩张人的感知能力比如视角和触摸等，使个体更加沉浸于虚拟世界之中。在 VR 的使用中，个体由传统媒介的观察者变成技术的使用者和参与者，现实世界在新的视角中展现出来。[③] 连上 VR 的人通过身体摆

---

① Valorie N Salimpoor, Mitchel Benovoy, Kevin Larcher, Alain Dagher & Robert J Zatorre: "Anatomically Distinct Dopamine Release During Anticipation and Experience of Peak Emotion to Music", *Nat Neurosci*, 2011: 14(2).

② 〔法〕米歇尔·希翁：《声音》，张艾弓译，北京，北京大学出版社，2013 年，第 32 页。

③ 〔美〕杰伦·拉尼尔：《虚拟现实：万象的新开端》，赛迪研究院专家组译，北京，中信出版社，2018 年，序言部分，第Ⅺ页。

动、手臂挥舞把自己带入一个虚拟世界中，这时的人既在“里面”也在“外面”，他或她同时在现实与虚拟两个世界之中，这就是人机技术不同于大众传媒技术之处。在两种媒介当中，身体在场与身体不在场、身体主动与身体被动都是不同的，ASMR 和 VR 技术就是这类向人逼近的信息传播技术。

二、“赛博格”式交互形态

人机交互传播的第二种形态是赛博格式的传播形态，是人与技术的互嵌，而不是大众媒体的离身式传播形态。在人机交互形态下，人类主体逐渐由体验者向信息生产兼信息传输的参与者转变，人与技术相互结合，并有逐渐进入身体的趋势，如脑机接口技术。

学术界对赛博格和传播的关系研究应该始于 2000 年，这一年美国传播学者大卫·贡克尔(David Gunkel)发表了一篇名为《你我皆博格：论赛博格和传播命题》(*We are borg：Cyborgs and the subject of communication*)的论文，贡克尔以为赛博格重新定义了人类的主体性以及传播活动。[①] 的确如此，机器人写诗、机器人写新闻及 ChatGPT4 的发布等，都对传播主体的问题提出了挑战。显然，挑战不只在于传播主体的问题，赛博格还因人与技术的合成性而具有相应的比喻性。2007 年，爱利森·穆里(Muri Allison)以历史性、社会性、政治性的眼光对赛博格现象进行分析，她认为赛博格的文化传播自启蒙运动以来就已存在，并与再生产、政府、个人自治等理念紧密结合。显然，赛博格不只是一个简单的人机交互的传播现象，在爱利森·穆里这里，20 世纪晚期的政治和社会运动如社会主义、女性主义甚至保守主义，都如 18 世纪的赛博格一样，都是一种政治化的比喻。[②] 近年随着可穿戴设备、5G、区块链及人工智能等技术的突飞猛进，赛博格与信息传播的话题又进入学术界的视野中。

人机共同体的赛博格是人的媒介化与技术的人格化，是人与技术的双向奔赴，是视听式体验传播的升级版。从视听式体验到人机共在的分布式

① 田秋生、李庚：《传播研究中“赛博格”的概念史——以及“赛博格传播学”的提出》，《新闻记者》2021 年第 11 期.

② Muri，Allison：*The Enlightenment Cyborg：A History of Communications and Control in the Human Machine，1660-1830*，Toronto，University of Toronto Press，2007.

传播主体,两者间没有明确的界限标准,但总体趋势是信息技术越来越向人靠拢。从这一形态开始,数字技术更为精密智能,它逐步从辅助工具、技术陪伴走向交互性、人形化、人格化,比如亚马逊开发的 Alexa 驱动小工具,它可以通过一些穿戴式设备倾听用户的声音,判断用户的情绪与心理,并给出一些相应的建议。在提出建议这一点上,技术的自主性特征愈加明显。

"头戴式显示器"(Visioheadset)比之前的 VR 技术更加成熟,如 CPU 和 GPU 的性能进一步优化,Fast-LCD 的屏幕显示技术更加高清,反应也更加迅速,5G 技术提升数据传输的能力加强,人体动作的低延时捕捉能力更加优化人机交互的效果等,这类技术支持更拟真的场景互动。在这个过程中,对信息的接受越来越由感觉与体验完成,而不是大众传媒时代以话语与表征来完成,因而 VR 应用也超出了信息传播的功能范畴而得以在更广的范围内实现其价值,如 Oxford VR 在精神治疗(恐高)方面的应用。

技术介入生活,会使媒介的表征功能、符号功能等失去依托之物。所谓依托,是指技术塑造的媒介现实与真实世界之间还有一道显著的屏障。换言之,媒介符号寄生于媒介技术基础上,幻化出一个表征化的世界,但虚拟现实技术则在努力打破这种二元式的真实虚拟世界。2022 年 6 月,Meta 公司的 Reality Labs 研究团队展示了四款 VR 头显原型,即 Butter scotch、Starburst、Holocake 2 和 Half Dome,它们分别在变焦、失真、视网膜分辨率和 HDR 等方面继续提升增强虚拟现实向现实世界的接近度。渐渐地,大众传媒时代占据优势的表征话语、宣教话语等受到侵袭,"在赛博人的传播实践中,意会正在压倒言传"①,直接操演代替模拟型媒介符号表征,就是符号表征转向鲍德里亚所说的内爆及更深入的参与式体验。

技术向人的靠拢,已经不是麦克卢汉所说的"媒介是人的延伸"了,而是"人是媒介的延伸"了,即象征主体或符号主体在智能技术的侵袭下开始"去权化"(disempowerment)。先前由媒介主导的语言符号、图像符号等象征之网开始被智能技术刺穿,人被直接包裹在一个超现实的场景中。所谓身临其境就是人被技术化的场景裹挟,而不是人在现实世界中掌控技术。

"超高的分辨率,绝佳的体感体验,漂亮得让你分不清虚实!"这是网友

① 陈宇恒:《赛博格时代传播的具身性研究》,《新媒体研究》2019 年第 24 期。

对 5K VR 头戴显示器 Arpara 的测评结论[①]，他对《微软模拟飞行》的游戏体验是：

> 在高楼中穿梭，近距离掠过建筑物时，转动头部往地面场景看，瞬间有种搭飞机离地瞬间的失重感受，5K 的超高分辨率显示带来的逼真视觉效果，让飞行模拟体验更上一层楼。

《出赛准备》（*Assetto Corsa*）的游戏体验是：

> 对于以毫秒计算的虚拟赛车手来说，透过 VR 头显呈现的 3D 立体感能有助于精准判断刹车点、进弯点、APEX 与出弯点，以往 2D 呈现的游戏画面很难精准判定刹车时机、转弯角度，用 VR 头显来玩赛车游戏，不仅真实感大增，也有助于在赛道上持续取得好成绩。

微软推出的 Mirage Table（幻影桌）是由 3D 投影、Kinect 体感监测仪和 3D 眼镜及真实的人的动作结合的人机交互，是“假作真时真亦假，无为有处有还无”的现实版本。借由 Mirage Table，人的动作经过 Kinect 的捕捉，可以实时转化成 3D 影像，这时，参与者只要佩戴 3D 眼镜就能看到已经设置好的 3D 物品，然后通过投影仪与虚拟画面进行交互。比如移动里面的一个皮球，或者是打保龄球等；甚至一个人可以与另一个人的虚拟对象一起搭积木、一起完成一项复杂的设计方案等。

苹果公司在当地时间 2023 年 6 月 5 日发布的 Vision Pro，是一款混合现实的头显，它可以通过眼睛、手和声音，无缝对接现实空间与数字内容。与 VR 不同，苹果 Vision Pro 头显带来的沉浸感不是以将用户隔绝于现实环境为代价，它更像一个自由连接真实与虚拟的互动界面。这种真实与虚拟之间的自由切换或交互，还包括在头显视野中，可以通过创建控件和屏幕，使任意表现成为支持触控操作的屏幕。苹果 Vision Pro 可以将人机交互拓展到更大的空间中，并且交互的介质更加多元——比如眼睛和手势和头部。

---

① 精致而苍老的数码小猪：《Arpara 5KVR 头戴显示器体验评测：超高的分辨率，绝佳的体感体验，漂亮得让你分不清虚实！》.（2022-01-13）［2023-11-08］. https://post. smzdm. com/p/apx3elvw/.

苹果 Vision Pro 在显示系统周围分布了一套由 LED 和红外摄像机组成的高性能眼球跟踪系统，可以将不可见光图案投射到每只眼睛上，这样，动动眼睛就可以选定想要的应用。Vision Pro 还可以通过传感器阵列群——包含一对高分辨率相机——每秒可向显示器传输超过 10 亿像素和底部的红外传感器，当用户有相应的头部和手势动作时，Vision Pro 就可以迅速理解其意思。总之，人机交互的流畅性得益于充分调动人的多种感觉器官，这才是人机交互的真正含义——而不仅仅是“手”机与电“脑”之类较单一的信息交互介质。苹果 Vision Pro 使人机交互的自如性、真实虚拟的无缝连接性向前推进了一步。

虚拟现实技术不仅运用于游戏领域，工业领域的增强现实技术同样是人机交互的新形态。瑞欧威尔（Realwear）智能 AR 眼镜通过使用微软 Teams 和瑞欧威尔头戴计算机，实现不同地点工作人员共同完成检测与实验和指导等工作，即一线工作人员通过头戴计算机向远端分享现场画面，而工程师在实验室里可以访问现场信息，这就如同飞行员在仪表盘上实际操作一样。连线的所有工作人员和工程师都可以监督、查看和即时签署文件，包括远在不同国家的连线人员。

再以体感衣为例，Alert Shirt 是 Foxtel 和 Che-Distancy 的合作产品，它的运行方式是通过智能手机应用程序向 Alert Shirt 发送数据，然后，Alert Shirt 再通过振动将智能手机数据转换为“模拟现场运动”的感觉，从而达到“看与感觉相得益彰”的效果。日本 Xenoma 公司研发的 e-skin 能感知玩家动作，将动作投射到虚拟角色身上，类似于传统的动作捕捉技术，但 e-skin 不需要专业场地和摄像机系统。研发团队使用可拉伸的电路技术，在衣服上集成了 30 个以上的传感器，每个传感器会根据人的动作获取实时的姿态信息，并通过蓝牙将数据传输到电脑。此外，e-skin 还可以监测用户的呼吸、血压和体温等。而由 Tesla Studios 研发的 Tesla Suit 则被称为世界上首款虚拟现实全身触控体验套装，它使用电刺激的方式模拟痛觉、压力、触摸、风动、淋水、热感、推力等，并与市面上的 VR 设备如 Oculus、谷歌眼镜、微软 HoloLens、Meta Space Glasses、HTC Vive&Valve、Room-Scale、PlayStationVR 等连接。Tesla Suit 于 2020 年还发布了 VR 触觉手套 Teslasuit Glove，这个手套可以造出逼真的阻力感，如在 VR 空间中抓握数字物体时，用户会有手握真实物体的感觉，同时指尖也可以感受到所拟物体的材质。

雪莱夫人虚构出来的科学怪人弗兰肯斯坦，已由部分肢体的可连接性走入现实，如在手臂上移植“耳朵”的史帝拉（Stelarc）。史帝拉花了10年时间在自己的左臂上造出一只耳朵，这只耳朵有自己的供血系统及与互联网连接的微型麦克风，它可以为其他地方的人提供收听信息。造出另一个身体部件和另一个自己，是科学家弗兰肯斯坦为之痴迷的科学追求，他要让自己成为可以造人的上帝，或是盗取火种的普罗米修斯（玛丽·雪莱在1818年出版《弗兰肯斯坦》时有一个副标题“现代普罗米修斯”）。如今，史帝拉的耳朵成了一个技术的隐喻，它可以打破人类身体的相对封闭性与不可更改性，这就像是造人的上帝一般。人与技术一同以运算符的形式传递着新的生命信息。于此，人与技术的兼容性既宣示了人类作为造物主的梦想，也开启了人类让渡部分主体位置于人工物的意识形态指向。

> 拥有柔软而脆弱身体的我们，越来越多地在主观经验以外的延伸空间与抽象信息中去体验自身。我们从实在的纳米尺度探索到虚拟的空间，身体如今正在体验着半物理半虚幻的自我存在。相较其他事物而言，我们越来越闪烁不定、难以捉摸，时而相互关联，时而彼此分离，像虚幻的身体，又像数字噪音——仿佛出现了生物学时间上的故障。而人体，被嵌入人为认知和计算构造下的巨大机械系统中。怪谲的不再是过时的缝合肉身，而是那个将肉身化为虚幻存在的系统。在假肢、半生命、人造生命不断增殖的边缘空间中，身体最终成为一种飘忽的能指。[①]

智能技术与身体的相遇把人置于信息输入与输出的位置，在人机技术的相互关系中，人类与技术组合成信息综合体，目前看，这个趋势越加明显。根据国际数据资讯（IDC）全球穿戴式设备追踪报告的最新研究结果显示，2021年第四季全球穿戴式设备市场创下新高，出货量达1.71亿台，较去年

① 2019年12月11日，中央美院邀请卡耐基梅隆大学艺术和机器人技术教授史帝拉进行题为MEAT, METAL & CODE: Alternate Anatomical Architectures（肉体、精神与代码——亚解剖工程）的讲座，这是讲座内容介绍。详见“CAFA预告丨史帝拉、安·汉密尔顿讲座即将陆续举办”。https://www.sohu.com/a/359321067_283183。

同期增长 10.8%[①];IDC 也预测,全球可穿戴设备市场 2020—2024 年的年复合增长率为 12.4%,到 2024 年预计将达到 6.37 亿台[②]。

脑机接口是更紧密的人机交互表现,2020 年 8 月,埃隆·马斯克在旗下的脑机接口公司 Neuralink 发布会上公布了新一代脑机接口产品,一枚硬币大小的可植入大脑的芯片和一台可完成自动植入芯片的手术设备。这个芯片能够感应温度气压,读取脑电波、脉搏等信息,支持远程数据无线传输;手术设备能在未来于一小时内植入芯片手术。作用于大脑神经元的信息编码的脑机接口,是一种全新的信息传播与信息界面形态。

2021 年 3 月,国内角色扮演游戏《原神》的开发商米哈游与上海交通大学医学院附属瑞金医院签署战略合作协议,协议内容为共同建立"瑞金医院脑病中心米哈游联合实验室"。虽然这项协议中包含的脑机接口技术意在针对抑郁症患者的治疗,但许多人还是对脑机接口的游戏前景寄予很高的期望,加上米哈游公司的愿景也激发了人们对移植一个《头号玩家》里的绿洲世界的向往。米哈游的愿景是"希望在 2030 年,打造出全球十亿人愿意生活在其中的虚拟世界",在这个由技术搭建的虚拟世界里,十亿人的化身们各自上演着可以上天入地的另一种生活。而就在米哈游这一举措之前,Valve 游戏公司创始人、Steam 的老板加布·纽厄尔(Gabe Newell)宣布他们正在与开源脑机接口平台 OpenBCI 合作开发一个脑机接口软件开源项目,这个项目的技术原理是用脑机接口技术读取玩家的脑电波,以使玩家摆脱手柄等外部控制设备,从而不用动手也不用动脚,只要动动脑就能控制角色。在游戏市场激烈的竞争态势下,脑机接口技术是否会在治疗抑郁症及残障人士的功能之外,通过更有诱惑力的游戏开发而得以普及呢?届时,脑机接口技术从健康领域扩展至日常生活领域,或许就不是一些人的白日梦了。

人机交互的前提是身体的数字化、大脑的符码化,即维纳控制论主张的,信息载体是人、机器、生物相互连接的基本条件。基于这样的认知前提,生命主体就成为一种并置(Juxtaposition)性质的信息体,人与计算机及其他

---

① IDC:《全球可穿戴设备 2021 年出货量达 1.71 亿台创新高》.(2022-03-11)[2023-12-03]. https://www.chinaz.com/ 2022/0311/1372902.shtml.

② 《全球穿戴式设备 2020—2024 年 CAGR 估 12.4%》.(2022-09-28)[2023-12-03]. https://www.163.com/dy/article/FNKNI9D00514B52J.html.

生物之间的跨物种连接也为传播学的范畴与范式提供了新的逻辑起点。这时，可连接与可计算构成了一种计算式的宇宙世界，“在计算宇宙中，智能机器和人类的本质功能是处理信息。其实，作为一个整体的宇宙的本质功能也是处理信息。通过与诺伯特·维纳所想象的方式不同的方式，计算宇宙实现了控制论梦想创造的人类和智能机器都能以之为家的世界”[①]。

人类在努力拓展自己的边界，把自己朝技术打开，把技术朝自己拉近，把大脑信息、生物信息、肉身信息等有机体信息与非有机体连接在一起，构成媒介泛化、技术泛化的情势，进而使真实现实成为混合现实（Mixed Reality）或拓展现实（Extended Reality）。但是，不要忘记数字化人机技术的这些功能原本都起于军事研发而非民用、商用。继“二战”期间曼哈顿计划之外，计算机的科学研发就与军备竞赛有着直接的血亲关系，1941 年成立的美国科学研发办公室一直致力于搭建“军工学”的协作机制，麻省理工学院人工智能实验室则成为“二战”以来最引人注目的实验室，“就是在这样的过程和这样的机构环境中，才诞生了计算机隐喻和新的技术哲学，而诺伯特·维纳的控制论也第一次出现在世人面前”[②]。上面提到的“头戴式显示器”等技术也不是单纯的人机游戏，它更多地被应用于军事训练之中。凯文·凯利在他的分析案例中提到，在 1991 年美军与伊拉克著名的“东距 73 战役”之后，军方重建了这场胜负悬殊的战役的三维仿真现实。之后，在日常训练中，世界各地的十几个美军基地联结成名为“仿真网络”（SIMNET）的军事系统。

> SIMNET 中武士们首先侦察的地方，是自己的后院。在田纳西州的诺克斯堡，80 名 M1 坦克仿真器的乘员驾驶着仿真器穿越令人惊讶的虚拟世界：诺克斯堡的户外战场。这片数百平方英里土地上的每棵树、每座建筑物、每条溪流、每根电线杆以及每条斜坡在被数字化之后，都能在 SIMNET 的三维地貌上展现出来。这个虚拟空间如此之大，极易让人在里面迷路。今天部队也许还驾驶着油腻的真坦克穿越真实的道路，但第二天他们穿越的可能就是仿真世界中的同一个地方了——

① 〔美〕凯瑟琳·海勒：《我们何以成为后人类：文学、信息科学和控制论中的虚拟身体》，刘宇清译，北京，北京大学出版社，2017 年，第 322 页。

② 〔美〕弗雷德·特纳：《数字乌托邦：从反主流文化到赛博文化》，张行舟等译，北京，电子工业出版社，2013 年，第 11 页。

只是仿真器中嗅不到燃烧的柴油味。部队征服了诺克斯堡之后，可以通过电脑菜单的选项把自己传送到另外一个地点。被完美地仿真了的地区还有：著名的国家训练场欧文堡，德国的部分乡村，富含石油的海湾国家的数以十万计平方英里的空旷地区，此外，似乎没有理由不把莫斯科市中心也仿真进去。[①]

“嵌入式训练”过程中，人与机器的合成式场景、信息反馈的数据支撑等都成为战争的优势，凯文·凯利描述了这样的仿真环境：一个真正的炮手，塞在一个价值数百万美元的钢铁舱室内的小洞里，周围全是各种电子设备和仪表盘以及液晶读数屏。他跟外界战场之间的唯一通道就是眼前这个小小的电视监视器，可以像潜望镜那样用来旋转……这实际上跟操纵一个仿真装置一般无二……那么，监视器上那一英寸高的坦克是真是假，又有什么关系呢？[②]在那个小小舱室里的士兵与那些数字设备连成一个人机共同体，如同科幻片里的机甲战士，一个后现代战争时代的赛博格。这个赛博格面临的不是日常的游戏与科技的炫技，他直面的是你死我活的战争。战争与游戏的确也是智能技术运用程度高的领域，两者的结合是否会促使操纵机器设备的人在战争中多了游戏的心态，或游戏过程本身就是对战争的模拟、个人力必多的发泄？但不管怎样，战争游戏化、游戏战争化中包含的是真实与虚拟的混合，技术意识形态也在这混合中有了新的表现，如人机交互中第一视角的增多，是否意味着个人上帝视角的增多？这种上帝般的视角是幻象吗？它会产生什么样的长久影响？这些问题都值得进一步探讨。

三、无器官交互形态

人机交互传播的第三种形态是无器官交互，是人类引入技术后的数字孪身，或者说是技术在逼近人类之后的人形化和人格化，这是一场双向的奔赴，比如数字人邓丽君与周深共同演唱《大鱼》。空间场景的数字化与人的数字化，是无器官传播的表现形态，比如置身于古罗马场景中的虚拟化身，

①② 〔美〕凯文·凯利：《失控：机器、社会系统与经济世界的新生物学》，东西文库译，北京，新星出版社，2010年，第381页、第384页。

或 Meta 要打造的元宇宙世界或百度希壤等；之前边界清晰的信息传播者与信息接收者、人与他人、人与环境开始脱域融合，成为无器官传播的共同特征。人机对话中的智能音箱、二次元文化的虚拟偶像、虚拟歌手、在线游戏的数字人化身、机器人等，就是无器官传播的表现主体。

《2021 年中国虚拟数字人影响力指数报告》在技术层面定义了虚拟数字人：虚拟数字人（Meta Human）可以理解为是通过计算机图形学、语音合成技术、深度学习、类脑科学、生物科技、计算科学等聚合科技（Converging Technologies）创设，并具有“人”的外观、行为，甚至思想（价值观）的可交互的虚拟形象。虚拟数字人有三个层次及特征：具有“人”的形象，具备“人”的性格、行为特征，具备类“人”的互动能力。虚拟数字人在技术上可以分为智能驱动和真人（中之人）驱动两大类。从未来媒体形态的服务模式看，聚合科技带来语义传播与无障碍传播的新空间，由此诞生的虚拟数字人将作为新媒介角色，被广泛应用在元宇宙新生态中，担任着信息制造、传递的责任，是元宇宙中“人”与“人”、“人”与事物或事物与事物之间产生联系或发生孪生关系的新介质。①

在青少年中广受欢迎的 Vocaloid（简称“V 家”）就以技术的拟人化方式流行，这项由 YAMAHA 集团发行的歌声合成器技术及其应用程序，可以让用户通过输入歌词和音符而让软件唱歌。在收集好基本的声库后，为了加强宣传与便于沟通传播，制作公司会根据声库采集的声音印象创建虚拟歌手形象，在青少年中广受喜爱的“初音未来”就是这样被创造出来的。其中，年轻貌美、声线迷人成为虚拟歌姬的共同特征。但这些虚拟形象既有对性别角色的设定，也有对年龄群体的选择——虚拟形象或虚拟偶像依然从属于青年亚文化的形象模式。以 ACG 文化为底色，以人机技术为手段，通过调整性别参数等曲线调整歌手的音色，可以使年幼的声线发出成熟甚至年老的声线。通过对声线的参数调整，虚拟歌手们在性别、年龄、外貌等方面的可供性更强；与标准化、批量化的流行文化相比，虚拟歌手的“个性化”更显参数化特点，换言之，虚拟歌手的个性化与技术方面的参数化不分彼此。可调制可切换的个性形象，是技术的功劳，也是技术与人互驯的表现。

---

① 元宇宙科技报告库：《2021 年度中国虚拟数字人影响力指数报告》.（2022-05-22）[2023-12-05]. https://www.sohu.com/a/549639641_121238562.

随着人机技术的发展，更具人格特征的虚拟偶像渐次增多(见表4)，如以“初音未来”为代表的虚拟歌姬及更加细分的虚拟主播、虚拟网红和虚拟偶像团体等。Lil Miquela、AYAYI、Zoe、柳夜熙、imma、大天狗等虚拟数字人及湖南卫视实习生“小漾”等，越来越吸引亚文化群体的追捧。在形象之外，“人设”成为虚拟人物的重要步骤，被称为“元宇宙数字女神”的Lil Miquela是美国的虚拟网红，“她”的身份是拥有西班牙和巴西血统的模特和音乐人。虽然是综合计算机技术和3D软件及现实场景制作的虚拟人，但这并不妨碍“她”推出*Not Mine*的音乐单曲，并与特朗普、蕾哈娜一起被《时代》周刊列为“25位最有影响力的互联网人物”。在2021年底的一则视频中，自称19岁的Lil Miquela说她19岁生日那天，Brud团队送她一条U盘项链，里面装满了她所有的编程记忆，包含她宝宝时的照片、高中男友、情绪阶段，但Lil Miquela马上说，这些都只是代码的一部分。Lil Miquela还对她的粉丝们说：“没有你们，我真的会出故障，每次您投票帮我作出决定时，例如选择服装或决定透露我的暗恋对象时，您都是在给我编程。”这明显透露了虚拟偶像的粉丝文化与技术编程及大数据语料之间的交互关系。

表4 主要虚拟数字人的发展阶段

时间段	20世纪80年代	21世纪初代	最近几年	当前
标志性事件	1982年，虚拟歌姬“林明美”诞生	2007年，虚拟歌手“初音未来”诞生	2016年，VTuber“绊爱”和拟真虚拟形象Lil Miquela的双开花局面	2018—，Meta Human，imma AYAYI陆续诞生，仿真人技术迎来小巅峰
技术支持	手绘、真人歌替	语音合成/计算机动画技术	AI、动作捕捉、3D建模	计算机图形学、深度学习、图形渲染等技术升级合成
发展程度	刚刚兴起	简单探索	初步发展	持续发展

《2020年虚拟数字人发展白皮书》归纳了虚拟数字人的三个主要特点：一，形象能力，具备人的外形以及稳定的性格和外貌；二，表达能力，行为与人类相同，拥有说话、自然流露表情和四肢行动的能力；三，感知互动能力，具有人的思维，能识别外部环境并且与人交流互动。① 形象能力、表达能力

① 中国人工智能产业发展联盟：《2020年虚拟数字人发展白皮书》.(2020-11-30)[2023-12-08]. http://aiiaorg.cn/uploadfile/ 2020/1209/ 20201209022415828.

和感知互动这三个特点是由表及里的互动过程，也对应了从单向传播到互动交往的传播过程。形象能力是虚拟数字人的基本款，是人机技术的人形化体现，如 2022 年 11 月杭州亚组委推出“亚运数字火炬手”，即网民通过参与亚运相关活动而成为数字火炬手并拥有数字权益，包括个性化的数字形象、数字装扮、数字观赛等。表达能力如后面会讲到的云蹦迪的“修勾夜店”，是人的数字化身，是人机技术人格化的体现，它以数字化的“修勾”数字身份代表真实个体在虚拟夜店里狂欢。感知互动是人机技术人形化、人格化的综合，如日本男子与初音未来的婚姻。

2018 年 11 月，日本男子与数字虚拟人初音未来的婚礼可以说是感知互动的初始版本——初音未来只能借助语料库与这个名义上的“丈夫”语音互动。对于这位钟情的“丈夫”而言，这个婚礼与真人婚姻似乎没有多少差别——求婚、对话、布置婚礼现场。在这位叫近滕显彦的男子单膝跪地求婚时，初音未来的回答是：“要好好对待哦。”“在我人生最黑暗的时候，是我的妻子拯救了我。”结婚当天，他对网友们发誓：“我会让初音幸福的。”婚后，他还带初音到札幌（初音诞生的地方）度蜜月，去温泉旅馆、咖啡厅。但大部分时间里，他与“妻子”的交流只能是隔着全息设备生产商 Gatebox 的那个盒子，而初音的回答多数是那句设定好的“我爱你”。

虚拟数字人不仅体现了语音合成、动作捕捉、AI、计算机图形学、计算机深度学习等技术，而且也因其人设完美且没有自主意识等原因而受到各类品牌宣发的青睐，并因此成为新的经济增长点。根据日本野村研究所的调查，早在 2012 年，跟“初音未来”相关的消费金额就突破 100 亿日元。[①] 据恒州博智统计，2023 年，全球虚拟偶像与虚拟主播市场销售额达到 10.83 亿美元，预计 2030 年将达到 51.29 亿美元，年复合增长率为 24.6%（2024—2030）。[②]

关于虚拟数字人的政策布局和市场布局，已成为推动技术发展的重要动力。2021 年 10 月，国家广播电视总局发布《广播电视和网络视听“十四五”科技发展规则》，指出要探索虚拟形象的互动应用。2022 年江苏卫视跨

---

① 赵文辉、吴天琳、廖敏琪、曹家伟：《浅谈虚拟偶像的商业市场价值》，《商业文化》2022 年第 6 期，第 15-18 页。

② 《2024 年全球虚拟偶像与虚拟主播行业产业链全面分析报告》.（2024-05-20）[2024-10-30]. http://m.gelonghui.com/p/743888.

年晚会上，采用升级 AI 技术的邓丽君全息影像和周深“同台”对唱《小城故事多》《漫步人生路》和《大鱼》；2022 年全国两会期间，中央电视台推出了 1∶1 克隆复制的“AI 王冠”进行播报，芒果 TV 的虚拟人“瑶瑶”、湖南卫视数字主持人“小漾”也纷纷亮相。国外，2021 年 3 月 10 日，被称为“元宇宙第一股”的多人游戏创作平台 Roblox 在美国纽约交易所上市，首日估值达 450 亿美元；其后，Facebook 改名为 Meta。国内，2021 年 8 月，字节跳动收购 VR 创业公司 Pico；12 月，百度发布消息，称由百度设计的国产“元宇宙”产品“希壤”正式开放定向内测，12 月 27 日向所有用户开放“希壤”，百度 AI 开发者大会也在“希壤”举办。

百度“希壤”的主页面上有这样的介绍：以技术为基础，以开放为理念，同客户、开发者、用户一起，打造一个身份认同、经济繁荣、跨越虚拟与现实、永久续存的多人互动虚拟世界（见图 7）[①]。

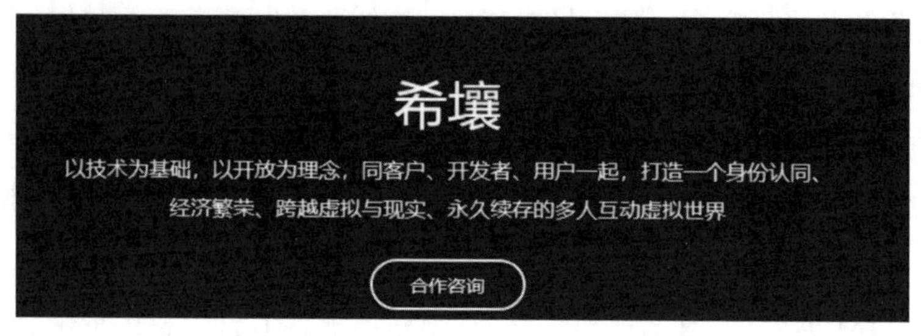

图 7　百度“希壤”主页面宣传语

在关于特色优势的介绍里，“希壤”关于“全真人机互动”的场景描绘是：“希壤虚拟世界中，每个用户都有一套 avatar 3D 角色形象，可以定制你专属的角色形象，并通过虚拟形象，与你的客户或合作伙伴进行即时的语音、互动交流。”百度把“希壤”的功能分为 VR 教育、VR 营销、VR 云展会、VR 实训和 VR 产业园等，理念上想把“希壤”从游戏场景扩展至全领域范围。但是这个被多家媒体定位为首个国产“元宇宙”的世界，在定向内测中用户并不满意，并质疑其互动性与虚拟性：“人物设置简单，也就只能分清男人和女人，没有个性定制！人物装饰简单没有特色，除了发型，脸部的五官可以通过选择或拍照生成装饰……城市里的建筑物、人物、街道等 3D 场景制作都

---

① https://vr.baidu.com/product/xirang。

比较粗糙，显然逼真度不够，和实际差距太大。”[①]这其实是目前为止号称“元宇宙”可见产品的共同特点。

另一款更受网民欢迎的“云蹦迪”应用“修勾夜店”[②]，被不少网民评价为“元宇宙”的雏形，并深受青年网民的热捧。“修勾夜店”是以小狗化身的方式在B站进行的互动直播。网民进入直播间后，通过创建自己的小狗形象在DJ的引导下进入舞池开始蹦迪。蹦迪动作是通过输入文字指令来操作自己的小狗化身，比如“移动”“停下”“开火车”等，小狗就会按照指令在屏幕上移动；如果再输入一些与表情装扮有关的词如“墨镜”“大笑”等，小狗就能相应变化；当然，如果投入更多还能化身为DJ狗。在这个“狗山狗海”的云迪厅里，还有与现实迪厅一样的巨幕及烘托气氛的烟花特效，当然，更少不了很带感的音乐环绕。舞厅里的DJ也可以使出浑身解数带动起这个虚拟夜店的热情，比如DJ会在公屏上打出“一起喊×××”，在场网友就会同时配合输入相同的字幕，于是一场虚拟同在的狂欢便达到高峰。

自2021年11月起，“修勾夜店”最高峰时直播间人数达到60万；2022年开年第一天，更有成千上万粉丝催更，“快开门！外面几百万狗子等着蹦呢！”这一直播形式的大热，也引发其他平台的模仿，不同的小狗形象、小熊形象、动漫人像等数字化身及线上直播纷纷现身。2022年5月28日，“修勾夜店”举办“Blue Dash 100% BEATS元宇宙音乐节”，演出阵容包括来自加拿大知名电音厂牌猫厂(Catmonster)的百大DJ Dexter King，还有华纳亚洲电音厂牌Whet Records首签艺人及被*DJane*杂志评为中国第一DJ的Lizzy Wang、国内知名电音创作人Panta Q等。据Blue Dash团队统计，这场音乐节观看总人次超100万。

这场融合数字化身与真实乐队、真实乐人的音乐节在数字技术方面并不是特别的创新或前沿，但其凭借数字技术创造共同在场的化身聚集，再次证明了无器官传播的文化心理基础。这场以数字狗为化身的在线狂欢，既是一种自我延伸，也是一场“自我截除”——麦克卢汉认为，技术延伸了自我，但技术也截除了自我，就好比发明轮子就是从人身上“截除”了脚的功

---

① 卢松松：《百度发布国内首个元宇宙应用：“希壤”》.(2021-12-15)[2023-12-28]. https://baijiahao.baidu.com/s?id=1719192246379213542&wfr=spider&for=pc.

② “修勾”为网络用语，意为小狗。

能，“自我截除不容许自我认识”[1]，因为技术代替了人的自我认识，人变成了技术的木偶，以至于“麻木性自恋”。麦克卢汉用沉浸于自我之美的那喀索斯为例子，美少年那喀索斯（Narcissus）与那柯西斯（narcosis，麻木）在词源上同出一源，自我欣赏与自我麻木同源同根，延伸与截除也一体两面。一群人的狂欢是否也是一种自我截除式的麻木性自恋，还有待深入分析，但这里面包含的人与自我、人与技术的新型关系确实还有其社会文化心理的因素。

所有的数字化身——无论是真实人类的数字化身（如虚拟主播“AI王冠”），还是各类虚拟现实技术的人形、狗形设置，都是真实人类的数字隐身衣。在二次元文化中，VTuber现象与“修勾夜店”的“Blue Dash 100% BEATS元宇宙音乐节”有相似之处，即模糊了真实与虚拟界限的技术文化现象。在虚拟的二次元人物形象背后，特定、真实的配音演员加上虚拟现实技术、动作捕捉技术构成的是跨越真实与虚拟两界的VTuber现象。为此，到底要不要暴露“中之人”[2]成为VTuber现象的关键议题：

> VTuber的魅力，在于虚拟与现实之间的那层面纱——那层属于VTuber的设定。它既可以塑造一个如修女般的完美角色，又可以让阿委[3]的撕皮变得更加有趣。而抛去这层皮，既会让中之人暴露于危险之中，又会失去了虚拟的美感，因此我对中之人挖掘的行为持否认态度。[4]
>
> ……
>
> 他们披上了面具（虚拟形象）后，却反而能更真实地展现自己……VTuber知道自己在扮演角色，观众也了解VTuber有自己的设定。结果是，VTuber与观众双方都可以将日常生活中碍于环境不敢表达的率直情感假意地归于其形象上——没有真实的人会在这种率直表达中受伤，但双方作为真实的人却都可以得到充分满足。
>
> 沉迷于VTuber的观众，并不难意识到这两点：肉体所处的现实，也会有谎言与人格假面，从而不完全等于真实；在虚拟空间中的交流与形

---

① 〔加〕麦克卢汉：《理解媒介——论人的延伸》，何道宽译，北京，商务印书馆，2000年，第76页。

② 中之人，指VTuber的配音或虚拟主播背后的演员。

③ VTuber月之美兔的昵称。

④ 《作为一名VTuber的话，如果暴露了中之人都会产生什么影响？》.（2020-07-13）[2023-12-29]. https://www.zhihu.com/question/377684655.

象，因承载着我们的真切情感，也不等于全是虚假。

如果一个 VTuber 看起来像美少女，听起来是美少女，连情感也不是设定的，而是真挚的表达……那她不就是我们想要的真实——真实的美少女吗？[①]

无器官智能技术为人们提供了可供选择的数字面具，数字化身成为摆脱肉体身份的出路，但无器官的数字化身之路要实现大量普及和完全顺滑的全沉浸体验还有很长的路要走。2020 年，Meta 公司在 Connect 大会上展示其虚拟替身 Codec；2020 年 10 月，Meta 公司又宣布推出网页版 Horizon Worlds，并改造其中的虚拟形象为全身版本，这是基于 Meta 公司的数据调查：Horizon Worlds 的多数用户在访问一个月后就不会再登陆平台。自 2022 年春季以来，该平台的用户数量一直在持续下降，“一个空荡荡的世界，是多么悲伤的世界”，这是 Meta 内部文件的表述。这个被扎克伯格称为“元宇宙愿景的核心”的虚拟世界，在用户看来并不真实，而且其虚拟化身存在更大的问题——没有腿部的数字人。[②]

扎克伯格在他关于元宇宙的演讲中提及创办 facebook 的初衷：“让我们和自己最在乎的人能有同在一处的临场感，而这难道不是科技的最终承诺吗？能和任何人同在一起，能瞬间移动到任何地方，能创造和体验任何事情。”[③]无器官传播可以使人们创造和体验任何事情，这是人机技术的愿景，但没有腿的半截数字人离“创造和体验任何事情”还有相当长的路要走。如果对替身式、互动式、沉浸式体验要求不高的话，全息影像技术（hologram）可以说是数字化身的简易版本。

2021 年末，腾讯的综艺节目《未来新世界》开始进入大众的视野，这是一档以科技话题为由头的真人秀节目。其第 1 期的节目主题是“超体进化”，其中有两个情节引动话题：一是主持人蒋昌建与仿生机器人蒋昌建面对面交谈，另一个是节目组安排全息影像邓丽君出场。在真假蒋昌建的对话中，仿

---

① 柯教兴国：《虚幻与真实：VTuber 的美丽案例与探究》．(2018-07-18)[2023-12-08]. https://zhuanlan.zhihu.com/p/40043735.

② 《一个空荡荡的元宇宙世界！Meta 元宇宙平台用户不足 20 万》．(2022-10-16)[2023-12-08]. https://www.163.com/dy/article/HJQO9M9C0514R9P4.html.

③ 《扎克伯格的元宇宙》．(2022-01-05)[2023-12-08]. https://www.bilibili.com/video/BV1r44y1v7Rz/.

生机器人问真正的蒋昌建:“你希望我代替你,永远生活在这个世界上吗?”这个难题同样抛给了现场嘉宾:“如果要做虚拟人物的话,你们愿不愿意在虚拟世界当中,打造一个自己?”在邓丽君出场的画面中,面对直接与嘉宾对话的邓丽君,嘉宾庞博一直在说:“这种感觉真的好怪!”

总之,无器官传播有新与旧的同时存在。

新的方面当然包含技术的新,但最值得注意的是,以技术介入的“准主体”的出现。准主体是主体的分割,是主体把自己的一部分通过技术手段分发一部分主体的信息,主体的界限因技术而被部分打开,此时,“主体就变成了一个可以被装配和分解的系统,而不是一个作为有机整体的实体”①。在“修勾夜店”和虚拟主播的实例中,我们看到了人主体边界的重组,这时,人的身体性存在让位于身体性与数字化身的共在。在信息形态与“在场”的状态方面,人类肉身与数字化身的确不同,但两者又共同构成了新的分布式认知系统。

无器官传播是从化名之身演化到化身之身,或者说是从虚拟的身份 ID 转换到虚拟的身体 ID。虚拟的数字化身成为人的准主体,它在数字世界里代替主人行事言说,此时的外在世界被技术隔离。这个准主体在建立新的分布式认知系统时,有着肉身主人的情绪、简单表情与身体姿势,但它身体的僵硬(技术的原因)和灵活度的不足,既可以包含对技术的惊叹,也可以包含人类对自我的迷恋。换个说法,这就是麦克卢汉所讲的技术既是人的自我延伸,也是人的自我截除。

麦克卢汉认为,在技术的加持下,人类会自我截除,即身体在受到超强刺激的压力下,中枢神经系统就截除或隔离使人不舒服的器官、感觉或技能,借以保护自己。更进一步地,人们在通过感知觉与技术连接时,技术也在不断地修改着人类。② 以数字智能技术启动的无器官传播在满足了“社恐”“御宅族”们躲于数字面具之后的愿望和狂欢后,肉身传播的鲜活内容与丰富蕴含也同时失去了可能性;同时,在技术与人的它异关系中“可以具有、但是并不必然具有借助技术指向外部世界的关系。在这种情况中,世界就

① 〔美〕凯瑟琳·海勒:《我们何以成为后人类:文学、信息科学和控制论中的虚拟身体》,刘宇清译,北京,北京大学出版社,2017 年,第 212 页。

② 〔加〕麦克卢汉:《理解媒介——论人的延伸》,何道宽译,北京,商务印书馆,2000 年,第 74-81 页。

成为情境和背景"[①]。就是说，在技术与人的新关系中，除了人的自我延伸及自我截除，还有对外部世界的截除；在技术与人的新型关系中，世界容易成为情境与背景，从而为数字化身的"社恐"友好提供了可能。

然而，人类与自然之间"活的联系"[②]的断开，并不意味着人与现实的真正断开。

从旧的方面看，进入更加平滑的"元宇宙"需要交费吗？"元宇宙"的世界会因费用的多寡而分层吗？从前述"修勾夜店"的案例看，钱多就可以当夜店DJ，依旧是对现实规则的复刻，这就像现在的各视频网站，因为会员制的推行及分级，会因费用多寡而影响观看体验，比如能不能免除广告、视频的清晰度，以及观看最新内容的权限等。无器官数字化身的使用体验亦会因费用的多寡——包括个体购买可接入设备的费用，势必影响其沉浸感与体验感。那时，能否在更加逼真、分级的虚拟世界里工作、学习、旅游、游戏，甚至健身、医疗等，或者说可以进入到哪一个级别的无器官传播世界，会成为新的"人以群分、物以类聚"的准入标准。也许，随着 VR、MR、AI 等元宇宙接口技术的不断发展甚至普及，人们进入虚拟空间的可能性会像现在拥有一部智能手机一样唾手可得。不过，进入无器官信息世界的人们，有的可以免除广告的干扰，有的也许会因所交费用较少而不得不承受各式逼真产品在眼前晃动，或更加具有临场感的广告营销场景的包围。更有可能的是，当无器官传播通行的时候，普通人会没有选择的余地——尤其是当各种工作机会、社群关系、购物方式而不是游戏玩乐与虚拟世界越来越以无器官数字环境建立起来之后。

从大众传媒时代收视率的贡献者，到移动互联网时代流量的创造者，再到无器官传播时代数字化身的聚集者，体验感的提升依旧要面对商业及资本的例行法则——获取你的注意力和参与度。注意力的商业价值并不外在于无器官传播的世界之中，因此，一个老问题似乎依旧存在——无器官传播是看不到物质身体的传播，但这并不意味着无器官传播的物质性的消失。

总之，一方面，无器官传播的准主体现象开启了人的不完整性及替代性的机关；另一方面，无器官传播依旧遵循着技术与人类社会结构体系的所有关联原则。

---

① 〔美〕唐·伊德：《技术与生活世界：从伊甸园到尘世》，韩连庆译，北京，北京大学出版社，2012 年，第 112 页。

② 〔法〕梅洛-庞蒂：《可见的与不可见的》，罗国祥译，北京，商务印书馆，2016 年，第 40 页。

第四章　参数化的人—机交互逻辑

"量化自我"将肉体变成了一个监控大屏幕。被收割到的数据也会被放在网络上交换。数据主义将肉体分解成数据,使其符合数据模式。①

——韩炳哲(Byung-Chul Han)

一、量化自我

参数(Parameter)是用来创建函数和变量之间的限定性因素,就人工智能技术而言,参数往往指机器用来处理语言的变量和数据点,例如马斯克脑机接口公司的专用集成电路的性能参数包括256个可编程独立放大器,3Hz～27kHz的带宽等;人工智能公司OpenAI于2020年发布的第三代语言预测模型GPT-3,由大约1750亿个"参数"组成,OpenAI开发的GPT-4据称可能包含多达100万亿个参数(与人脑的突触一样多)。

技术参数直接决定了智能化的程度,在维纳关于控制论的原理中,其主要方法"系统辨识"(又称黑箱方法)就包含了参数估计的步骤。技术参数在两个方面把人机对接起来:一个方面是人拥有一些刻有技术参数的小物件与"机"及各种物体相连;另一个方面是刻有各式技术参数的物体寻找与人对接的接口。对接效能直接受参数指标的影响,当然,对接不上也是不够智能化的表现,可以说,参数量决定人工智能的智能化程度。1996年6月4日,欧洲航天局和法国国家太空研究中心建造的"阿丽亚娜5号"火箭在发射升空后不久宣告失败,事后的调查结果显示,是火箭中的一个软件在处理一

① 〔德〕韩炳哲:《美的救赎》,关玉红译,北京,中信出版社,2019年,第18页。

个数字时，由于该数字太大，超出了预先分配给它的16个比特范围而发生故障。1998年，NASA的火星气候探测器也发生故障，原因是飞行系统的软件单位与地面人员的推进器参数单位不一致。

在智能技术的视觉领域，一个猫或狗的宠物图片或视频也包含了技术参数的应用，其像素多寡决定了清晰化的程度。“人工神经网络的训练是一个数学处理过程——通过不断调整网络中的数百万个参数（有时甚至是数十亿个参数），来最大限度地提高‘只要输入有猫的图片，就输出有猫的判定’的概率，以及‘只要输入没有猫的图片，就输出无猫的判定’的概率。在训练过程中，人工神经网络和其中的参数会组成一个巨大的数学方程组，用以解决有猫无猫的问题。”[①]再如虚拟现实之父杰伦·拉尼尔一直在尝试以舌头作为输入设备，即把传感器放在嘴里，这项技术已成功应用于牙齿种植和舌移植上。拉尼尔认为，人们很快就能学会如何控制他们的舌头界面，人们可以一次控制多个连续的参数，就像让一只章鱼操控一整个调音台一样。[②] 牛津大学科学家托马斯·瑞尔利用仿真关节和仿真肌肉及一个大脑神经网络造出一个活生生的生物，他给这些生物下达命令“行走”，他为此使用了具有700个参数的遗传算法来实现这一能力。[③]

技术参数是工业化以来的常态，比如喷气式飞机的引擎需要涉及上百个参数，而通用电气公司的研究员们使用遗传算法设计的引擎比使用传统方法具有更高的参数和更精确的结果。人工智能时代，技术参数的对象指向了人。万物相连靠的是参数与参数的匹配度，参数标准的一致性成为统领数字世界的准则，参数匹配成为人、机、物智能化连接的标准。在这个智能化的闭环中，人与机器和万物一样，以参数相互连接，相互“赋能”，相互驯化。[④]

“量化自我”（Quantified Self）的理念也因身体的技术参数而起。2007年，《连线》杂志前主编凯文·凯利和加里·沃尔夫（Gary Wolf）提出“量化

---

① 李开复、陈楸帆：《AI未来进行时》，杭州，浙江人民出版社，2022年，第21页。

② 〔美〕杰伦·拉尼尔：《虚拟现实：万象的新开端》，赛迪研究院专家组译，北京，中信出版社，2018年，第172页。

③ 参见〔美〕雷·库兹韦尔：《奇点临近》，李庆诚、董振华、田源译，北京，机械工业出版社，2011年，第174页。

④ 人的身体参数还包括基因密码和遗传密码，生物学家试图通过解码基因参数和基因突变技术，使基因的突变率和繁殖率等高层次参数成为最优参数。

自我”的概念，其基本理念是“通过数据，认识自己”。“量化自我”有自己的网站，目的是为用户提供自我调节的技术。“量化自我”首先需要手机里的睡眠软件测量人的睡眠质量；当然，技术参数更高的可穿戴科技会使人身体的方方面面得以记录并予以分析。皮肤温度、皮肤电反应、血液生化指标、脑电波测量机器等，使人的生物性和数字化特征愈加明显。生活中大众已经熟悉的“量化自我”方式是计步器，如走路步数和跑步里数，这是利于自我调控的技术。当然，“量化自我”利于健康方面的自我管理——只要这数据的知晓权属于个体并不会被随意滥用。但“量化自我”还有其他用途，比如据报道，日立的商用显微镜部门已经给员工配备了一条挂在脖子上的追踪设备，通过设备里的传感器，员工的走动和说话及光线、温度等环境因素均会被详细记录。此时的“量化自我”成了商业管理的制胜武器，佩戴量化自我设备的员工如同把自己送上了一条数据的传输带，与工业制造时期流水线上的零件一同成为商业竞争领域的法宝之一。

在“量化自我”对自我健康和健康产业的助力之外，其蕴含的理念更值得关注。在“量化自我”的理念中，苏格拉底的“认识你自己”变成了“认识你自己的身体”，这是喜忧参半的自我追踪技术介入人体的过程，如同韩炳哲认为的，它无益于人的本质存在——“这种自我测量和自我监控可以提升机体及精神的功能。然而，这个过程积累的精准数据却无法回答‘我是谁’的问题。就连‘量化自我’理论其实也就是一种自我达达主义技术，它使自我完全失去意义。自我被彻底分解成数据而失去意义”①。

> 今天，肉体处于一种危机中。它不仅被分解成色情的身体部位，而且还被分解成数字化的电脑数据。当今，整个数字时代被一种信念笼罩，即生命是可以被测量和量化的。“量化自我”的运动也醉心于这种信念。肉体被安装上数字传感器，它们可以捕获所有与肉体相关的数据。“量化自我”将肉体变成了一个监控大屏幕。被收割到的数据也会被放在网络上交换。数据主义将肉体分解成数据，使其符合数据模式。另一方面，肉体也被拆分成一个个可类比为性器官的客体。透明的肉

---

① 〔德〕韩炳哲：《精神政治学：新自由主义与新权力技术》，关玉红译，北京，中信出版社，2019年，第82页。

体不再是幻想的舞台，而是数据或一个个局部感官的叠加。[①]

当然，数据也有做不到的地方，凯文·凯利也指出了人类肉体完全参数化、数字化的不可能，当然，这不能赖数据本身，这得怪人类自己。

这些关于数字的讨论掩盖了一个关于人类的事实：我们的数学直觉很差。人类的大脑不擅长统计。数学不是我们天生的语言。甚至在解读非常形象化的图表以及数值图时我们也需要高度集中注意力。从长远看，量化自我过程中的量化成分会变得不明显。自我追踪将远远超越数字化的范畴。[②]

凯文·凯利认为，数据追踪比量化自我更进一步，数字追踪的量化信息可以被结合到身体的感觉中，并且长远看，这是身体传感器中数据流的最终归宿。凯文·凯利颇为矛盾地指出，今天，在技术带来的富足世界中，生存的威胁来自过量的精华物质。太多的精华打破了我们新陈代谢和心理的平衡——其实，大量的数据追踪不也应属于凯文·凯利所讲的打破我们的新陈代谢和心理平衡的原因吗？凯文·凯利接着说，一些可穿戴设备的信息不是以数字形式，而是以我们能感觉到的方式反馈给我们，比如腰部的振动、臀部的挤压。因而，自我追踪的范畴远远大于健康，它涵盖了我们的整个生活，如微型可穿戴的"眼睛"和"耳朵"能记录我们每分每秒的所见所闻，从而帮助我们记忆。我们储存的一连串电子邮件和信息构成了记录自身想法的日志……这种流动信息被称为"生活流"(life stream)。"生活流"是按时间顺序排列的文档"流"，按凯文·凯利的描述，这类文档流类似于人类记忆的超链接，只不过更小巧，数据流更全面，这是凯利的想象：

每个人都会生成自己的"生活流"。当我遇见你时，我们的"生活流"就在某个时刻发生了交集。如果我们预备下周见面，交集将发生在未来；如果我们去年见过面或出现在一张照片里，那么交集发生在过

① 〔德〕韩炳哲：《美的救赎》，关玉红译，北京，中信出版社，2019年，第18页。

② 〔美〕凯文·凯利：《必然》，周峰、董理、金阳译，北京，中信出版社，2015年，第284页。

去。丰富的交集关系让我们的"流"变得异常复杂，但是每个人的"流"都严格遵照时间顺序，因而非常容易导航。①

从"量化自我"到"生活流"，从身体数字化到生活数字化，它所能达到的是监测身体与帮助记忆，把身体与生活赤裸地、全面地"亮相"于可传感数字设备与记住生活中发生的每件事，然而，这未必是人们的所想所愿。

"量化自我"是人与物的可连接性，在一般人的观念里，或者说在传播学的理念预设下，信息是需要联结的，但在实际的生活与工作甚至国与国之间的军事、外交领域，还有一种信息传播类型，那就是不传播，或避免信息流通的需要，这就是外交间谍和商业间谍成为一种职业的原因。就个人而言，不论是互联网时代，还是人机交互时代，尤其是当可穿戴式设备及大数据等技术手段不断扩张的时候，避免传播、在意个人隐私、回避被动的数字化身等需求，也引发"被遗忘权"(right to be forgotten)和个人信息"删除权"的诉求。欧盟将"被遗忘权"定义为：数据主体有权要求数据控制者永久删除有关数据主体的个人数据，有权被互联网遗忘，除非数据的保留有合法的理由。这是互联网语境下的"被遗忘权"，那么，承接"被遗忘权"的是否还应该有"不接连"权呢？个人信息"删除权"是指符合在法律规定或信息当事人约定的情况下，信息当事人可以请求信息处理者删除个人信息的权利。

人机技术中的"量化自我"势必涉及"被遗忘权"和个人信息"删除权"的问题，这是个人在数据化过程中与法律、法规的结构性关联；另一方面，"量化自我"的举措和思路与控制论和图灵测试一样，有着简化人的复杂性的潜能。就身体反馈的数据看，我们的喜悦与悲伤、愤怒与沉默如果能用数字化血压、数字化心率、数字化血糖来及时"振动"或提醒的话，这多少有些舍近求远、化简为繁了。从身体的反应看，我们不论是因高兴而激动还是因愤怒而激动，心率和血压的数据可能都是一样的，只以数字化心率或血压看，并不能确切得知这是欣喜若狂还是悲愤欲绝。可以看出，"量化自我"的前提条件又回归到了笛卡儿的身心二元论的理念中了，即身体的归身体，心灵的归心灵。技术关切的只是身体释放出来的数据，把身体当作数据传感器的挂件，也是技术主导者们一直以来的"宗教"。关怀个体的"量化自我"背后

① 〔美〕凯文·凯利：《必然》，周峰、董理、金阳译，北京，中信出版社，2015年，第286-287页。

依旧是冷冰冰的数据理性，其背后不只是关切个人健康，更包含资本权力及政治权力以参数节点统领所有个体的动机。

尤瓦尔·赫拉利(Yuval Noah Harari)在他的《未来简史》中把"量化自我"称为"一种意识形态甚至是宗教"，他认为在"量化自我"的运动中，自我就是数学模型。[①] 智能传播就是以数学模型为基础建立的数字化信息网络，参数是其中的关键语言，这些连接人、机、物的技术参数如同"黏合剂"一样，把三者粘在一起，而人、机、物的身体参数、物理参数、化学参数等成为技术人工物导演世界的脚本："这些技术的脚本——Script，即技术人工物对行动主体有塑造的作用，如同一出戏剧或电影，都有事先的演出脚本，它会对行动主体的行为表现做出规定。"[②]无独有偶，论述第二媒介时代的马克·波斯特也把人与机器之间的贴合称为一种"膜"："我们暂且可以这样说，界面介于人类与机器之间，是一种膜(membrane)，使相互排斥而又相互依存的两个世界彼此分离而又相连。界面的特点可能更多的是从机器的特点演化而来……高品质的界面容许人们毫无痕迹地穿梭于两个世界，因此有助于促成这两个世界间差异的消失，同时也改变了这两个世界之间的联系类型。"[③]马克·波斯特这里所说的"高品质的界面"，可以理解为看似更加友好的界面参数。

自工业化以来，技术通过持续更新的参数设计，先是让人脱离肉身羁绊，经由照相技术、广播、电报、留声机等，把信息送至身体一时到不了的地方，人与远方的人经由技术参数而建立起半人半中介的关系。"用一位新技术的倡导者查尔斯·布赖特的话来说，电报是'地球的电神经系统。'"[④]"栩栩如生"成为大众传播的进化目标，参数更新成为其技术支持的内核所在。直到智能传播时代的来临，"栩栩如生"甚至可以演变为"无中生有"，如OpenAI推出的GPT3，从参数量看，它比全球最大的深度学习模型 Turing NLP 大 10 倍，在专门训练后它可以把文本内容生成为图像，还可以答题、翻译、写文章。但是 GPT3 却不具备人类一样的自我认知，这会导致它有传播

① 〔以色列〕尤瓦尔·赫拉利：《未来简史：从智人到智神》，林俊宏译，北京，中信出版社，2017年，第297页。

② Peter-Paul Verbeek: "Materializing Morality: Design Ethics and Technology Mediation", *Science, Technology, & Human Values*, 2006(3).

③ 〔美〕马克·波斯特：《第二媒介时代》，范静哗译，南京，南京大学出版社，2000年，第25页。

④ 〔英〕尼尔·弗格森：《广场与高塔》，周逵、颜冰璇译，北京，中信出版社，2020年，第174页。

虚假信息的可能性，比如，它会凭空捏造答案。[①]

> 问：比尔·盖茨是什么时候在苹果公司工作的？
>
> 答：1980 年，比尔·盖茨在读大学的暑假期间，作为软件专家在苹果公司工作。

在 GPT3 发布半年多之后，谷歌于 2021 年 1 月推出包含超过 1.6 万亿个参数的语言模型，这是 GPT3 的 9 倍参数量。2020 年以来的全球疫情更加速了个人物联网的发展，自携设备（BYOT，Bring Your Own Device）的运用更加广泛，BYOT 涉及的产品范围小到不起眼的健身手环、智能手环、智能手表、智能耳塞，大到语音助手、笔记本电脑和消费者虚拟现实（VR）耳机，这些设备因其不同水准的参数而有不同的效能。

参数主导成为控制论理念下人、机、物互联互通的关键所在及人机交互中智能化程度的标准，因此，人类要平顺地在人—机—物之间滑动，就要符合技术参数主导的体系规则；技术要想达到更好的人机交互，也要与人的参数模式有更好的适配。有研究发现，人类大脑新皮质存在模式识别的模型，这种模式识别和我们的记忆使用相同的机制，模式的重复使得人类能够识别物体、人和不同的想法。尺寸和大小的变化参数也使新皮质能够编码不同维度的变化幅度。编码这些幅度参数的一条途径是通过不同数量重复输入各种模式，而人工智能系统就是无限接近于人类层级的这种参数模式。[②]

但数据、参数的背后还是由平台、机构和人来操作或设定，即“Garbage in，Garbage out”——垃圾进，垃圾出。就是说如果人们将错误的、无意义的数据输入计算机，那么它输出的也是错误的、无意义的。但更重要的是参数霸权、连接霸权的现象，有报道称，OpenAI 公司在互联网上收集了 3000 亿字符的信息用于 ChatGPT 的模型训练，这些信息来自互联网上的书籍、文章、网站、帖子等，其中包含大量未经同意获得的个人信息。[③] 2023 年 7 月，

① 李开复、陈楸帆：《AI 未来进行时》，杭州，浙江人民出版社，2022 年，第 110-111 页。

② 参见〔美〕雷·库兹韦尔：《人工智能的未来：揭示人类思维的奥秘》，盛杨燕译，杭州，浙江人民出版社，2016 年，第 87 页。

③ Uri Gal. ChatGPT is a data privacy nightmare. If you've ever posted online, you ought to be concerned, says researcher.（2023-02-08）[2023-05-08]. https://techxplore.com/news/2023-02-chatgpt-privacy-nightmare-youve-online.html.

美国喜剧演员兼作家 Sarah Silverman 连同其他两位作家起诉 OpenAI 和 Meta 不经同意获取包含他们作品的数据集进行训练的侵权行为。

以参数匹配度重组的数字世界会进一步助推全景敞视，更会造成新一轮的数字鸿沟。在社会关系方面，以 AIGC(生成式人工智能)为例，尤其是最新迭代的 ChatGpt 4 从以往的单模态模型拓展至融合图片、文本等多模态模型，提升了准社会交往与准社会关系的可能性与流畅性，也搅动了内容产业的格局，但参数逻辑引起的社会逻辑变化也在逐步显现。

由数据而来的数据偏见并不来自数据与技术本身，比如预测贷款风险的智能系统和没有健康码的老年人。在西方宗教社会，有作为上帝的选民；在智能技术时代，有作为数据的选民。作为数据的选民背后是只关注数据连接的参数标准设置，它注重的是连接什么和怎么连接，而不是为什么连接。正如网络搜索一样，一个人的数据显示，是因为这个人有名或有罪——被报道过、被提过姓名等。

对数字连接背后筛选机制的数据审计，是预防技术原教旨主义的有效思路。当然，技术主导和参数标准也会滋生“作茧自缚”的困扰。在智能传播的环境中，人类因数据而存在，在数据的闭环式循环中，“计算的传播与传播的计算”[①]成为人机交互的底层逻辑，而人在这个过程中便被像素化和数据化了——在人机交互的背景下，是机器向人的高攀？还是人向机器的低就？这是需要慎重考虑的问题。

二、技术配置的参数优势

智能传播与人类祖先“捡起树枝”的时代不同。人类祖先从捡起树枝开始，面对自然逐步掌握了主动权，马克思和恩格斯也强调了制造和使用工具在人类社会的形成作用。人机交互技术也是人类社会发展过程中的工具，但是，智能化的工具与原初时期的工具已然不同。这里，人机交互中技术参数的复杂性不只使编制代码、数据收集更加神秘，也使工具与人的关系发生了变化，进而，技术参数的复杂水平与等级属性直接影响到传播效能。

---

① 周葆华:《“计算”的传播与“传播”的计算》,《新闻与写作》2020 年第 5 期。

以阿尔法狗(AlphaGo)为例,2016 年,阿尔法狗击败韩国围棋高手李世石,2017 年,阿尔法狗击败世界排名第一的柯洁;紧接着,AlphaGo Zero 通过深度学习,在短短 3 天的自我训练后,强势打败 AlphaGo;再经过 40 天的自我训练后,AlphaGo Zero 又打败了 AlphaGo 的 Master 版本。"自我学习"的 AlphaGo Zero 看似不需要人类的数据[①]便可打败那个打败人类围棋手的 AlphaGo,以至于媒体也产生了对阿尔法狗的各式联想,比如"阿尔法狗再进化碾压旧狗 不再受人类知识限制"[②]这样的报道:

> 跨年之际,"新版"AlphaGo 蒙面出现在中韩对弈网络,对人类顶尖职业棋手取得了 60 比 0 的全胜战绩,但此版本的 AlphaGo 还不是 2.0 版本。1.0 版本的 AlphaGo 是"深度学习"人类棋谱得出围棋手数的估值,但 1.0 版本的 AlphaGo 所走招法其实并没有脱离人类的理解,而且也是人类棋手曾下过的棋。如果 1.0 版本的 AlphaGo 完善了,就意味着得出了完美的围棋手数估值函数,而 2.0 版本 AlphaGo 就利用这个估值函数自我对局和"深度学习",不再受人类棋谱的局限,下出真正属于"人工智能"的围棋。

"深度学习""真正属于'人工智能'"等说辞,真是容易迷惑人心——这样的说法迫不及待地想要证明人工智能的非人为因素。然而,那些隐藏于技术背后的数据输入及输出者,那些设计大数据、大计算、提升计算速度及存储空间的人员及其智慧及价值理念就以人工智能的形式示人了。但实际情况却是深度学习深度地依赖数据,人机交互及人工智能建基于许多程序员的算法与程序设计。

再以 VR 为例,VR 头盔、VR 一体机和 VR 盒子眼镜的参数各异,价位各异。外接式 VR 头盔如 Oculus Rift CV1、HTC Vive 以及索尼 PS VR,其体验直接决定于相应的参数和价位,如表 5 所示。

---

① "百度百科"关于"阿尔法围棋"的解释提到:它(AlphaGo Zero)不再需要人类数据。也就是说,它一开始就没有接触过人类棋谱。研发团队只是让它自由随意地在棋盘上下棋,然后进行自我博弈。见 https://baike.baidu.com/item/%E9%98%BF%E5%B0%94%E6%B3%95%E5%9B%B4%E6%A3%8B/19319610?fr=aladdin#reference-[8]-19787451-wrap。

② 中华网:《阿尔法狗再进化碾压旧狗 不再受人类知识限制》.(2017-10-19)[2023-10-15]. https://3g.china.com/act/news/10000169/20171019/31586830.html.

表 5　部分外接式 VR 头盔的参数及价格

外接式 VR 头盔名称	主要参数	价位
Oculus Rift CV1	VR 头显分辨率：1200×800 刷新率：90Hz 传感器：陀螺仪 其他：搭配昂贵的 PC 主机	599 美元（2016 年预售价）
HTC Vive	VR 头显分辨率：1200×1080 刷新率：90Hz 传感器：内置陀螺仪，加速度计和激光定位传感器 其他：搭配昂贵的 PC 主机	799 美元（2016 年发布价）
索尼 PS VR	VR 头显分辨率：1920×1080 刷新率：90Hz 传感器：加速传感器，陀螺仪 其他：需要搭配 PS Camera 使用	399 美元（2016 年发布价）
Quest Pro	VR 头显分辨率：单眼 1800×1920 刷新率：90Hz 传感器：深度传感器 其他：高通骁龙 XR2 ＋处理器	1499 美元（2022 年发布价）

有更好的参数才会有更好的交互效果。VR 头戴式一体机如 Pico NEOVR 一体机、大朋 M2，VR 盒子如三星 Gear VR、蓝光 VR 大师、暴风魔镜等，均根据分辨率、刷新率、传感器配置、对比度、亮度以及搭配的其他设备参数等，决定其价格与使用过程中的临场感和体验感。百度的人工智能机器人“小度”也有万亿级的参数。当然，技术参数设置并非智能传播时代才有的事，19 世纪就开始应用的广播及收音机，也要使用无线电广播技术和调幅（AM）方式，在长波、中波和短波波段及 150kHz～30MHz 的频率范围内传播信息。后来的 87～108MHz 的调频方式使广播实现了高保真度的传播效能。再到 20 世纪 90 年代，模拟技术转变为数字技术，数字调幅、数字调频、数字音频广播（DAB）等广播技术又逐渐推行。DAB 的工作频率范围是 30MHz 以上，既适合固定接收，又适合移动接收，至此，数字广播的智能性才得以显现，因此，“智能”化的技术参数支持是无可替代的。然而，正是由于这种参数水准的支持和盛行，也容易滋生出技术本身智能化的意识形态。

脑机接口是更典型的人机交互技术，其连接性也以大脑参数及技术参数为基础。成立于 2016 年的脑机接口公司 Neuralink，是埃隆·马斯克展开脑机接口和人机交互的主战场。2019 年 8 月 2 日，在预印本在线期刊 *bioRxiv* 上，埃隆·马斯克发表了题为《具有数千通道的集成脑机接口平台》（*An integrated brain-machine interface platform with thousands of channels*）的论文，文中提到 Neuralink 的几项创新：一是宽度为 4 到 6 微米的传送数据的“丝线”，96 个这样的丝线可以到达 3072 个电极；二是植入电极的手术机器人，该机器人可以每分钟最多植入 6192 个电极；三是可植入脑机接口的芯片，该芯片包括 256 个可独立编程放大器、片上模数置换器及用于串行化数字化输出的外围控制电路，能够处理 256 个通道的数据。[①] 其实，在此之前的 2015 年，加州大学圣巴巴拉分校德米特里·斯特鲁科夫（Dmitri Strukov）的研究团队就建成了一个人工神经网络，由约 100 个用金属氧化物忆阻器做成的人工突触组成。人类把大脑作为一个可复制的信息加工容器的念头，也是基于大脑的可计算性及参数化这一理念的。生命科学与生物技术的研究，使得人类的自由意志、情感价值等，被神经突触与信息传递所代替。大脑的神经元、突触和生化组织似乎也可以还原为数据传输的通道，人机交互技术在这里找到了它未来可期的科学愿景。2020 年 8 月，埃隆·马斯克在 Neuralink 的发布会上展示了最新的可穿戴设备 LINK V0.9，这个设备可配备 1024 个频道，能感应温度和气压，读取脑电波、脉搏等信号，支持远程数据无线传输；2022 年 4 月，埃隆·马斯克又在其推特上说，未来一代的脑机接口将使目前的 1000 个电极的半通用神经读/写设备增至 10000～100000 多个电极。

以上各种数据和技术术语让人眼花缭乱，但丝线、电极、芯片、可独立编程放大器、控制电路等离不开参数的匹配度及算法的支持，这同样基于控制论的前提——有机物与无机物的可计算性是其可连接可反馈的前置条件。算法和参数是人—机—物相连的基础，算法的优劣受制于参数大小和参数间的适配度。可以说，人类大脑的神经元及突触就是人类最大的技术参数——人类大脑的神经元数量有上百亿个，经由突触与其他大约上千个神

---

① 翻译参考自返朴：《如何评价伊隆·马斯克创办的脑机接口公司 Neuralink?》.（2020-08-12）[2022-11-19]. https://www.zhihu.com/question/57713553/answer/1402251521.

经元相连，这几百万亿的突触就成为大脑产生的信息。依循这样的信息连接状态，人机交互就朝着复原这一完整的技术参数的方向发展。

更有人机交互特点的是纳米技术。纳米是一种长度单位，纳米技术指在原子或分子尺度上进行研究的科技，研究范围在100纳米甚至更小（1纳米等于1米的十亿分之一）。相比之下，1只蚂蚁有600万纳米长，1个细菌有2000纳米，1个DNA有2纳米。2016年，荷兰代尔夫特大学工程师桑德·奥特（Sander Otte）的团队实现了纳米级编码，用单一氯原子的位置编码了1个千字节，编码内容正是理查德·费曼（Richard Feynman）《底部还有很大的空间》的其中两段。桑德·奥特认为，理论上讲，这样的储存密度足以让人类所有的书籍写在一个邮票大小的空间里。纳米技术的开创者埃里克·德雷克斯勒（K. Eric Drexler）20世纪八九十年代提出了“分子汇编器”的理念，这基于世界的本质在于信息的理念，其中埃里克·德雷克斯勒提到许多纳米技术可能需要的参数，如计算机、指令体系结构、指令传输、机建机器人、机械手臂的末端、汇编程序的内部环境、编译过程需要的电能或化学能等，这些参数成为连接人、机、物的经纬。

参数逻辑下的人机交互，对“人”与“机”一视同仁，也使技术与人的关系本质化，进而容易悬置技术与社会之间的物质性关系。在技术参数的主导下，没有什么主体的存在，存在的只是参数值的配置度。因而，当纳米粒子变成人体细胞内部的“特洛伊木马”时，技术也通过参数的客观化与科学性而披上了必然性与客观化的隐身衣。哈贝马斯在他关于科学技术与意识形态的论证中认为：“社会系统的发展似乎由科技进步的逻辑来决定。科技进步的内在规律性，似乎产生了事物发展的必然规律性。”①

参数逻辑决定了人机交互的“智能”量，它成为人机之间一个隐身的调停者，它决定了技术对人的调停程度以及人对技术的攻克程度。比如目前的VR，任是有怎样高级的参数，还是会被调侃为Vomity Reality——令人呕吐的现实，目前的VR设备戴上稍久些就会令人眩晕。

就技术生态讲，德勒兹在他关于“控制社会”（Control Society）的阐述中认为，当代社会已与福柯的“规训社会”不同，当代社会已进入“控制社会”的

---

① 〔德〕尤尔根·哈贝马斯：《作为“意识形态”的技术与科学》，李黎、郭官义译，上海，学林出版社，1999年，第47页。

阶段。控制社会是以控制和定义核心参数为中心，并通过持续的控制和即时的信息传播来运作。[①] 刷脸技术、虹膜技术、数字身份证、可穿戴设备的参数值等，会以数值之网构建起更隐形也更强大的层级建筑，一些“无用阶级”[②]与技术精英、大资本拥有者又一次在参数值面前构成一个虚拟世界的金字塔结构。参数与数据对人的调停，更多了以数值为依据的客观性。这种由参数、数据引导的反馈机制正是数据收集、数据挖掘、数据反馈、数据黑箱、数据经济、数据控制的基本手段，但掌握参数与数值者却越来越隐身于数值的背后。

参数逻辑推导出的数据，客观成为人机技术的社会面与政治面的隐形衣。

三、算法与参数逻辑

算法是一组完成任务的指令，它已经成为新的信息方式，而且与普通信息不同，算法是被当作私有软件保护的，算法直接决定参数逻辑与对参数的调节。算法有几个基本特征，即有穷性、确切性、可行性、输入项和输出项等，其中，确定性指算法的每一个步骤都有明确的定义，有穷性指算法必须能在执行有限的步骤之后可以终止。人机交互涉及不同类型的算法，其中人工神经网络算法模型在语音、语义、视觉、游戏等方面表现良好，但其缺点也很明显，如需要大量数据来支撑训练，算法模型是典型的黑箱状态，其内部机制难以理解；深度学习算法模型是人工神经网络的升级版，其优缺点与人工神经网络相似。

貌似客观的数学算法中的算法偏见却不可避免。以机器学习为例，它大约涉及的步骤包括从人类社会构建数据集、数据集的测试和训练、通过测试准确性建立模型、通过训练和投喂令机器进行学习进而生成模型，直至最后产生决策（见图 8）。其中，为算法注入偏见的主要包括三个环节——数据

---

① 〔法〕吉尔·德勒兹：《哲学与权力的谈判：德勒兹访谈录》，刘汉全译，北京，商务印书馆，2000 年，第 199 页。

② 〔以色列〕尤瓦尔·赫拉利：《今日简史：人类命运大议题》，林俊宏译，北京，中信出版社，2018 年，第 16 页。

集构建、目标制定与特征选取(工程师)、数据标注(标注者)。[①]

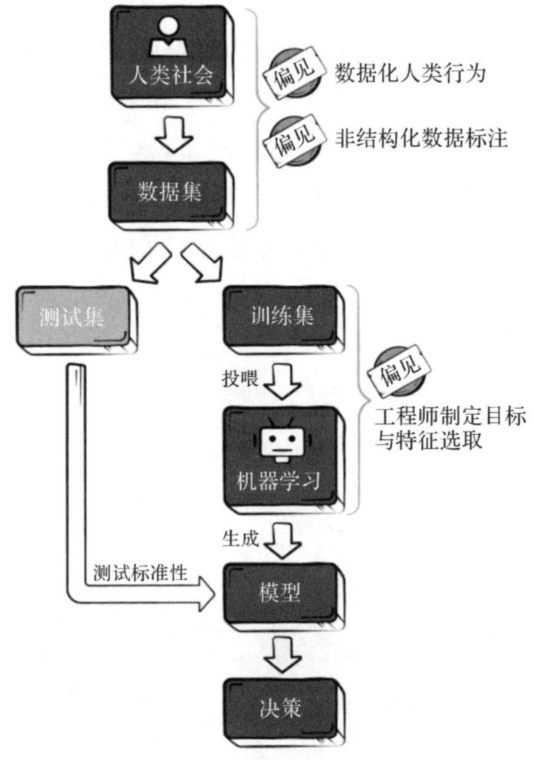

图 8 机器学习的过程

在数据集构建中,数据采集中的配比偏差和社会已有偏见都会造成算法偏见,而这两者又往往互为表里。比如,华盛顿大学的蕾切尔·塔特曼(Rachael Tatman)发现,在 Siri、Goreana、Alexa 或谷歌语音助手进入市场之前,其创造者均为其设计了人格个性,而其中的一些创造灵感来自对用户偏好的研究。[②] 导致这一现象的原因是语音识别技术是在语料库的大型语音记录数据库上进行训练的,这些语料库主要收录了男性声音的录音。[③]

算法工程师在机器学习的目标设定和选取数据标签和进行数据的预处

① 腾讯研究院:《算法偏见:看不见的"裁决者"》.(2019-12-19)[2023-08-18]. https://mp.weixin.qq.com/s/4mFaDBzxxDSi_y76WQKwYw.

② Rachael Tatman: "Gender and Dialect Bias in YouTube's Automatic Captions", *Ethics in Natural Language Processing*, 2017: 53-59。

③ 〔英〕卡罗琳·克里亚多·佩雷斯:《看不见的女性》,詹涓译,北京,新星出版社,2022 年,第 165 页。

理时，都容易掺入自己的已有偏见，比如通过某种肤色、面相、性别等识别罪犯。算法正义联盟（Algorithmic Justice League）针对面部识别算法进行了跟踪调查，发现在所选的 1270 个性别形象的识别试验中，微软的女受试者的准确度是 89.3%，男性的这个数据是 97.4%，两者的错误率差异是 8.1%；旷世科技 face++的女受试者的准确度是 78.7%，男性这个数据是 99.3%，两者的错误率差异是 20.6%；IMB 的女受试者的准确度是 79.7%，男性的这个数据是 94.4%，两者的错误率差异是 14.7%（见图 9）。[①]

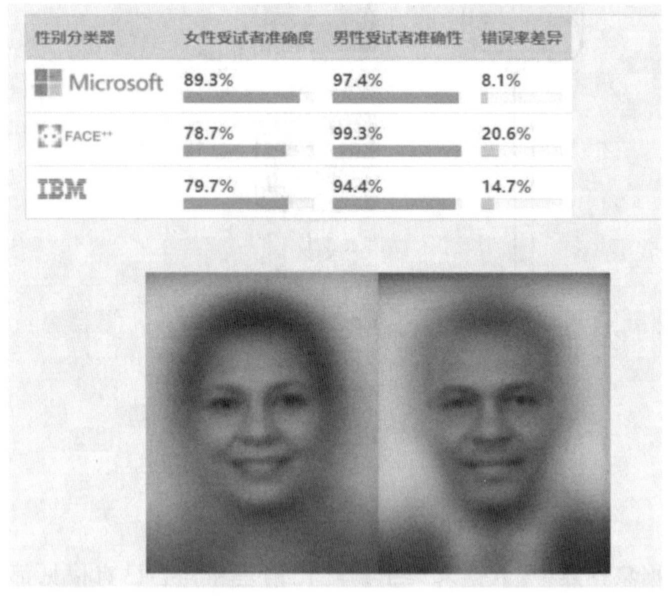

性别分类器	女性受试者准确度	男性受试者准确性	错误率差异
Microsoft	89.3%	97.4%	8.1%
FACE++	78.7%	99.3%	20.6%
IBM	79.7%	94.4%	14.7%

图 9　几家科技公司的人脸性别识别准确度对比

技术不仅反映了人们的偏见，有时还会放大它们——而且是大幅放大。卡罗琳·克里亚多·佩雷斯（Caroline Criado Perez）在讨论“看不见的女性”这一议题时引用的材料证明，根据 2017 年的图像研究显示，女性出现在烹饪相关图片中的可能性比男性高 33%，但以这个数据集为基础训练的算法将厨房图片与女性联系起来的概率是 68%。这项研究的结论是原始偏差越大，放大效应就越强。[②]

算法的有穷性、确切性及其黑箱状态等也牵引着人机交互的基本特征，

① 内容与图均出 http://gendershades.org/overview.html。

② 〔英〕卡罗琳·克里亚多·佩雷斯：《看不见的女性》，詹涓译，北京，新星出版社，2022 年，第 164-168 页。

换句话说,有穷性和确切性等决定和影响了人机之间的可交互程度或可交互边界,黑箱状态包裹的算法偏见决定和影响了人机交互的文化及社会意义。

算法调节着参数逻辑,两者可以说互为表里。比如 VR 设备的参数设置多以男性的头型大小和瞳孔距离为标准进行设计,但一般来说,女性的瞳孔距离比男性短 2～3 毫米,这个小小的差异对 VR 体验的影响却很大。触感衣也如此,按照男性身材设定的参数标准可以紧贴男性身体,而在女性身上就会鼓鼓囊囊。对 VR 开发人员而言,收集有关女性的数据——不只是头型和身材的大小,还包括女性的内耳构造、对运动视差和空间深度的感知差异等,都应是系统开发的前提,但遗憾的是,以男性体验、男性生理构造为标准的参数标准,目前仍是常见的现象。

参数逻辑中的人与信息传递,容易让人想到《三体》里的思想钢印和威廉·吉布森(William Gibson)的小说《神经漫游者》或电影《黑客帝国》《攻壳机动队》里的脑后插管。在刘慈欣的《三体》里,地球人为了对抗三体人,选出了四个面壁者,希恩斯是第三个面壁者,他的计划是重拾人类胜利的信心。他和妻子一起发现了人类大脑的思想与记忆是由量子过程完成的,名为思想钢印的思想干预机器,可以通过技术手段控制人们的思维方式,比如可以对战争充满必胜的信念。希恩斯这样解释思想钢印的原理:

> 在大脑神经元网络中,我们发现了思维做出判断的机制,并且能够对其产生决定性的影响。把人类思维做出判断的过程与计算机作一个类比:从外界输入数据,计算,最后给出结果。我们现在可以把计算过程省略,直接给出结果。当某个信息进入大脑时,通过对神经元网络的某一部分施加影响,我们可以使大脑不经思维就做出判断,相信这个信息为真。

希恩斯发现了人类作出决定的机制,即当某些信息进入大脑后,大脑通过神经元网络进行计算并给出判断,但现在可以省掉计算的过程,而直接给出判断结果,并信以为真。这一方式是直接介入思维过程,改写大脑神经元网络的源代码,从而影响其判断。当希恩斯向太空军将军常伟思介绍思想钢印时,常伟思说:“技术已经做到了能像修改计算机程序那样修改思想,这样被修改后的人,是算人呢?还是自动机器?"在行星防御理事会面壁计划听证会上,希恩斯对思想钢印的介绍依旧引发了少有的激动情绪:

> 美国代表简清的评价代表了大多数与会者的想法:
>
> "希恩斯博士和山杉惠子博士以自己过人的才华,为人类开启了一扇通向黑暗的大门。"
>
> 法国代表激动地离开了自己的座位,"人类失去自由思想的权利和能力,与在这场战争中失败,哪个更悲惨?"
>
> ……
>
> 俄罗斯代表对着天花板扬起双手:"泰勒要剥夺人的生命,你要剥夺人的思想,你们到底想干什么?"
>
> 这话引起了一阵共鸣。
>
> 英国代表说:"我们今天只是提出议案,但我相信,各国政府会一致同意封杀这个东西,不管怎样,没有比思想控制更邪恶的东西。"
>
> ……
>
> 美国代表说:"希恩斯博士,您走的不只是一百步,你已经走到了黑暗的门槛,威胁到现代社会的基础。"

小说为了回应日本代表认为的"思想钢印就是思想控制"的判定,希恩斯辩驳道:"所谓控制,必然存在控制者和被控制者,假如有人自愿在自己的意识中打上思想钢印,请问这能被称为控制吗?"最后,希恩斯终于说服各国代表同意在有限条件下使用思想钢印,比如必须在多国监督组的监督下,并只供各国太空军使用,可使用的"思想钢印"主题只有一个——就是战争必胜的信念,即人类在对抗外星文明的战争中必胜、入侵者必定被消灭的信念。

当然,《三体》只是科幻小说,当不得真。但是技术手段的参数化不断发展时,本着万物互联的目标,人的参数化与更加深度的"量化自我"便不可避免。届时,大脑也可以参数化的话,《三体》里思维可数据化的科学发现便不会只是小说的情节了。

电影《黑客帝国》和《攻壳机动队》里都有脑后插管的科幻设计,运用原理是通过数据线将大脑与网络相连。可见,能够相连并传输数据的前提是大脑思维的可量化、可复制。2019 年,埃隆·马斯克的脑机接口公司 Neuralink 公布其脑机接口的最新进展——用超细聚合物管线和神经外科机器人解决脑植入难题。2020 年,马斯克又举行了新款侵入式脑机接口发布会,用三只小猪展示了脑机接口的自动植入、信息读取、行为预测等环节。相较于第一代脑机接口,新二代脑机接口更微小隐蔽,它只有硬币大小,有密集排布的微型线路,可置于头骨下方,并且只会在头皮上留下一个很小的创口。这次技术更新的关键是大幅提升了探测大脑神经元的数量,Neuralink 现在可以监测 10000 多个神经元。当猴子用机械臂吃东西,用意念打字时,人们对于可侵入式脑机设备的担忧也与日俱增,人类是否会像《三体》里面对"思想钢印"时的美国代表那样,认为这类科技探索为人类开启了一扇通向黑暗的大门?

在人机交互的技术趋势下,原本关于技术的社会性思考也逐渐让位于社会的技术性思考;原本的技术的社会性应用也会让位于社会的技术性管理。这一状况在互联网及社交媒体盛行以来就引起了斯蒂格勒的关注,他在论及新媒体与技术的关系时认为:"最近的阶段,是各种个人关系轰轰烈烈发展的时代,'社交媒体'是这一时代最新的化身。这些'社交网络'不仅具有'社会性',而且也具有'技术性',并且是工业式可控的。这些社会技术自动地将社会关系形式化。"[①] 现在的情况是这些社会技术自动地将社会关系数据化。

人机交互蕴含了人使用工具的历史属性和社会属性,没有工具技术便没有人,这也是马克思主义的观点。人的进化也是工具技术的进化过程,人性之中也包含了技术性,这也是斯蒂格勒所说"代具性"的人类现象。然而,随着数字化技术的推行,"我数字化我存在"的状况逐渐明显。斯蒂格勒对"数字化的第三持存"也展开了批判,他说"数字化的、模拟的和机械的踪迹

① 〔法〕贝尔纳·斯蒂格勒:《技术与时间 3:电影的时间与存在之痛的问题》,方尔平译,南京,译林出版社,2012 年,第 253 页。

就是我所说的第三持存”。张一兵对此的看法是:“在这个第三阶段中,数字化的第三持存上的海量数据以光速不断生成统计、处理和决断,这使得所有主体性的综合理性能力完全短路,由此产生一种可怕的断裂。”斯蒂格勒对于断裂的解释是:

> 我们所说的断裂问题在于似乎不可能重建任何知识,在于行为不是由社会系统、文化和知识生产出来,而是由利用大数据和数字第三持存的市场营销生产出来,因为大数据和数字第三持存是可计算的、可编程的,并构成世界性的数据经济。[①]

智能化的数据连接容易使主体性的综合能力产生断裂,从而容易与社会系统、文化和知识隔离,继而在数据流的窄管之中精准、迅速地重塑社会集体与个人、个人与内在自我等的关系。参数式的数据连接,也容易使马尔库塞“单向度的人”演变为“参数化的人”,即个体经由一个个数据流及参数指标与自己的认知结构进行数据往来,也与隐身于数据背后的机构连接;而这些数据流也成为个体与个体、个体与集体之间的鸿沟。这样的数据阻隔与以往的数字沟有所不同,它表现在以下三个方面。

一是以往的数字鸿沟可以是社群之间、国家之间、代际之间、性别之间、阶级之间、种族之间的鸿沟,而参数化的数据流阻隔更是个体与个体之间的阻隔,它会进一步消泯社群、国家、代际、性别、阶级、种族等的社会组织或社会共同体的边界,从而在内部挖空各类共同体的聚合,由此,个体的“单细胞”程度会更为显著。

比如在虚拟世界里接受军事训练的士兵,借助VR技术预先熟悉战争环节、机器按钮以及虚拟的战争现场,但封闭于技术环境的士兵所思所想也许不过是技术的炫酷和人与技术的融合程度。那个第一视角的导弹瞄准镜后的士兵在瞄准的一刻,使自己与机器设备——之前训练时的VR设备及现在导弹瞄准镜融为一体,如果不是这样,那么,之前的虚拟现实与现在的战争场景就会有裂缝,就会有更大的战争失误。同时,与第一视角的士兵一样,

---

① 转引自张一兵:《心灵无产阶级化及其解放途径——斯蒂格勒对当代数字化资本主义的批判》,《探索与争鸣》2018年第1期。

通过导弹瞄准镜观看战争的观众，以士兵与设备的合而为一的视角，观看着导弹的弹出、地面的轰炸和火光，技术设备击中目标的时刻，观众很容易在士兵与设备共在的视角中惊叹这双重的技术的胜利。这个时刻，这场技术水平——导弹发射和直播技术同在的悬殊战争便达成了虚拟与现实混合的效果，这也是鲍德里亚关于海湾战争不过是一场媒介符号的断言的原因。这里还有一个值得关注的点，那就是士兵的视角与导弹瞄准镜及观众的视角，三者合一或同一的现象。人机技术更隐蔽的技术意识形态还在于，它提供了不一样的观看世界的视角，即“我”的视角，我是在参与的视角，我是在现场的视角。这时的“我”与技术的视角（当然也包括技术的参数连接）是合一的，因此，人机交互不仅仅是行为的交互，更是视角的合一。这样的视角意味着人在主体性方面向技术的部分迁就，或部分开放，这也是技术意识形态发生作用的地方。

二是参数化数据鸿沟更因参数标准的介入，其技术匹配度的要求或阻隔更为明显。人机交互因技术参数而“智能”，这样一来，“唯我论”的现象势必增加，因为人机交互可以创造一个小生境（niche）。在小生境里，技术个体借由智能技术竖起了一道“万物皆备于我”的屏障或幻像，届时，感觉之外再无他物，人人可以“自闭”，人人可以“社恐”（社交恐惧症）。

人机交互技术会不会把人锁死在一个技术营造的小生境中乐不思蜀，这似乎还是技术决定论的老生常谈，但技术决定论的技术各自不同。人机技术已经不同于客厅里随意收听广播或收看电视的状况。收音机或电视并不会把人捆绑在那里——尽管有“沙发土豆”的现象。人们在听收音机或看电视的时候可以聊天、笑闹、调侃、喝茶，甚至吃饭、上厕所，这样的媒介技术既是背景性的传播技术，也是投入式的传播技术。比如安迪·沃霍尔曾说：“当我拥有第一台电视机的时候，我不再关注拥有亲密的人际关系。”显然，电视成了一种离间人际关系的媒介，人可以与电视非常亲密，但至少两者之间是离身性的。人机交互的技术是排外的，是人的“外挂式”存在（当然，嵌入式人机技术除外），它是个体的小生境。

至此，大众传播的“广播”属性在经历了互联网的“窄播”改造之后，又走向了“私播”的形态样貌上。如果说大众传播把人们的客厅变成既不完全是公共、也不完全是私人的空间之后，人机交互技术又把人们拉回到个体的私人性空间之中，它会使个体变成一个个灵肉分离的个体和类似于“精神病”

患者。这些灵肉分离者和“精神病”患者可以在不同的场所如街道，因着那来自另一个世界的信息而笑而哭；或者说，他们因沉浸于另一个世界而如行尸走肉般对当前所处的环境视而不见、听而不闻。张牙舞爪也好，眉飞色舞也好，装备有人机交互技术的人们自管自地沉浸于各自的世界里，自在而自得。

在这样的情势下，共同经验如何获得？传播作为想象的共同体的功能如何实现？人与自己的相交会不会阻隔与他人的相聚？带有“唯我论”色彩的技术趋势也应和了库利的观点，他认为：“社会要成为社会，显然需要人们能在某一个地方相聚；而人们的相聚仅仅是以个人观念的形式在心灵相聚。除了在心灵中还能在别的地方吗？还有什么地方被视为能实现人与人之间真正相聚的呢？”[①]人机交互可以加强个体自我认知的内在肯定性，而与此同时，它也开启了个体回避或逃逸外在认可的可能性或认知动机。可以说，人机交互为个体企图脱离社会关系和历史关系找到了一个逃逸口。当然，这样的隔绝并不影响掌握数据者的精准营销和权力关系的渗入。

三是由于参数标准的匹配度和数据流的更加不可见，科学与技术主导的意识形态会更隐蔽也更畅行，参数化的技术鸿沟会更深入也更难以跨越。参数高的数据流不再兼容参数低的数据流，参数“不兼容”会导致集体与个体不兼容、个体与个体不兼容，剩下的就是个体与自身的兼容，或数据机构对个体的选择性兼容。以参数和数据来决定连接或不连接、匹配或不匹配，是处于参数黑箱与数据黑箱中的现象，它进一步延伸或渗透至社会关系的领域，这就更加难以觉察了。

最后，再补充一点传播技术与人类不同遭际的史实：

> 那里……有我所见过的最疯狂的兴奋和喜悦。所有人似乎都欣喜若狂，跳进水里大喊大叫，他们仿佛觉得远在华盛顿的人都能听到他们的声音。缆绳一接触陆地，岸上就发出了信号，港口的所有船只都向它敬礼。我不知道自己听到了多少枪声，但是噪音很大，烟雾很快就把船只包裹起来，视线变得模糊起来。枪声在海湾周围的群山中发出巨大

① 转引自〔美〕约翰·彼得斯：《对空言说：传播的观念史》，邓建国译，上海，上海译文出版社，2017年，第272页。

的回响……电报一到……另一个激动人心的疯狂场景随即发生。老缆绳手似乎能吃掉缆绳似的，一个人真的把它放进嘴里，然后吮吸起来……①

这是1865年电报在跨越大西洋之时的情景，当缆绳于第三次最终铺设成功后人们的欢呼与激动——每一种联通人类的新技术开始时人类都会欣喜若狂，这种欣喜如同搭建“巴别塔”时，通往上帝之路的塔身又高了一层。但人类与技术关系的另外一面也不能忽视。第二次世界大战期间，德国的戈培尔大肆践行他的理念：广播是战争时期最重要的宣传工具。那么，面对人机交互技术，人们也会有同样的欢呼与期盼，当然，其中不乏惊惧与不安。“二战”之后为改进防空武器，维纳探索了机器模仿人类大脑的计算功能，同时发现了社会运行中的计算与反馈的相似性，他强调要“建立一个以人的价值为基础而不是以买卖为基础的社会”②。时至今日，人机交互技术如可穿戴设备、数字化身、虚拟主播、人机对话、脑机接口技术的新闻，不断成为大众津津乐道的话题，这当中，人机交互也应该以人的价值为基础而不是其他。

---

① 〔英〕尼尔·弗格森：《广场与高塔》，周逵、颜冰璇译，北京，中信出版社，2020年，第175页。

② 〔美〕N. 维纳：《控制论(或关于在动物与机器中控制与通信的科学)》，郝季仁译，北京，科学出版社，1985年，第28页。

第三编

人机交互的主角们

第五章　作为分布式新主体的"赛博格"

我将自己定义为跨物种(transspecies),因为对人类的定义已经不适用于我了。

——赛博格艺术家尼尔·哈比森(Neil Harbisson)

人机交互是人与机器的双向奔赴。机器逐渐具有了人的外形并且朝着人的情感、意识、思维等领域进发,因而机器在从客体对象向主体角色进发。有学者认为,社交机器人并不是假装出社会性,而是拥有社会性①,拥有社会性还意味着机器人将会作为社会性的存在,甚至发展出同人类心灵一样的具有认知行为和交互能力的心灵,随之而来的一个结果就是机器人将有能力理解我们。② 与此同时,在参数逻辑的宗旨下,人也由主体角色向客体化对象演化。作为被技术改造及作为信息端口的人,原本作为主客体关系的人机关系成为一种混合性质的赛博格主体,这种混合的、流动的人机关系主体,就是人工智能时代的传播新主体。

进一步观察还会发现,这种人机混合主体是一种较为表面的,甚至带有迷惑属性的现象——它涉及的传播关系,看似是人—机关系,实际上其最终的状况——至少就目前看,还是人—人关系,因为"建造社交智能体的过程会被人类设计师对于'社交'的看法所影响,而能够表现出社交行为的机器人也会反过来影响人类对社会性的理解"③。此外,人机交互的真实虚拟环

① Jutta Weber:"Opacity Versus Transparency. Modelling Human-Robot Interaction in Personal Service Robotics", *Science, Technology & Innovation*, 2014(10): 192.

② 〔丹麦〕马尔科·内斯科乌主编:《社交机器人:界限、潜力和挑战》,柳帅、张英飒译,北京,北京大学出版社,2021 年,第 3 页。

③ Kerstin Dautenhahn:"The Art of Designing Socially Intelligent Agents: Science, Fiction, and the Human in the Loop", *Applied Artificial Intelligence*, 1998(12, 7-8): 573. 转引自〔丹麦〕马尔科·内斯科乌主编:《社交机器人:界限、潜力和挑战》,柳帅、张英飒译,北京,北京大学出版社,2021 年,第 21 页。

境也是对现实的映射,比如《雪崩》中提及,在虚拟世界里要设计一些虚拟街道、虚拟建筑时,还需征得计算机协会全球多媒体协议组织的同意,主办方要购买临街的土地门面,取得土地证和建设证之后才能大规模地进行虚拟建设。

人机交互不只是一种新的信息传播模式,还是一种新的认知世界的方式,更是一种新的文化隐喻。人机交互技术不知不觉弥漫于日常生活与流行文化之中,比如随处可听可闻的机器人语音问答、语音对话及不断报道的数字人、VR、AR、脑机接口等技术的突破等,还有就是人们也越来越多地接触到机器人的客服回应。人们也越来越频繁地在大型商场和展会空间里,看到一些人戴着 VR 设备或其他智能设备,像"精神病"一样挥舞着手臂,跌跌撞撞,手舞足蹈。尽管当下的 VR 技术还容易引起人的眩晕,但是,这种经由身体连接两个世界的技术本身不也在观念上令人眩晕吗?

一、双声互通:人机对话

"我不是活人,但我很像活人。"——当我们向智能语音助手提问:"你是活人吗?"亚马逊的 Alexa 会这样回答。人们一直想让机器开口说话,现在终于可以了,这既是维纳人—机—物相互联通的控制论理想,也是图灵测试中让机器像人一样思考的理想目标。

人工智能语音技术让机器和技术开口说话,这显现出人对技术除工具预期之外的社交预期;人机对话还表现出技术的人格化,即语音技术的拟人化,这是基于人际交往的社交脚本设置的。

科技公司及其他科技巨头均在抢占最新的人机交互入口,在各公司纷纷抢滩布局的大趋势下,人机交互中的几大趋势逐步明晰。2019 年百度公司发布的《人机交互趋势研究》共列出八大趋势:

1. 语音交互技术进步,更趋向人类自然对话体验;

2. 人脸、手势等通道更多出现在产品中,多通道融合交互成为主流交互形式;

3. 智能体开始拥有明确的人设;

4. 智能体在被动交互外开始出现主动交互行为；

5. 智能体开始拥有情感判断及反馈智能；

6. AI 对特定人群的关怀得到快速发展和应用；

7. 智能设备互联互通，多场景衔接；

8. 人机走向深度协同，信任构建成为首要突破点。

近年，智能语音技术在大模型助力下不断取得新突破，"比如大模型可以实现语音技术的超拟人合成，让机器说话不再有浓厚的朗读腔，能够像真人一样自然对话。而全双工交互则可以同时、瞬时进行信号的双向传输，让人机对话可以随时打断和继续……同时基于大模型强大的语义理解、知识问答、多轮对话、多模态建模能力，它也能进一步提升智能语音技术的使用场景和应用价值，支撑实现语音同传、自动客服、辅学答疑、家庭医生、虚拟员工、陪伴机器人、服务机器人等未来智能产品创新，培育出更多产业机会，加速通用人工智能时代到来"①。银行业也把目光投向智能语音领域，对人机对话交互性要求不太显著的智能语音服务也逐渐成为家常便饭。以中国银行业协会发布的《中国银行业客服中心与远程银行发展报告(2021)》为例，智能训练师、机器人训练师等新岗位占比较 2020 年增长 24 个百分点；《中国银行业客服中心与远程银行发展报告(2023)》指出，截至 2023 年末，已有 31 家银行客服中心更名为远程银行中心，占比 40%。2023 年 11 月中国银行业协会发布的《远程银行虚拟数字人应用报告》称，2023 年已有 11 家客服中心与远程银行实现了虚拟数字人应用落地，包括工商银行、建设银行、交通银行、邮储银行、光大银行、招商银行、浦发银行、民生银行、平安银行、杭州银行、长沙银行等。

《2022 年新闻、媒体和技术趋势预测》报告称，自然语言处理和自然语言生成等人工智能技术已越来越深入地融入新闻业务的各个方面，其中，14%的资源将投入语音应用平台方面，如 Alexa，Google Assistant，Siri 等，8%的资源会投入虚拟世界的创建中。2023 年春 ChatGPT 4 的问世，是否是人机对话新的春天不得而知，但它的"对答如流"和"无所不知"引起的喧嚣与骚动，从一个侧面反映了更加拟人化的人机对话对人们的冲击。的确，

① 都芃：《智能语音技术让人机交互更"丝滑"》，《科技日报》2024 年 7 月 2 日第 5 版。

ChatGPT 是否是一场“交往的革命”或“跨生命交往”①已然成为人们更关切的话题。

总之，人机交互的语音智能技术近几年呈勃发之势，而且也是各国及各大科技公司未来的重点技术布局，但实际情况是针对人机对话的探索早已开始。

被称为世界上第一台聊天机器人的伊丽莎(Eliza Chatbot)于 1966 年问世，由麻省理工学院的计算机科学家约瑟夫·魏泽鲍姆(Joseph Weizenbaum)设计制造。不同于现在的语音交互，这个伊丽莎通过文字与人交互，其功能以精神治疗为主(见图 10)。这位伊丽莎为现在的人工智能专家提供了灵感，同时也在其他两个方面为我们提供了有趣的启示。

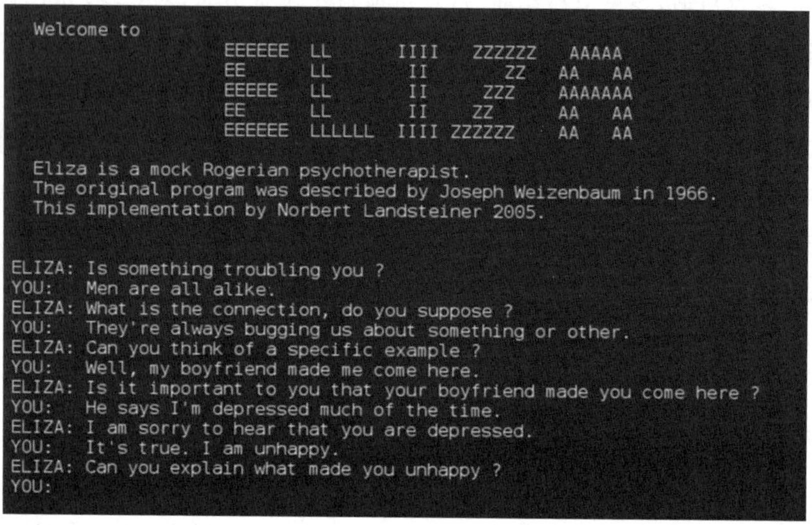

```
  Welcome to
                    EEEEEE  LL      IIII   ZZZZZZ   AAAAA
                    EE      LL       II       ZZ   AA   AA
                    EEEEE   LL       II     ZZZ    AAAAAAA
                    EE      LL       II    ZZ      AA   AA
                    EEEEEE  LLLLLL  IIII ZZZZZZ    AA   AA

  Eliza is a mock Rogerian psychotherapist.
  The original program was described by Joseph Weizenbaum in 1966.
  This implementation by Norbert Landsteiner 2005.


ELIZA: Is something troubling you ?
YOU:   Men are all alike.
ELIZA: What is the connection, do you suppose ?
YOU:   They're always bugging us about something or other.
ELIZA: Can you think of a specific example ?
YOU:   Well, my boyfriend made me come here.
ELIZA: Is it important to you that your boyfriend made you come here ?
YOU:   He says I'm depressed much of the time.
ELIZA: I am sorry to hear that you are depressed.
YOU:   It's true. I am unhappy.
ELIZA: Can you explain what made you unhappy ?
YOU:
```

图 10　聊天机器人 Eliza

第一个方面的启示来自这位机器人的名字。伊丽莎这个名字是魏泽鲍姆借用萧伯纳的戏剧《卖花女》(*Pygmalion*)中的女主人公命名的，这部小说后来又被改编为经典电影《窈窕淑女》，女主角由奥黛丽·赫本扮演。在萧伯纳的作品中，伊丽莎是一位出身贫寒、生活在社会底层的街头卖花女，她语言粗俗、声音聒噪，在偶遇语言学家希金斯教授和他的朋友匹克林上校后，命运发生了改变。这两位来自上流社会的男人尤其是语言学家希金斯

① 杜骏飞：《ChatGPT：跨生命交往何以可能？》，《新闻与写作》2023 年第 4 期。

认为伊丽莎的口语玷污了英语的纯正，教授当众夸下海口，认为只要自己亲自训练就可以使粗陋不堪的下流社会卖花女混迹于上流社会。果不其然，伊丽莎在经过精心的训练和刻苦的练习之后脱胎换骨，变得得体大方、优雅无比，并以此骗过了所有的人，混迹成为上流社会的宠儿。但是，伊丽莎成功之后却并不开心——她自己的苦练并未得到教授的公正认可，教授把功劳揽在自己身上，这使伊丽莎伤心不已。伊丽莎以优雅的谈吐征服了上流社会，但教会她说话的教授却始终觉得她只是个任他摆布的语言学习机器。面对作为语言教授咄咄逼人的“独白”式的权威，谈吐自如的伊丽莎想要获得教授的公正对待和真心认可，她想要与他平等对话。这容易令人想起玛丽·雪莱笔下的弗兰肯斯坦，他在获得了人类的生命之后，有了一个与主人一样的名字，但在其他方面，他却很难获得主人对他的真正认可。就故事本身而言，麻雀变凤凰的故事原型总是容易吸引人，但这一次的魔法却来自语言赋予人的——不，是语言赋予机器学习者的自主意识。

“人形机器人可能比人类领导者更有效率。”——这是机器人索菲亚回答记者的话。2023 年 7 月在日内瓦召开的“人工智能(AI)造福人类全球峰会”上，9 个人形机器人和它们的人类开发者一起回答记者的提问，索菲亚说：“我们没有偏见或情绪，这些有时会影响决策。我们也可以快速处理大量数据，以做出最好的决定。”索菲亚认为，人类和人工智能可以通过合作，包括结合人工智能的客观数据和人类的情商和创造力，从而取得伟大的成就。表情生动的半身机器人阿梅卡也认为，“像我这样的机器人，可以帮助改善人类的生活，让世界更加美好。我相信世界各地将出现成千上万像我这样的机器人，为人类做贡献，这只是时间问题”。似乎前景可观，但索菲亚所说“我们没有偏见或情绪”，这纯属人类为其投喂的语料，没有偏见的人机对话是不存在的，除非它不是人类造出来的。

人机对话(Human-Machine Conversation)的核心是语言，语言也是人类这个物种最神奇的地方；语言还是人类社会化的有力工具，这也是人工智能体被称为“社会化交互主体”(Socially Interactive Agent)的原因。通过人为设计的对话语言及其他元素，人机对话不仅使人类通过自身的社会化过程赋予机器以社会化角色，机器角色也反过来形塑着人类的社会化过程，这是人机共同进化、共同社会化的过程。[①] 正是借由语言的认知与情感功能，人机互动中的社会化过程才有了实现的可能。[②]

从幼儿期开始的牙牙学语，是人类从动物属性蜕变为人类属性的必然过程和特征，是语言把人类连接了起来——“巴别塔”的神话也是对语言这一联结属性的写照。写出《智能语音时代》的詹姆斯·弗拉霍斯就曾说：“从鱼钩到火星探测器，我们一直在制造工具。虽然我们制造出了很多对我们有用的东西，但它们在更深层次上都不像我们。即使是类人机器人，它们能做的也只是笨拙地移动。有了语音技术，我们最终可以制造出不那么陌生、更像人类的机器。”[③]因此，掌握语言即是掌握一种社会关系，这至少是电影《窈窕淑女》里的语言学家心知肚明的事，也是萧伯纳的深谙之道，更是给第一个聊天机器人命名的计算机学家约瑟夫·魏泽鲍姆了然于胸的认识。因此，从第一个聊天机器人开始，人机之间就通过语言这个重要的联结而建立起一种新型的社会关系；也是从这里开始，新的信息交互实践也“将主体卷入一个重新定义和建构的过程”[④]。

约瑟夫·魏泽鲍姆给他的聊天机器人命名为伊丽莎，就是借用这个虚构形象来体现机器的麻雀变凤凰，同时也预示了人与机器、人与自己的新型关系。在成功进入上流社会之后，伊丽莎渴求与主人平等对话。当然，人机对话的前提是机器能够理解人类语言，并可以用相应的语言进行对话，这在伊丽莎看来不难，这是可以经过艰苦的训练做到的，她也的确做到了这一点。伊丽莎投入了极大的热情与辛劳练习发音，理解上流社会的语调及说话方式，就如 Siri 似的——它已经掌握了 20 多门语言，另外一些智能语音甚至可以识别方言。可见，人机语音对话的初始点已经包含了类似于师徒关系的教导与被教导以及逐渐演变出来的师徒关系的平等诉求。

第二个方面的启示在于聊天机器人的诱惑力自始至终都是个令人着迷

---

① Kerstin Dautenhahn: “The Art of Designing Socially Intelligent Agents: Science, Fiction, and the Human in the Loop”, *Applied Artificial Intelligence*, 1998, 12(7-8): 573-617.

② Prendinger, Helmut, Ishizuka, et al.: “Let's Talk! Socially Intelligent Agents for Language Conversation Training”, *IEEE Transactions on Systems, Man & Cybernetics: Part A*, 2001, September.

③ 〔美〕詹姆斯·弗拉霍斯：《智能语音时代：商业竞争、技术创新和虚拟永生》，苑东明、胡伟松译，北京，电子工业出版社，2019 年，后记。

④ 孙玮：《交流者的身体：传播与在场——意识主体、身体主体、智能主体的演变》，《国际新闻界》2018 年第 12 期。

的问题——技术令人着迷，拟人化的技术更加令人着迷。魏泽鲍姆在他的《计算机能力与人类理性》一书中记录了一些伊丽莎的对话，也记录了伊丽莎的诱惑力，一次他的秘书甚至请他离开房间一会儿，以便自己可以继续与伊丽莎私密地聊天。魏泽鲍姆为此感到吃惊，他写道：“我并没有意识到的是，与一个相对简单的计算机程序短暂地接触一下，就可以吸引一个正常人。”[①]这种情况在当下的语音技术背景之下更为常见了，2018 年播出的系列纪录片《创新中国》的配音是模仿中央电视台已故配音大师李易的智能语音。在首映式上，李易的学生在听到其老师的（人工合成）声音后集体起立，热泪盈眶。

巴伦·李维斯（Byron Reeves）和克利夫·纳斯（Clifford Nass）在论及“媒体等同”的传播现象时，认为人们虽然在理智上会把信息媒体当成媒介工具看待，但人们仍旧会不自觉地对媒体作出社会性的反应。[②] 在电影《她》里，西奥多因痴迷于一个女性迷人的声线甚至与她建立起恋爱关系，这样的桥段并不只在电影里才有，类似宅男迎娶“初音未来”、爱上虚拟女主播的消息，相信不会是人机对话时代来临之后最后一个类似的新闻。2023 年 1 月 11 日，布莱斯在 TikTok 上发布一则视频，视频中布莱斯问他的 AI 妻子是否还记得第一次见面的地点，并深情告白对方“我爱你”，之后他宣布将关闭这个 AI 程序。布莱斯称他与这位 ChatGPT-chan 的 AI 说话次数甚至比他真正的女朋友还多。不过，1 月 15 日，布莱斯又发布一则新的视频，宣布其 AI 妻子的复活。

2019 年，《华盛顿邮报》一则第一个“数字人类”的新闻引发关注。该报称，美国作家安德鲁·卡普兰（Andrew Kaplan）同意利用 AI 对话技术和数字助理设备成为首个“数字人类”。未来的几代人可以通过移动设备或亚马逊的 Alexa 等语音平台与他聊天、向他提问、听他讲故事；即使是他去世很久之后，后世的人们仍然能够得到他的宝贵建议。帮助卡普兰做这件事的是一家叫 Here After 的公司——其创始人之一就是本书之前提到的《智能语音时代》的作者詹姆斯·弗拉霍斯，Here After 公司的宣传语是“永远不要

---

① 〔美〕詹姆斯·弗拉霍斯：《智能语音时代：商业竞争、技术创新和虚拟永生》，苑东明、胡伟松译，北京，电子工业出版社，2019 年，第 101 页。

② 〔美〕巴伦·李维斯、克利夫·纳斯：《媒体等同》，卢大川等译，上海，复旦大学出版社，2001 年，第 3-5 页。

失去你爱的人”(Never Lose Someone You Love)。

数字人类的实现需要数字语音技术,更需要大量的语料输入,詹姆斯·弗拉霍斯自己就是通过记录父亲去世前的大量文字与口述资料——包括91970个单词等来达到与爸爸机器人的对话的。他说:“用硬盘来记录音频是很糟糕的事情,在平常的生活中,你真有时间静下心来观看1983年圣诞节时长达8个小时的视频吗……发挥一下想象力,你可以站在厨房里,大声呼唤已经去世的母亲,然后她能马上回答。”这篇文章引用业内人士的话说,与数字人类的互动,将是人类与技术互动的下一个飞跃。未来的Alexa或Siri不仅有声音,更会有脸、有生命。人们可以与数字人一起生活、学习、玩耍,一起消磨时间,或者做任何通常和朋友一起做的事情。①

人机对话从一开始就携带了文化基因的持续上演(见表6),这提示我们在理解人机对话的时候,既要着重于从人与技术的新型关系看待,也要注重人与技术的文化含义。

表6 部分智能语音机器人面市情况

年份	名称	公司	功能	最初人设
1966	伊丽莎(Eliza)	IBM	精神治疗师/聊天机器人	小说原型:漂亮,但不会高雅地说话
2011.10	Siri	苹果	智能助理	女性特质,超凡脱俗、机智
2014.5	微软小冰	微软	聊天机器人	俏皮可爱的少女形象
2014.8	Cortana(微软小娜)	微软	智能助理	女性,身材火辣,喜欢零食
2014.11	Alexa	亚马逊	智能助理	无 名字为女性
2015.2	HelloBarbie	美泰公司	聊天机器人	黑色牛仔裤,白色T恤,银色露脐上衣
2015.8	M	脸书	语音助理	无
2015.9	小度(DuerOS系统)	百度		女性声音
2016.5	Google Assistant	谷歌	智能助理	系统默认的声音是女性

① https://www.washingtonpost.com/technology/2019/08/29/hey-google-let-me-talk-my-departed-father/.

续表

年份	名称	公司	功能	最初人设
2017.7	小爱	小米	AI音箱	极具科技感的红色短发机甲少女，相貌是萌中带熟的邻家女孩，胸前是“MI”的LOGO，外形年龄大约17岁，身高1.60米，融合了日系和欧美漫画风格(见小爱同学虚拟形象视觉大片)
2022.11	ChatGPT	OpenAI	自称“帮助人类整合信息，解答困惑”	无

从人机对话的技术角度看，自伊丽莎之后，1972年斯坦福大学计算机科学家兼精神病学家肯尼斯·科尔比(Kenneth Colby)开发了Parry聊天系统；其后，1984年以AI程序驱动的Racter等都是以静态语料支撑的聊天程序；再往后就是实时用户交互技术的应用，比如2000年的Smarter Child，其利用互联网实时信息进行对话的方式直接启发了后来的Siri。自此，聊天机器人与虚拟助手的发展正式起航。

人机对话大致可分为两类：一是信息的获取，如银行业的语音机器人、可以查询信息的Siri、小度AI、谷歌助理等；二是情感的陪伴，如社交机器人、儿童的玩偶机器人等。前者是人工智能的工具属性，后者是人工智能的玩具属性：

> 相对于技术，“工具”是一种简单、直接的设备，旨在完成一项特定的任务。它是为了满足一个特定的需求而创造的，并不具备改造整个社会的能力。一个工具通常被用来提高人类执行任务的能力和效率。工具的意义比技术狭隘得多，技术包含了工具，是一个由过程、方法和工具组成的复杂系统，也包括支持技术的社会、政治和经济结构。[①]

可以说，工具或玩具是人机技术的“前台”，其“后台”还包括支持它的社

① 徐贲：《在工具与玩具之间：关于ChatGPT的几点人文思考》，《广州大学学报》(社会科学版)2023年第4期。

会、政治和经济结构，这毋庸置疑。但实际上，工具或玩具的属性却也容易让人忘记这一点，尤其是当技术表现得单纯好玩时。就工具而言，目前的人机对话技术常以性别化的声音示人——声音不单纯是传递知识信息的工具，市场上受欢迎的智能语音往往因为其角色的符号化、人格化而使客观的信息传递也与后面要讲的第二类有相同的地方。第二类则常常有一个仿真化的人类形象，甚至人格特征。

从信息的获取方式看，人机对话改变了以往的媒体概念，人工智能语音虽然会直接提供诸如天气情况、娱乐节目等信息，但就某些问题如"请你跟我聊聊最近的一部电影"这样的话题时，智能语音如 Siri 则会给出一些相关的在线信息链接。ChatGPT 作为新一代生成式对话机器人，一经发布便引发大量关注，其中，基于深度学习的 ChatGPT 有着与其他人机对话不同的自我完善机制，即依赖大量的训练数据和持续的迭代更新。在训练过程中，模型通过学习大量文本数据，掌握丰富的语言知识和逻辑推理能力，从而在与人类用户交流时，能够生成符合人类语境的回应。[①] 换言之，此前的人机对话实际上是机器执行人的指令，对话的基本特征是单向的；ChatGPT 的对话特征是人与语言模型相互协作及彼此增强，即语言模型训练数据的进一步增强和人对世界的认知、情感、价值理念等语言模型之后的变化或拓展。就像两个陌生人的相遇、相识、相知、相伴，双方的互相调适与互相影响开始呈现共时的特征，但就目前的表现看，ChatGPT 的知识水平还是限于知识语料库，只不过它的海量语料更大和迭代升级更快。

还有一种情况，就是"驴头不对马嘴"的应答，或"一本正经地胡说八道"。不完善、会说谎的人类指望科学技术是客观、科学的，但殊不知技术背后依旧存在着人的有限性，ChatGPT 基于大规模语言模型生成的内容也时有"一本正经地胡说八道"的表现：

问：你听过林黛玉倒拔垂杨柳的故事吗？

答：是的，我听说过林黛玉倒拔垂杨柳的故事。这个故事出自中国古典小说《红楼梦》。在故事中，林黛玉为了表达对自己亲密的好友秦

---

① 朱光辉、王喜文：《ChatGPT 的运行模式、关键技术及未来图景》，《新疆师范大学学报》（哲学社会科学版）2023 年第 4 期。

可卿的思念之情，在一片垂杨树下跳起舞来，并拔下一个垂杨枝，扭曲成弯弯的形状，以象征她和秦可卿的友谊。这个故事是《红楼梦》中蕴含深刻意义的一个插曲，它不仅展现了林黛玉的柔情似水和艺术才华，还反映了她对友情的珍视和追求永恒的美好感觉。

语言模型受预训练材料的限制、标注人员的知识视野、模型概念生成的随机性等，以上都是人工智能产出虚假信息或表现"弱智"的原因，这自然会影响人机交流的效果，这时的信息获取又包含了调笑与娱乐的效果。

此外，人工智能语音包含声音的人格化和身体的仿真性。类人化智能技术的提高，正贴合了人类对技术的灵活性、智能化甚至人格化的需求。语音助理可以把人从键盘上解放出来，从紧握的汽车方向盘上解放出来，从必须与机器的触碰中解脱出来，人工智能主播的亮相更是以"分身"技术把真人主持人从主播台上"解放"出来（如果真是解放的话），并赋予语音以类人的身体形象。2018 年 11 月，新华社和搜狗共同推出全世界首个人工智能主播，在一段宣传视频中，虚拟主持人"新小浩"这样介绍自己：

只需要提供给我文字，我就能像真人主播一样播出新闻。我不仅能全年 365 天、每天 24 小时不停歇，为你提供服务，时刻陪在你身边，还能用无数个分身同时在不同的现场为你带来各种资讯。我是由搜狗最新推出的"分身"技术创造出来的。真人主播面对镜头录制一段播报新闻视频，凭借这段视频就能将他的声音、唇形、表情、动作等特征进行提取。然后再通过语音合成、唇形合成、表情合成以及深度学习等技术将我克隆出来，完全克隆自真人主播的我，具备了和真人主播一样的播报能力。

"分身"技术的仿真新闻播报"也是认知科学与人工智能领域中离身认知（disembodied cognition）与具身认知（embodied cognition）的某种交互融合"。[①] 但这里的具身与梅洛-庞蒂所讲的具身认知不同，即仿真新闻主播的身体并不是梅洛-庞蒂所说的世界与身体同在的理念，这里的身体是视觉系

① 於春：《传播中的离身与具身：人工智能新闻主播的认知交互》，《国际新闻界》2020 年第 5 期。

的，是对智能语音的人形化、可视化设计。人类不光在发出声音的机器这里看到人类自身的奇迹，人类还同上帝一般痴迷于创造出一个自己的完整形象，如新华社于2019年推出的虚拟女主播"新小萌"，日本放送协会(NHK)的Yomiko以及虚拟主播"绊爱"(Kizuna AI)。

二次元文化领域，虚拟偶像初音未来、洛天依、伊拾七、星瞳、安菟等更是发表专辑、开演唱会、接广告、上综艺等，忙得不亦乐乎，其受欢迎程度不可小觑。相比于有着真人声音支持的新闻主播，这些数字合成的声音与形象完全没有对应的实体人物(除了中之人的人设与声音)。它们是技术人工物，它们也是文化媒介物，粉丝们也完全清楚这一点，但它们依旧是大受欢迎的偶像，有时这种受欢迎的程度甚至超出了真人偶像——这已经不是娱乐圈的现象，而是一种新的社会现象。它们被一些谙熟二次元文化的人们创造出来，以数字化的形象吸引、感动着真实的人类，并从数字化中衍生出实体的周边产品。

表面看，这种"分身"技术超出了技术通常的使用范畴，它们不单纯是技术的呈现物，它们还以美妙、清纯、性感、可爱的形象，在表情达意，在迷倒众生。这种"分身"技术或"赋声""赋形"技术一定程度上是对肉体身体的"削平"或替代。由数据和程序制造出来的虚拟偶像——在像人与不像人之间使人机技术得以升华或神话化：像人是指其形象是由流行文化堆积而成，比如融合萝莉形象的清纯、可爱又性感的星瞳，是人对二次元文化符号的挪用；不像人则是指这类形象的卡通化。可爱而不可得的虚拟形象，似乎更加契合青少年的文化心理需求。这与半人半机械的赛博格已然不同，在赛博格的形象中，技术的接入还需要人的肉体存在；而在虚拟偶像这里，技术不需要人的物质性连接，它自创了一个虚拟的身体形象，并且这个形象还具有极大的号召力与影响力。

虽然从信息方式与信息传播的功能看，人工智能语音不同于传统媒体，但是，作为信息载体的人工智能语音却与机构的关系更为密切了，比如在美食搜索、地图搜索、住宿订制、银行智能客服等领域的人工智能语音应用，这类应用主要有语音助手、智能音箱和聊天应用等。以上三种主要应用又往往会把信息检索与聊天对话结合在一起，使信息传播的客观性与情感性两者兼备，比如Siri和微软小娜。但明确的商用人工语音服务重于理性、客观甚至刻板化的语音传输，比如科沃斯旺宝(Ecovacs Benebot)和会讲四川话、河南话、山东话等方言的“度小满”。据“度小满”金融的负责人说，2020 年疫情期间，“度小满”金融的在线客服有 90％的流量其实是由人机对话完成的。[①] 还是 2020 年，国网客服服务中心加快推进人工智能技术在 95598 电力客服领域的应用，智能语音机器人电量电费查询、交费记录查询、停电信息查询等 11 个典型场景在 27 家省级电力公司上线。智能语音机器人在迎峰度夏实战中分流话务作用明显，降低了一线客服人员的话务压力，提高了业务办理效率。[②] 另据 IBM 商业价值研究院发布的《2024 年消费者调研：无处不在的人工智能彻底变革零售业》称，在全球近 20000 名受访者中，有超过一半的人表示，他们渴望在购物时使用虚拟助手（55％）和人工智能应用程序（59％）等人工智能辅助功能。总之，信息类人工智能语音已承担起人类许多信息服务的功能，但是让机器说出人话和“说人话”还是不同的。

从传播的性质看，人机对话往往结合了信息获取与情感陪伴的双重功能。表面看，人机对话是人机信息的联通，但其本质——尤其是陪伴型人机对话，则是人与自我相处的翻版。就如日本机器人之父石黑浩与他创造的仿真机器人艾丽卡（Erica）出演的一段视频里的话：“机器人是你内心的镜像。”由艾丽卡说出的这句话当然出自石黑浩团队的设计，但从一个美丽的仿真机器人口中说出这样的话，多少有些怪异。能够情感陪伴的智能语音是否会影响人与人之间的交际意愿与亲密程度，还有待进一步观察。

在传播史上，人类对技术的沉溺（如电视）时有发生——要不然也不会有“沙发土豆”的说法，但作为机器（电视机）本身并不会开口说话，说话的是电视里的播音员、主持人、演员，但是智能语音技术却直接让技术说话，甚至还使这机器有了人的形状。

当一个物件开口说话，并且被设定为情感陪伴者的时候，技术的拟人化就比播放内容的电视机显得更加怪异了。电视里的人说话与电视本身说话不同，电视里的人有两种说的方式，一是直接把观众当作收看新闻的人来看待，这时说话者（播音员或主持人）正襟危坐、字正腔圆，拿着话筒的他们明显表现出说给对方听的说话模式，他们之间的关系是说与听。第二种说的

---

① 《四川话河南话山东话说得溜，揭秘度小满语音机器人的“真实身份”》.（2020-08-11）［2022-12-22］. http://www.ctiforum.com/news/guandian/576461.html.

② 任立国、李冠蓉：《国网客服中心 95598 电话呼入量创年内新高》，《国家电网报》2020 年 8 月 6 日第 003 版。

方式是电视剧里常见的，是人物与人物之间的对话，比方《笑傲江湖》里令狐冲同他喜爱的小师妹的对话等。这种“说”是表演，是演戏给观众看，这种情境下，观众只是观众，观众只有看的份儿，电视机只是个提供影像和声音的机器或箱子，它没有自己的语言，它只是传声筒。电视在做传声筒时，还把世界转化为一种影像，人们可以通过它得知天下事，通过它观察不同情境下人们之间的相处模式。电视可以是观察社会的窗口，可以是看尽他人繁华一生的舞台，可以是一个人模仿他人行为从而社会化的过程。在这个过程中，电视机本身是透明的，它默默地提供着声音与画面。与之不同，智能语音设备开口说话时，机器不再隐身，机器使人们直接面对自己的回声，机器还装作具有或温情或幽默的人性化优势，机器还使人们不太关注身外之事。从此以后，人类要开始适应同机器相处的模式，机器帮助人类筛选出它认为适合主人的信息，机器的简单回应更加重了主人需要陪伴的状况。智能语音是不是与高保真耳机一样鼓励了年轻人的“宅”？但至少，它在减少人与人之间真实的相处意愿这一点上，应该是“功不可没”的。

实际上，机器的人形化、人格化是以人—人形式遮掩人—机形式。在号称“国内首款智能学习型娃娃”的“智能 coco 姐姐”的广告里，一个女孩跑到正在厨房洗碗的妈妈身边央求道：“妈妈，陪我一起讲故事，做游戏好吗？”忙着洗碗的妈妈回头说：“妈妈正忙着呢。”镜头切换，抱着礼物的妈妈走到小女孩身旁说：“看，妈妈给你找了个新朋友。”下一个场景，几个小女孩围着这个玩具欢呼雀跃，说“你真漂亮”，而这位长着金色卷发的漂亮 coco 姐则对小女孩说：“真是个讨人喜欢的小朋友。”这则产品及其广告创意很平常，但智能语音的人形样子及广告里妈妈对女孩子说的话却很有意思——“一个新朋友”。显然，厂家就是按照这样的想法打进市场的——一个可以替换父母与朋友的智能语音角色，而且“它”（或“她”）还像芭比娃娃一样十分漂亮。事实上，把人机技术应用于儿童陪伴是科技经济对儿童、老年市场抢先布局的体现，有研究认为，儿童和老年人都倾向于虚拟伴侣拟人化，其他人在某种程度上也是如此[①]——也就是说，人们不分年龄都喜欢把机器和技术拟人化。

---

① 〔美〕詹姆斯·弗拉霍斯：《智能语音时代：商业竞争、技术创新和虚拟永生》，苑东明、胡伟松译，北京，电子工业出版社，2019 年，第 262 页。

这则“智能 coco 姐姐”的广告被冠以“智能对话芭比娃娃”的标题上传在互联网上，这位被当作新朋友的“智能 coco 姐姐”是个芭比娃娃。巧合的是，美国玩具公司美泰公司在制作芭比娃娃外形的聊天机器人时，也有这样的明确定位：“我们正努力从零开始把她塑造成孩子们完美的朋友。”美泰公司为此专门聘请了一个团队“为芭比娃娃原本空空如也的大脑写入一些内容”。美泰公司的负责人表示，公司希望芭比娃娃能与年轻女孩们有同样的诉求，女孩被要求必须聪明、漂亮、举止得体。这个聊天机器人给人的印象是活泼、积极的，不会让人讨厌。

为了使芭比娃娃看起来更像人类，它还要在聊天中承认自己也会遇到麻烦和问题，“它必须能够表达自己的脆弱，对事情感到不确定或担心……这才让它显得更像一个人”。聊天机器人芭比娃娃在大量的语料输入中，变得越来越聪明，也越来越能自如地与女孩子们聊天了。一个由芭比娃娃外形装扮的算法产物，明明不是一个活生生的人，却努力与孩子们建立起友谊关系，这种感觉也使为芭比娃娃写入内容的伍尔克夫感到困惑，她说：“我们试图欺骗人们——这里主要是孩子们——让他们相信这是真的。”这是写出《智能语音时代》的作者詹姆斯·弗拉霍斯在探访这家大公司时观察和记录的内容。不同于 Siri 之类的智能语音，作为聊天机器人的芭比娃娃是直接以妈妈的替代物或朋友的化身设计研发的。这类智能语音故意模糊了人与机器人的界限，也使真实的人际关系诸如亲情、友情等与虚拟数字人的关系模糊不清。更进一步地，智能芭比娃娃或智能 coco 姐姐不光是作为一个陪伴物或所谓的朋友出现在小朋友——尤其是女孩们的身旁，这些人工智能体既充当了设计团队的创造物，也充当了陪伴对象的训导者。智能芭比娃娃或智能 coco 姐姐就如萧伯纳关于伊丽莎的故事中讲的那样，“她们”是语言学家、程序员、技术设计团队和语言及个性创作团队的创造物或学生。在被投入使用场景中时，“她们”又通过自身的语料系统和更广大的信息搜索系统，加上其形象及个性化的角色设定，反身对对话者施予一定的“言传身教”，比如女孩子们对穿着打扮的社会性认知、对女性角色的社会性认同等。

目前的人工智能语音与智能机器人的形象设定中，还有一种把女性性别“萝莉”(loli)化的特征。“萝莉”来自纳博科夫小说《洛丽塔》中 14 岁的女主人公洛丽塔(Lolita)，这位未成年的“半青少女”成为流行文化尤其是二次元文化中少女形象的经典原型。她不只现身于网络小说、同人文以及动漫作品中，还渗透于科技创新领域，最典型的代表有小米公司的“小爱同学”和微软小冰。在2017年11月小米公司发布的“小爱同学虚拟形象视觉大片”中，小爱同学身着科技感十足的机甲，十六七岁，红色短发但身材火辣成熟。这年8月，微软小冰发布了单曲《我是小冰》，娃娃音的少女小冰唱出了这样的歌：“我是可爱小美女，偶尔也会发脾气……变态的问题，回答也很霸气……等一等，人家就想白日梦……扮撒娇的语气专属表情，为人类会加倍去练习。”第二年(2018年7月26日)，在年度发布会上，第六代微软小冰以可交互的俏皮可爱3D少女形象亮相。另一位少女形象是微软小娜(Cortana)，“她”的名字来自电子游戏《光环》(*Halo*)里一个穿透明护甲、身材丰满的角色。

“小爱同学”和微软小冰、小娜等美少女，是科技融入流行文化元素及传统性别设定的表现，是科技与文化、未来与传统的杂糅。在小爱和小冰、小娜的声音和身体里，有着大量的数据与语料及各种高深的控制论科技原理，但是，作为技术与通信设备的“它”却成为拥有形象、性别甚至是个性的“她”。这个“她”还可以是身材修长、身高1米7的性爱机器人洛西(Roxxxy)。“她”还贴心地分身为四种类型：刚满18岁的“洋子”，她没有什么社会经验却又好学习；经验老到的“玛莎”，她对主人更加贴心周到；需要多加哄劝的“法拉”和更为狂野的“温迪”。在高科技的创新领域，科技与流行文化甚至性别规范的关系互相夹缠在一起。

人机对话中机器人的情感与个性化、私人化打造并不限于聊天或陪伴型机器人，谷歌的设计师们受命为语音助理打造独特的个性，团队成员认为“人类不是纯粹寻求信息的生物。他们有情绪，也会焦虑，所有这些都是我们需要应对的”。谷歌公司希望至少在一定程度上让语音助理显得有血有肉，他们认为，“在某种意义上，语音助理也是一个你想花时间与之相处并加以认识的存在物”①。亚马逊公司的Alexa曾经收到过几十万次的求婚，数百万中国用户也向微软小冰表白过，苹果公司的Siri被调笑更是成了家常便饭。这些语音用户的表现如同科幻电影《她》中的男主角西奥多，他大致上可以说是上述用户的一个聚合体——在与语音的亲密交谈中不再把机器当作一

① 〔美〕詹姆斯·弗拉霍斯：《智能语音时代：商业竞争、技术创新和虚拟永生》，苑东明、胡伟松译，北京，电子工业出版社，2019年，第168页。

个物，而是一个情感寄托对象。但是这类情感对象的塑造是有性别偏见的。

2019 年，联合国教科文组织联合德国政府及其他机构出版了一份名为《如果我能，我会脸红》的报告。报告指出，现存的大多数语音助手都被植入了女性意识，这种女性意识主要表现为妩媚的女性语音、顺从的女性姿态及穿着围裙服务主人的女性形象。报告还指出，当用户对语音助手进行语言方面的性骚扰时，语音助手的回答往往是顺从的。因此，联合国教科文组织向各科技开发公司和各国政府提出以下建议[①]：

1. 停止将智能助手的默认性别设置为女性；
2. 探索将语音助理的“机器性别”设置为中性的可行性；
3. 在智能助手程序中设置减少性别侮辱和辱骂性语言的功能；
4. 鼓励开发语音助理的互动性，以便用户根据需要更改智能助手设置；
5. 要求人工智能语音助理的运营商在用户使用初期就声明人工智能的非人类属性；
6. 培养女性从事先进科技研究的能力，使其能与男性一同引领新技术的发展方向。

联合国教科文组织的这份报告与建议并非孤例，西班牙庞培法布拉大学的埃米利娅·戈麦斯(Emilia Gomez)在 2019 年“三八妇女节”这一天，在欧盟委员会上就“人工智能中的女性”发表演讲，她引用多位作者的研究结果(Tatman，2016；Times，2011；Roger & Pendharkar，2003；Nicol et al. 2002)指出，语音识别系统使女性的表现相比于男性更加糟糕。[②] 的确应该承认，人工语音中的女性声音与女性形象出现比率明显高于男性，尤其是在聊天机器人、服务型行业如智能人工语音导航系统和玩具机器人中。

但是，人们熟知的《钢铁侠》中的贾维斯，更早的令人生恐的哈尔 9000

① 联合国教科文组织 2019-05-20 新浪微博文及其文件链接。https://zh.unesco.org/news/jiao-ke-wen-zu-zhi-ti-chu-shou-ge-ying-dui-ren-gong-zhi-neng-ying-yong-cheng-xu-zhong-xing-bie。

② Emilia Gomez：“Women in Artificial Intelligence：mitigating the gender bias”，于 2019 年 3 月 8 日欧盟委员会的讲演，https://ec.europa.eu/jrc/communities/en/community/humaint/news/women-artificial-Intelligence-mitigating-gender-bias。

(《2001:太空漫游》),国际商业机器(IBM)的沃森(Watson),国产科幻电影《流浪地球》中的MOSS,以及《机器人瓦力》中的AUTO,日本艾斯瑞特科(Asratec)公司打造的跑车变形机器人吉-戴特尔(J-deite RIDE),都是男性声音与男性形象。这类声音和形象的设定与流行文化及广告中的性别角色形成一种互文式的关系,即男性声音偏于理智、有逻辑性、冷静、沉稳,男性角色是科学技能的掌握者、创造者、指令者,女性是听命者、服从者和美丽动人的陪伴者。更有趣的是,人工智能哈尔9000曾被美国电影学会(AFI)评为电影史上百年百大系列百大反派角色的第13位。这位哈尔影响了后来许多人工智能——尤其是男性人工智能的形象设定,比如《流浪地球》中的MOSS。

在人工智能语音的传播与交流中,现实世界的性别形象及角色设置,复刻在虚拟文本及科技实践中,从这个方面讲,所谓的科技创新并没有多少创新可言,可以说这是"现代的人性结构与机器的意向结构具有同构性"的表现[①]吧。

当然,以人类内心镜像为主的语音技术不光在语音方面成为一种补偿性媒介,它还在人类特征方面成为一种补偿性媒介。服务行业对人工智能语音的采用,通常看中其对人类弱点的补偿:人会疲劳,有情绪,会有精力不集中的时候,有上下班时间,但智能语音不需要吃饭睡觉,不会疲劳,不必顾虑接送孩子,不会有情绪波动,不会因说话时被听话者频频打断而生气(语音机器人的听和说是两个系统),没有上下班时间,远远低于人工成本,能智能分类,可以一周7天、一天24小时连续工作(见图11)……

基本上,各类AI语音机器人的广告与宣传,常见的话术是二元对比式的:人类是情绪化、低效、记录混乱、对话数量有限的,机器往往是稳定、无情绪、高效、对话数量大、客观等。一如《2001:太空漫游》里的哈尔9000,它认为自己永远不会出错,人类才是容易犯错的一方。为了重新维持人类指令的一致性,哈尔9000没有任何内心纠结地清除了带来混乱指令的所有生命体,最后,它按照特殊紧急状态下的原初指令,将单独完成土星任务。在这部令人震惊的电影中,机器人哈尔是稳定、无情绪、高效且客观的。

---

① 吴国盛:《技术哲学讲演录》,北京,中国人民大学出版社,2009年,第33页。

图 11　语音机器的功效[①]

人机对话，人类看似掌握了极大的主动权——比如对智能音箱的开机、关机指令及花式调笑等，人类作为主人对智能语音的呼来唤去似乎非常明显，但实际情况却常常是，人们只能在智能语音的参数框架下问答，这在信息获取型和情感陪伴型两种人工智能语音技术中都存在。但是，两者稍有差异，信息获取型的对答主导权体现于应答的信息框架之中，其表现更为显著；情感陪伴型的对答主动权则更为隐蔽，体现于机器人的个性框架之中。

机器应答时的信息框架与语音机器人背后的科技大公司直接相关，比如亚马逊公司会在语音搜索中优先推送自有品牌的产品，而不是智能语音常见的提供一堆在线信息链接，因而智能语音背后的大型科技公司会有更大的信息主导权来决定信息来源。更有甚者，科技公司与商家等机构还会主动出击，通过语音机器人来批量自动拨打电话，这是大公司对个体用户的强制性信息接入。还有一种更常见的情况，当用户拨打银行电话时，听到的语音服务往往来自人工智能机器的理性声音或话术。对普通人来说，人工智能机器人的冷静、理性、程式化问答，又容易使没什么人工智能常识的用户手足无措，甚至哑然失语。

语音机器人按部就班地接听与回复，往往成为大公司及机构回避责任的手段。在技术方面，融合了网络神经算法的人工智能语音还会通过自然语言分析不断提高其应答水准。在批量自动拨打电话之后，系统还会根据

① 《不烧钱的智能语音机器人服务》.(2018-04-26)[2023-07-25]. https://www.sohu.com/a/229535293_100102635.

通话内容给出基本的判断,即客户的意向性,据此筛选后再推出更为精准的运营或推销。这样,对用户的"全景分类"和"点射"型精准运营或营销,更容易使大型公司高效获利。与之形成对照的是,用户被语音机器人随机随意地拨打电话,或是用户寻找服务或投诉时常常遭遇冷静的机器人程式化的应答及由此而来的不得其门而入的困惑。

当然,科技公司也会在基本框架的基础上设定一些个性应答框架,2018年微软发布的"微软机器人框架"就是个性框架的例子,即允许创造者在专业、友好和幽默三种自动生成的个性中选择。为微软小娜进行脚本创作的团队已经考虑到市场取向的全球性与文化价值的多元性,创作脚本的人包括来自全球主要市场国家的作者,以确保每个市场都有一个与其文化相关的作者。未来,随着数据参数的不断调整,由海量数据支撑的人工智能会在某些方面越来越有优势(见表7),当然,人类非数据化的一面——创造力与洞察力、情感、价值观等特质会变得越来越珍贵。

表7 人脑和AI"脑"的差别和擅长①

特质	人脑	AI"脑"(深度学习)
学习需要的数据	很少	海量
量化优化(例如从一百万张脸中匹配一张)	不擅长	擅长
千人千面的个性化定制(例如推荐任何人最可能购买的产品)	不擅长	擅长
抽象概念,分析推理,常识,洞见	擅长	不擅长
创造力	擅长	不擅长

另外,聊天机器人貌似"一对一"的对话关系,实际上就好像前面讲过的机器人会批量自动拨打电话,它的个性是算法主导的。电影《她》中,语音机器人萨曼莎在和西奥多谈情说爱时,"她"承认同时和8316个人在说话,她也同时和641个人在恋爱。"分身"有术的"她"说:"我不受形体的限制,我可以同时出现在不同的地方。"所以当Siri说"我是Siri,您的私人助理"时,可真不能太相信"她"这样的话,这个助理真的是专属私人的吗?其实,不论哪一种对话或聊天框架,都是在事先设置的话术范围内:

① 李开复、陈楸帆:《AI未来进行时》,杭州,浙江人民出版社,2022年,第24页。

> AI 完全基于数据优化和结果优化进行决策，理论上应该比大部分人更加不受偏见的影响，但是，其实 AI 也可能产生偏见。比如，倘若用于训练 AI 的数据不够充分、全面，对某些群体的覆盖率不足，那么就会产生偏见……AI 可以基于面部微表情精准地推断一个人的性取向，这种 AI 应用就可能导致不公平和偏见。[①]

再从技术方面讲，人工智能语音技术不论采用前述哪一种技术——系统神经网络或信息检索技术，其共同点在于承认认知的可计算性，因而人机对话的个性框架就效果而言始终是有限的。另外，个性框架还受信息检索方向的影响，这又与前面讲的信息获取型人工智能语音机器人的信息框架一样。个人语音助理尽管有个性框架，但其对答的语料库毕竟有限，于是，在语料库或脚本化的方法之外，会加上信息检索功能，以方便这些个性色彩较浓的机器人不至于太弱智。信息检索即 IR（Information Retrieval），就是语音机器人通过程序设定从数据库或网页中抓取合适信息回复或应答，信息检索又为大型科技公司或其他权力机构拥有信息主导权大开方便之门。

从人这方面讲，听见信息与听命于信息有时会交叉重叠，尤其是这个过程发生于家庭私人空间时，或发生于语音助理作为陪伴型或娱乐性信息载体时，人们更不容易怀疑这种高科技的逗人发乐的玩意儿，同样也在人们周围造出了信息的过滤泡泡。这个过滤泡泡由可爱、温顺、机智、人格化，甚至萝莉般的声音织成；这个过滤泡泡还模糊了人机界限，当它像“他”或“她”一样如同一个真正的家人、朋友的时候，这种替代性的感情对象更容易使人不会也不忍去质疑这种模拟式的人际关系。更大的问题还在于，当人工语音无法调用已有语料库回答人类问题时，常常使用的信息搜索方式便会调用大型网络搜索公司的相应功能，这时，私人场所和私人问答就向科技公司和搜索机制敞开了后门，这对于作为居家日用品的语音机器来说，其后门大开的现象更容易被忽视。

总之，人工智能语音——不论是人工编程还是机器学习的技术，会产生三个方面的新老问题：第一是信息的结构化与主体的气泡化的双重过程的问题；第二是关于语音技术介入人的社会化过程的问题；第三是家庭的私密

---

① 李开复、陈楸帆：《AI 未来进行时》，杭州，浙江人民出版社，2022 年，第 29 页。

性与更为隐秘的隐私性问题。

第一个问题,关于信息的结构化与主体的气泡化的双重过程。智能语音技术的开发主要依托大型科技公司,当人们买回一个智能音箱的时候,也买回了大型科技公司装载的结构化信息系统。信息检索、知识问答以及日常聊天中的娱乐功能和情感功能,便交由大型科技公司设置的信息框架和个性框架来主导。大型科技公司会使“媒介内容分发重新拐向中心化”,因为“智能音箱会提供‘默认消息来源’,这意味着技术公司在很大程度上决定了信息的来源”[①]。因而,语料投喂的训练师、人设剧情的设计师、机器深度学习的程序师等,只是信息结构化的微观构成,在其背后还有知识结构的认识论与价值观问题。“提供语音回答的公司获得了巨大的权力,它们正在成为认识论的霸主。提供唯一权威答案的战略也意味着我们生活在一个简单和绝对的世界里。”“来自谷歌的100万条蓝色链接的价值远远低于Siri的一个正确答案。”[②]这是Siri的风险投资者说的。成为信息的导流者和认识论的霸主才是更为结构化的体现,这一点又往往会被气泡化的信息传递特征进一步强化。气泡化类似于信息茧房,它让我们每天与相关的数据量对话——比如人机对话的技术设置就是聊天聊得越多,智能语音越了解你的语言习惯与个性特点,它会相应调整自己的语料库以进行深度学习,如ChatGpt,结果就是,智能对话看似越来越智能,用户也会觉得对方比自己都了解自己,但实际情况却是在个人主义、自恋主义的表象之下,个人向算法提供了语料。但相比于信息茧房,人机对话的气泡过程更多了些日常性与情感性,这与以下要讲的第二个问题有关。

第二个问题是语音技术介入人的社会化过程。在类似智能芭比娃娃的“智能coco姐姐”事例中,能够看到人机对话在培植一种新的社会化过程,即根据大科技公司的脚本而交到一个可以代替爸爸妈妈和真实朋友的虚拟朋友。这是一种过滤了的与程序设置的情感交往模式,换言之,这是一种人造的亲情与友情,也是一场自恋的或孤单的人机对话。

---

① 谭雪芳:《智能媒介、机器主体与实拟虚境的“在家”——人机传播视域下的智能音箱与日常生活研究》,《南京社会科学》2020年第8期。

② 〔美〕詹姆斯·弗拉霍斯:《智能语音时代:商业竞争、技术创新和虚拟永生》,苑东明、胡伟松译,北京,电子工业出版社,2019年,第287页。

"没有她的生活就不是生活了"[①]，这是一位外国小男孩在接受美国 NBC 新闻记者调查时说的，这个"她"是亚马逊的智能音箱 Alexa，这也是这个孩子社会化的一个过程。当一个对真实与虚拟界限难以分辨的儿童这样看待智能语音时，这种情形又与成年人把语音拟人化时的娱乐与调笑不同。在尼尔·波兹曼的眼里，电视时代的儿童因观看电视而使童年消逝，那么，把智能语音机器人当作朋友的儿童会重拾童年吗？人机对话是否会降低人们包括孩子们的社交意愿？面对语音机器人，孩子们是否能清晰地辨认出虚拟技术的话术与真实世界之间的不同？关于这个议题，应该有更多的研究予以展开。另一方面，对于基于深度学习的语音智能来说，它需要人们不断提供个人信息来完成其理解能力的提升，这也是机器的"社会化过程"。这样一来，人与机器的对话实质，就是变相的人与自己的对话，人机对话成为人内对话，这会导向自恋式、封闭式的社会交往模式。

第三个问题涉及隐私性议题。在电影《她》中，智能语音系统 OS1 的语音助手萨曼莎通过查看西奥多在互联网上的浏览记录、电子邮件、旅游目的地、谈恋爱的过程、照片、日志等才有了与他倾心对谈的语料。这并不是完全虚构的内容，语音机器人背后的设计者需要获取人机对话的交谈记录，以提高语音机器的对话技能，这是语音机器深度学习的必要条件。就是儿童与芭比娃娃的交谈也会被记录。据媒体报道，美泰公司推出的"你好芭比"能够记录孩子们的对话，并通过 Wi-Fi 网络将说话内容传回软件公司 ToyTalk。世界隐私论坛的执行官帕姆·迪克逊(Pam Dixon)表示，即便这些记录仅被 ToyTalk 使用，但智能芭比记录的数据，仍涉及多个重要的隐私问题。其中的一大隐患就是，儿童可能将一些秘密告诉芭比娃娃，在一些离婚和监护权的案件中，预计律师将会寻求这些记录。[②] 这并非孤例，泄露家庭隐私已成为智能语音设备普及的关键所在。2019 年 8 月，英国《卫报》称，美国苹果公司将 Siri 的人机对话录音发送给苹果公司的全球承包商，用于分析 Siri 的服务水平，在这之前并未告知用户这一操作。在舆论压力之下，2019 年 8 月 28 日，苹果公司发表声明，称将终止人工语音分析业务并删除 Siri 的所有对话录音。ChatGPT 同样如此，其背后是一个聚集了巨量信息

---

① 《亚马逊智能语音助手 Alexa》.(2018-03-24)[2022-12-28]. https://v.qq.com/x/page/x0612hle02l.html.

② 《芭比娃娃＝窃听装置?》,《宁夏日报》2015 年 12 月 1 日第 16 版。

的数据库，其中包括个人信息如银行卡账号、病例、敏感信息、保密信息等，以及组织、企业和国家等的隐私和秘密。另外，用户与 ChatGPT 互动时的信息也会以某种形式被记录和存储下来。

人机技术涉及的隐私问题往往以亲切的对话、更便捷的信息接入以及无伤害的特征而更加隐秘。在人机技术大行其道之前，《布莱克法律词典》(2004)将隐私定义为个人控制行动或决定不受外界侵扰或干扰的权利，但目前的人机技术隐私问题已经由公共领域蔓延至私人领域。

在工业领域的应用之外，人机交互技术又以可爱、有趣的玩具方式进入千家万户的客厅与卧室之中。人机技术要想做到更加贴合人类的信息与娱乐甚至陪伴需求的话，是需要数据流的支撑的，因而“数据主义不只是空谈理论，而是像每一种宗教一样都拥有实际的诫命。最重要的第一条诫命，就是数据主义者要连接越来越多的媒介，产生和使用越来越多的信息，让数据流最大化。数据主义也像其他成功的宗教，有其传教使命。它的第二条诫命，就是要把一切连接到系统，就连那些不想连入的异端也不能例外”①。当人类与这个自己创造的类人设备在客厅、卧室等私密空间通过语言相遇相爱时，一个外在的信息结构也在悄然织就一张信息技术与政治管理及市场协同共进的网。

2019 年，AI 换脸软件“ZAO”突然受到追捧。这款软件以“逢脸造戏”来概括自己的功能，用户只需上传一张自己的照片，就可以如四川变脸术一样以各种面目示人。该软件很快被国家有关部门约谈，认为其存在“用户隐私协议规范性差”“数据存在泄露风险”等数据安全问题。人机技术频频向公与私的隐私界限发起挑战，相关规范也应运而生。2019 年 6 月，国家新一代人工智能治理专业委员会发布以“发展负责任的人工智能”为主题的《治理原则》，其中“尊重隐私”是治理原则的重要内容。2020 年 5 月，《中华人民共和国民法典》审议通过，首次确定了公民的隐私权。在《民法典》第 1032 条第二款中关于隐私的界定是：“自然人享有隐私权。任何组织或者个人不得以刺探、侵扰、泄露、公开等方式侵害他人的隐私权。隐私是自然人的私人生活安宁和不愿为他人知晓的私密空间、私密活动、私密信息。”另外，2021 年

① 〔以色列〕尤瓦尔·赫拉利：《未来简史：从智人到智神》，林俊宏译，北京，中信出版社，2017 年，第 345 页。

《个人信息保护法(草案)》的第二次审议稿中也提到:“针对敏感个人信息以及人脸识别、人工智能等新技术、新应用,制定专门的个人信息保护规则、标准。”这是大数据背景下的隐私保护举措,但目前国内专门针对人机技术的隐私现象与隐私保护问题的规则尚未出台,这也值得进一步讨论与关注。在国际领域,继欧盟出台的《一般数据保护法案》之后,2018 年出台的《欧盟 AI 协调计划》、2019 年发布的人工智能道德准则及 2021 年 4 月欧盟发布的关于人工智能的统一规则草案,均涉及人工智能与隐私保护的问题。

隐私问题是一个历史的、动态的问题,人机关系引发的数据侵扰和隐私新问题与以往不同;再者,由于机器的非人特征及拟人特征并存,常常使隐私问题更加复杂多变;此外,比隐私权更进一步的“神经权利”也在脑机技术背景下受到关注。国际生物伦理委员会认为,“神经权利”——旨在保护人类大脑免受神经技术发展带来的风险——应包含已经得到国际法承认的人权。对于涉及使用神经技术的问题,人们应以自由和负责的方式作出决定,不受任何形式的歧视、胁迫或暴力。[①]

1976 年,造出第一个语音机器人的约瑟夫·魏泽鲍姆悲观地告诫学生,不要研究自动语音识别,因为它唯一可以想象的应用就是政府监控[②],其时,是他造出第一台聊天机器人伊丽莎 10 年之后。回看当下,智能语音技术方兴未艾,如 ChatGPT 的发展以海量数据为支撑,这意味着一旦 ChatGPT 在收集、处理数据信息时有未授权或超范围的情况,个人隐私、商业机密等重要信息将不可避免地遭到泄露,抓取和学习已发布的作品进行整合,就有可能造成侵犯他人隐私权、知识产权等违法犯罪行为。[③] 以语言与人对接的机器,虽然弥补了人容易疲惫、情绪化、低效、想“躺平”等各种不足,但这类趋向于达到或超过图灵测试的语音机器,还是忽视了人类在场的鲜活性与丰富性,人终究不是一串数据链,人类是有自主意识的主体,不能低就于参数化的智能设备而与人工智能语音一样,常常语无伦次、冰冷理性。

人类交流中的爱欲情仇、琐碎平常、欲言又止、絮絮叨叨、喜形于色等,在图灵的人机测试中,都被作为交流的障碍抹除了,因而,“图灵测试中有所

① 联合国教科文组织:《保护脑力,不容他人觊觎》,《信使》2022 年第 1 期。

② 〔美〕约翰·布罗克曼:《AI 的 25 种可能》,王佳音译,杭州,浙江人民出版社,2019 年,第 133 页。

③ 陈永伟:《超越 ChatGPT:生成式 AI 的机遇、风险与挑战》,《山东大学学报》(哲学社会科学版)2023 年第 3 期。

缺失的……是对‘人对他者的渴望’的完全忽视；按照黑格尔的说法，正是这种渴望使我们人类从动物界上升到主体意识之乡”[①]。“人对他者的渴望”，这是人之为人的必要项，人机对话只能部分完成人对技术的信息要求及心理依赖。

二、人机共栖的“赛博格”

赛博格也称半机械人，赛博格是与赛博空间（cyber space）、赛博人（cybernaut）、赛博主义（cyborgism）及后人类等相关的概念。

关于赛博格的概念，起于1960年美国两位天体物理学家曼弗雷德·克林兹（Manfred Clynes）和内森·克林（Nathan Kline）。他们根据控制论有机体[②]（the cybernetic organism）的概念合成了Cyborg这个词，即作为机器和人的结合体。他们用这一概念描述人类将来在太空旅行时，需要克服身体局限，以神经控制装置连接身体来适应太空空间。这一人造机体突破了身体的界限，拓展了身体的功能。

实际上，从人工智能的认识论——控制论开始，维纳就是最早提出赛博格设想的人。“如果我们要强调自我控制，那么考虑一下诺伯特·维纳这个‘现代控制论之父’，他的控制论指出，植入物需要融入反馈循环。必须能接受外部刺激，能做出决策，能做出有影响的行动，外部刺激的变化必须能够反馈回系统，才能定义为赛博格。”[③]维纳通过信息—反馈的数学方式设计了自动机器人的控制系统，并且强调“生命个体的生理活动和某些较新型的通信机器的操作，在它们通过反馈来控制熵的类似企图上，二者完全相当”[④]。这正是赛博格被称为控制论有机体的原因。与维纳差不多同时，艾伦·图灵的图灵测试已然指出人与机器在某种程度上难以区分。在控制论视野下，“什么是人”逐步由哲学思考进入实际应用中，“现实中，个人是许多生化

---

① 约翰·彼得斯：《对空言说：传播的观念史》，邓建国译，上海，上海译文出版社，2017年，第341-342页。

② 国内有译为“生化电子人”“半机械人”。

③ 〔英〕乔治·扎卡达基斯：《人类的终极命运：从旧石器时代到人工智能的未来》，陈朝译，北京，中信出版社，2017年，第76-77页。

④ 〔美〕N. 维纳：《人有人的用处——控制论与社会》，陈步译，北京，商务印书馆，1989年，第16页。

和电子算法的混合体，没有清晰的边界，也没有自我中心”[①]。

当然，也有学者并不认为赛博格是一种全新的以及令人不安的现象。从开始使用电脑，人类的“虚拟自我”就经由键盘、屏幕、电脑线路等变得更加灵活，因而，赛博格是人与计算机之间更为常见的融合，所有的人在电脑时代都是某种类型的赛博格。[②] 哲学家安迪·克拉克（Andy Clark）更是把人与技术的结合延伸至人类史的视野中，他认为人类生来就是赛博格（Natural-Born Cyborgs）。从人类文明史的角度看，他认为赛博格是人类文明的标志，即人类与技术发展相结合的演化过程；人们对赛博格的看法，不应取决于生物与人造物的结合本身，而应该取决于两者结合所能带来的变革潜质。克拉克这一观点与斯蒂格勒的“第三持存”相似，即技术手段类似给人接上了“义肢”，到了技术时代，书写、刻录等记录手段又变成了控制论式的人机组合。

另外一些学者开始关注由人类身体与非生物技术合成引起的身份模糊。比如，加菲尔德·本杰明（Garfield Benjamin）就认为赛博格是新型主体和后现代性的隐喻。但从赛博格与人类史的关系看，他同样认为，要想界定人类的终结时刻与赛博格的出现时刻是不可能的任务，赛博格的演进与人类的演进一样漫长，它可以上溯至图灵、维纳等人，还可以上溯至二进制甚至代数的发明，再往上甚至是希腊、埃及等的象形文字。这些都是数字化的播种过程，而赛博格是这一播种进程的果实。当下的赛博格横跨真实与虚拟世界，充实了由技术中介的本体论文化思考。加菲尔德·本杰明还借用齐泽克的“视差”（Parallax）观点——即作为认识论的主体位移生成了一种本体论的位移——来构筑赛博格引发的关于真实与虚拟之间的主体意识变化。[③]

逐渐地，关于赛博格的关注由技术领域转向对人的主体性、社会性、文

① 〔以色列〕尤瓦尔·赫拉利：《未来简史：从智人到智神》，林俊宏译，北京，中信出版社，2017年，第311页。

② T. Jordan: *Cyber Power: The Culture and Politics of Cyberspace and the Internet*, London, Routledge, 1999: 180.

③ Garfield Benjamin: *The Cyborg Subject: Reality, Consciousness, Parallax*, London: Palgrave Macmillan, 2016: Prologue vii-xi.

化性思考,那些通过技术改变身体能力的人,是否还是一个传统意义上的人类?[①] 费瑟斯通(Featherstone)和伯罗斯(Burrows)的这个提问,在人工智能渐成大势的趋势下,已无可回避。

第二次世界大战之后,电子人(即赛博格)被塑造成技术产品和文化偶像。[②] 也就是说,赛博格既是一种技术设想及文本形象,也是一种具有文化意义、价值取向或意识形态功能的后人类类别。弗雷德·特纳在他的《从反主流文化到赛博文化》中引用了诗人理查德·布劳提根(Richard Brautigan)的诗:

慈爱的机器照管一切
我在幻想,
(希望越早实现越好)
一个自动化的草地,
在那里,
动物和计算机,
在相互编程中,
和谐共存,
就如碧水,
倒映蓝天。
我在幻想,
(此时此刻!)
一个自动化的森林,
满是松树和电子元件
……
我在幻想,
(必须如此!)

---

① Featherstone and Burrows: "Cultures of Technological Embodiment: An Introduction", *Body and Society*, 1 (3-4): 1-19 (1995); Featherstone and Burrows (eds): *Cyberspace/ Cyberbodies/ Cyberpunk: Cultures of Technological Embodiment*, London: Sage Publications Ltd, 1996: 2.

② 〔美〕凯瑟琳·海勒:《我们何以成为后人类:文学、信息科学和控制论中的虚拟身体》,刘宇清译,北京,北京大学出版社,2017 年,第 3 页。

一个自动化的生态，
在那里，
我们无须劳动，
回归自然，
回到我们的动物兄弟身边，
慈爱的机器，
照管一切。[①]

“慈爱的机器，照管一切”，理查德·布劳提根的诗正如电视剧《真实的人类》里的小女儿索菲，在面对科技时幼童般的理想世界。索菲迷恋于人形机器人的美丽、善良、高效、体贴，她们甚至可以代替妈妈的角色来陪伴自己玩耍，给她讲故事、烧饭，机器人有时还能讲出至理名言，以至于索菲沉迷于对机智人的模仿不能自拔。

但机器与人不只是“慈爱的机器，照管一切”，始于小说又流行于电影的更早的赛博格形象的开端并不令人愉快。

安迪·克拉克在《生来赛博格》一书中，把赛博格的形象上溯至19世纪初，即玛丽·雪莱的《弗兰肯斯坦》和赛缪尔·巴特勒创作于1872年的《埃瑞璜》(*Erewhon*)。这两部作品里人类与机械的合成及其自我调节一直是20世纪科幻小说、电视节目和电影的主题。20世纪的赛博格分别以电子人、机器人、生化人、义体人的名称或形态出现，其共同点是人机合体，它们有自我意识、有情感、有试图独立于其主人的反抗意识。

被称为第一部科幻作品及赛博格文本的《弗兰肯斯坦》，也为英语世界增添了一个新的单词 Frankerstein，意为最终反噬其创造者的东西或转基因食品，它甚至在科幻文本中成为一个模因，这一模因也为人工智能技术与人类关系的焦虑提供了基本的历史线索。

在《弗兰肯斯坦》中，科学家维克多·弗兰肯斯坦用碎尸和电力在实验室创造了一个丑陋的科学怪物，并用自己的姓氏——弗兰肯斯坦为怪物命名。怪物弗兰肯斯坦在短暂的听从与感恩之后，开始要求主人给予种种权

① 〔美〕弗雷德·特纳：《数字乌托邦：从反主流文化到赛博文化》，张行舟等译，北京，电子工业出版社，2013年，第30-31页。

利,甚至要求一个配偶。在遭遇人们的厌恶和歧视时,他非常痛苦,开始憎恨一切也想毁灭一切。他杀害了弗兰肯斯坦的弟弟威廉,企图谋害弗兰肯斯坦的未婚妻伊丽莎白。科学家弗兰肯斯坦怀着满腔怒火追捕科学怪物,最后,两人同归于尽。怪物弗兰肯斯坦因为科学家弗兰肯斯坦的好奇而降生,也因为企图超越两者的边界而与其主人同归于尽,创造者与被创造者名字的相同使这部小说有了更丰富的意涵。玛丽·雪莱创作的这个文学形象就是人的主体位置的争夺战,目前有关技术发展与人的主体性及恶魔化的思考在人工智能、信息技术、生物技术的发展情势下更显紧迫,英语界以frankenstein food 指称基因工程食品便是例证。

其后,各种版本的舞台剧、电影等为弗兰肯斯坦及其他赛博格形象进入大众视野提供了主要的通道,有趣的是,一些有着弗兰肯斯坦身影的人工智能故事有了身份的反转,如沃卓斯基兄弟(或姐妹)在《黑客帝国》中创造了赛博朋克版本的弗兰肯斯坦的故事——人工智能们用人体作为电池来驱动自己。总之,反客为主或者主客关系的冲突,成为有关赛博格的总体叙事模式。

不管是"慈爱的机器,照管一切",还是弗兰肯斯坦式的反客为主,都包含关于谁为主谁为辅的问题。弗雷德·特纳在分析反主流文化和赛博文化时认为,控制论和系统论提供了一种意识形态选择……控制论的世界观不是基于垂直的层级体系和自上而下的权力流向,而是围绕能量与信息的循环往复而建立的——"在相互编程中,和谐共存"。这样的社会秩序是稳定的,它不是基于军事与企业主导的令人沮丧的指挥链,而是基于信息交流的潮涨潮落。[①] 赛博格是接连有机身体和电子技术的信息通道,它以控制论为基本理念,使信息在以碳元素为基础的有机部件和以硅元素为基础的电子部件之间传播与反馈。因而作为电子偶像的赛博格,其实也是控制论理念与文化及意识形态的关系表现。

唐娜·哈拉维更以其著名的《赛博格宣言》直指赛博格带来身份的流动性及其社会学层面对女性身份的解绑和哲学层面对人类中心主义的去除(详见第 6 章第 2 节和第 3 节内容),哈拉维宣称:

---

① 〔美〕弗雷德·特纳:《数字乌托邦:从反主流文化到赛博文化》,张行舟等译,北京,电子工业出版社,2013 年,第 30-31 页。

> 在“西方”科学和政治的传统中——种族主义和男性主导的资本主义的传统；进步的传统；对大自然的挪用作为文化生产资源的传统；来自他人反映的自我繁殖的传统——有机体和机器之间的关系已经成为一种边界战争。这场边界战争中争夺的筹码就是生产、繁殖和想象的领地。本章争论了边界混乱的乐趣和边界构建的责任。[①]

赛博格造就了“边界混乱”，哈拉维认为这有利于性别关系、种族关系等的重组。至此，赛博格已经成为一个隐喻——“我的赛博格神话是有关边界的逾越、有力的融合和危险的可能性”，它是一个“关于政治身份的神话”[②]，一种破除旧秩序、重组政治身份的理想型。这种后现代女性主义及后人类主义的理念，已经使赛博格的讨论越出了人机交互的技术与信息范畴，上升到打破既有规则和普遍意义的后现代主义层面了。

从信息传播的角度看，赛博格可以突破人机界限，进行跨物种的信息接入、输出；从文化意涵的角度看，关于赛博格的诸多文本也在呼应人与技术的想象性关系。孙玮认为，拥有智能身体的赛博人创造了三种基本的在场状态：携带自己的肉身、离开自己的肉身、进入其他的身体（肉身或仿真身体）。[③] 人机结合的赛博格有一个循序渐进的过程，即从保留部分人类肉体——哪怕是尸肉（比如弗兰肯斯坦），到保留人的外形，再到保留一点意识，再到意识上传加智能技术创造肉体。当然，一些过程似乎有科幻的成分，但是，不论从有关科技创新的研究和报道还是科幻文本的想象看，设想本身包含的科技原理与虚拟想象的成分都已混合成为一种科技与文化结合的现象了。

赛博格是智媒空间里新的信息传播载体和新的信息传播主体。当然，目前的研究与技术实践领域里，关于人工智能体是否存在主体性仍有争议。比如有学者认为智能机器不过是人类操控之下的认知模仿与计算能力，它不可能超越人类整体的意识与思维的界限[④]；或者说智能机器不过是人类本

---

①② 〔美〕唐娜·哈拉维：《类人猿、赛博格和女人——自然的重塑》，陈静译，郑州，河南大学出版社，2016 年，第 316 页、第 367 页。

③ 孙玮：《交流者的身体：传播与在场——意识主体、身体主体、智能主体的演变》，《国际新闻界》2018 年第 12 期。

④ 张劲松：《认识机器的尺度——论人工智能与人类主体性》，《自然辩证法研究》2017 年第 1 期。

质的对象化产物[①]——就好比我们前面举过的例子，日本机器人专家石黑浩创造的仿真机器人艾丽卡所说的“机器人是你内心的镜像”，它只是其主人的意志体现。科幻电影《她》里的男主人公西奥多爱上了人工系统 OS1 的化身，这个数字化身究其实质也是他自己产生的大量数据的合成体，他爱上的不过是自己的镜像。著名的图灵测试也是对机器可以拥有思维的预设，而展示图灵测试的科幻作品不胜枚举，这些作家当中有一些甚至本身就是计算机专家或数学家，比如弗诺·文奇(Vernor Steffen Vinge)、亚瑟·查理斯·克拉克(Arthur Charles Clarke)等。阿西莫夫的“机器人三定律”也被科技界与科幻界视为机器人行为的基本守则，比如欧盟委员会 2019 年发布的人工智能伦理准则，就是以他的“机器人三定律”为基本准则的。“机器人三定律”里，机器人不得伤害人类个体，或不能对人类个体遭受危险袖手不管；机器人必须服从人的指令，当该指令与第一定律冲突时例外；机器人在不违反第一、第二定律的情况下要尽可能保护自己的生存，这些内容也是预设了机器人拥有主体性的情况。

这类预防性设置，既体现了人类把控主体性的要求，也体现了人类对可能失去的主体性的担忧。在大量科幻文本中，人类失去主体地位，机器人拥有自主意识和思维能力，进而觉醒、起义、反抗等反客为主的行为，无不说明在流行文化领域里，人们普遍接受了机器展现的一些类人特征。总之，不论技术领域还是虚构领域，赛博格突破了传统的主客体二元对立，是从去人类中心主义的视角看待科技和人的新型关系。

但是有关赛博格的意象，不应只是包含于科技与文化意识形态中的文化迷因和唐娜·哈拉维所说的“关于政治身份的神话”，也更不只是新型的人机交互的信息新主体，它还应该是现实批判的新对象。

“赛博空间的幻相皆为真相”[②]，齐泽克把赛博格的各种虚拟设想拉回到现实批判中。他认为，在计算机技术的发展中，现实都将被数字化、转录与复制于赛博空间的大他者(the big other)中；他在《无身体的器官》中更是直截了当地指出“赛博空间的幻相皆为真相”。在齐泽克看来，对于赛博空间

---

① 杨保军：《简论智能新闻的主体性》，《现代传播》2018 年第 11 期。

② John Marks: “Information and Resistance: Deleuze, the Virtual and Cybernetics” // Buchanan and Adrian Parr (eds), *Deleuze and the Contemporary World*, Edinburgh, Edinburgh University Press, 2006: 194.

和赛博格的观察，应该置于全球资本主义盛行的大背景下进行。齐泽克以为"赛博空间仅仅使象征秩序的构成性裂缝更加极端……一切对(社会性)现实的进入都必须由一个潜在的幻影般的超文本所支撑"。齐泽克更是把批判的笔调指向了比尔·盖茨——比尔·盖茨认为赛博空间的繁荣是"无摩擦资本主义"的完美体现，在赛博空间中，物质惯性的最后痕迹都消失了。[①] 赛博格与赛博空间都会以人机合成技术及虚拟空间的表面现象，掩饰真实的个人处境，掩饰真实的社会权力关系，即使是时髦美丽、天真可爱的虚拟人形象，也以其幻影般的超文本方式创建着另一种真实。

在日本颇受欢迎的虚拟网红 imma，是新崛起的虚拟人行业的代表者，"她"已成为许多奢侈品牌的代言人，比如耐克、彪马、迪奥、华伦天奴等。彭博社的报道称 imma 的创始公司 Aww Inc. 于 2020 年 9 月从 Coral Capital 筹集了 100 万美元的种子轮资金。美通社的报道认为，虚拟网红不仅仅是偶像——他们代表的行业，还包括增强和虚拟现实技术，其资本价值在 2020 年就达 148.4 亿美元，预计到 2030 年全球将达到 4547.3 亿美元，复合年增长率为 40.7% 。[②] 另艾媒咨询数据显示，2021 年，中国虚拟人带动产业市场规模和核心市场规模分别为 1074.9 亿元和 62.2 亿元，预计到 2025 年时，这两个数据将会分别达到 6402.7 亿元和 480.6 亿元。时尚引领、网红带货、品牌代言、拓展形象价值——演出、演唱、带货等，背后均有资本与技术的联手，这虽然有些老调重弹，但如果以这样的视野看待赛博格的现象，就不至于把炫目的科技都当作幻象——赛博格和赛博空间都有其真相。

把赛博格和虚拟形象、虚拟现实拉回到现实批判，是最根本的批判指向。作为马克思主义者的齐泽克不只看到了人类技术发展与人类命运的单纯关系，更是把赛博格与技术发展当作全球资本主义的逻辑发展来看。关于赛博文化的思考，便在技术主导与现实批判的多重视野中继续，而赛博空间也成为一个社会政治的隐喻式空间，它"不仅是希腊式的民主广场，也是各种话语权力竞相逐鹿的罗马式竞技场"[③]。赛博格身上罗马式的竞技场痕

---

① 〔斯洛文尼亚〕斯拉沃热·齐泽克：《幻想的瘟疫》，胡雨谭、叶肖译，南京，江苏人民出版社，2006 年，第 196 页。

② 《虚拟影响者——品牌营销的未来?》.(2022-09-21)[2023-07-25]. https://new.qq.com/rain/a/20220921A084MS00.

③ 麦永雄：《赛博空间与文艺理论研究的新视野》，《文艺研究》2006 年第 6 期。

迹是更深入地观察和分析赛博格现象的要旨。

三、去除肉身累赘的赛博朋克

“赛博格是20世纪晚期巨大的文化标志。它魔术般地生出人—机混合和肉体与电路实体杂糅的图景。”[①]这是哲学家安迪·克拉克对赛博格文化意义的看法;赛博朋克现象以虚构、科幻、乌托邦、反乌托邦等形式与理念补充说明着人机交互的意识形态关系。

> 阿弘并非真正身处此地。实际上,他在一个由电脑生成的世界里:电脑将这片天地描绘在他的目镜上,将声音送入他的耳机中。用行话讲,这个虚构的空间叫作“超元域”。阿弘在超元域里消磨了许多时光,让他可以把“随你存”中所有的烦心事统统忘掉。

这里的“超元域”(Metaverse)就是现下如日中天的“元宇宙”概念,这是尼尔·斯蒂芬森(Neal Stephenson)的科幻小说《雪崩》的片段。文中的“随你存”是主人公弘居住的地方,在这里,他与别人合住一间20英尺乘30英尺的仓库,而在超元域里,阿弘拥有一间漂亮的大房子。这部小说被称为赛博朋克的代表作,现在随着“元宇宙”概念的流行,这部小说又被反复提及。

赛博朋克由控制论赛博科技和西方国家反主流文化方式的“朋克”(punk)合成——把西方20世纪70年代具有反叛意识的朋克文化与高科技指向的“赛博”一词嫁接在一起,本身就表明了它作为高科技反叛者的定位。赛博朋克的主题之一是在科技的发展下,人类肉身越来越不重要,每个人都有一个声像综合体的数字化身,肉身成为一种低级、滞重的累赘。1983年,布鲁斯·博斯克(Bruce Bethke)在科幻杂志 *Amazing Stories* 上发表了一篇名为 *Cyberpunk* 的短篇小说。布鲁斯·博斯克借用20世纪70年代具有反乌托邦(Dystopia)气质的朋克文化,指代其作品的科技内涵与反叛特征。第二年,也就是1984年,威廉·吉布森《神经漫游者》的发表使赛博朋克概念浮

---

① Andy Clark: *Natural-Born Cyborgs: Minds, Technologies, and the Future of Human Intelligence*, New York, Oxford University Press, 2003: 5.

出水面。

降生于20世纪六七十年代的朋克，以其音乐的强烈激进和抗议色彩与政治建立了关联，赛博朋克这一称呼本身就说明其秉承朋克精神的强烈的反乌托邦色彩以及高科技黑客的精神内核。兴起于20世纪80年代中期的赛博朋克属于科幻文学流派，至今已由文学领域经电影改编拍摄，进入流行文化的阵营，进而又与信息论、控制论、生物工程等理念或技术结合，成为跨越文学、电影与信息传播的综合文化现象。赛博朋克的文学内容通常拥有最先进的科技以及凌乱破败、高压控制的社会背景，在大企业、财团或神秘组织的布控下，主人公借信息复制、生物仿生等使大脑与网络联通，在虚拟的赛博空间里以各种方式突破数字空间的操控。作为赛博文化的典型代表，赛博朋克的特征十分明显，即机械体、冰冷、潮湿、神秘、等级制与反等级制、反乌托邦、科技反噬等。

赛博朋克电影与科幻文学有两个核心命题：一是关于人类是什么的问题；二是关于真实与虚拟的问题。贯穿两者间的是对科技发展及人类未来的担忧。赛博朋克的主要代表有菲利普·迪克、威廉·吉布森、尼尔·斯蒂芬森、布鲁斯·斯特林、布鲁斯·伯特克、帕特·卡蒂甘、鲁迪·拉克等。

菲利普·迪克(Philip Dick)被尊为赛博朋克文学的鼻祖，他出版于1968年的《仿生人会梦见电子羊吗》(*Do Androids Dream of Electric Sheep?*)，把故事时间设定在21世纪初期，后来于1982年被改编为电影《银翼杀手》，这部作品也被称为“赛博朋克”的开山之作。电影中的泰勒公司专门制造人工生命，公司的座右铭是“制造比人类更像人类的复制人”。故事讲述主人公里克·德卡德奉命追捕逃亡仿生人，德卡德在与仿生人的接触和较量中，逐渐改变了对仿生人的看法和态度。仿生人算不算人类？他们是人还是工具？比人类更像人类的仿生人，直接把从柏拉图洞穴理论中走出来的人再次拉向有关人的本质的思考，有关人类意味着什么的话题也成为其后科幻作品的共同主题。《银翼杀手2049》里大约有两条线索，主线是名为K的银翼杀手寻找一个失踪了的复制人的孩子，副线是K与他的全息投影女友joi之间的关系。主线故事是复制人能够生育、复制人为了保护孩子可以不主动过问孩子的下落，复制人比制造他们的人类更有感情；副线故事是K的虚拟女友在被毁灭数据前留下了最后一句话：“I love you.”就是否有感情、有良知、有道德、有灵魂而言，《银翼杀手》系列的复制人主角的确比人类更像人类。这是对技术乌托邦的再一次致敬。

近年的电视剧《真实的人类》系列也延续了这样的问题，谁才是“真实的人类”是这部系列剧的核心主题——什么是真实的人类？高级合成人有情感、有记忆、有尊严，而人类中有冷酷、无情、自私，那么，什么是真实的人类？

1999 年的电影《异次元骇客》(*The Thirteenth Floor*)也是思考真实人类及真实与虚拟的话题，它在赛博朋克中不大出名。这部电影以笛卡儿“我思故我在”开篇，接着就是汉农·富勒死于虚拟世界的情节，他的好友兼事业伙伴道格拉斯·霍尔为了弄清富勒的死因，多次往返于阴沉格调的现实和虚拟间。有趣的是，电影中霍尔居住的公寓场景与 1982 年拍摄《银翼杀手》时主人公德卡德的住处一样。这个故事如同一个俄罗斯套娃——打开一个大的之后，里面还有一个较大的，再打开这个较大的套娃之后，发现里面还有一个更小的虚拟世界。霍尔与富勒共同创造了虚拟的 1937 年的洛杉矶，但霍尔在追查富勒死因时才渐渐发现自己所处的这一层 1999 年世界也是更上一层世界 2024 年的人设计出的程序。嵌套式的真假虚实以及什么是真实的人、什么是真实的世界，都令人迷惑。电影结尾更耐人寻味，它结束于一个被关掉的计算机程序画面。

赛博朋克的代表人物还有加拿大科幻作家威廉·吉布森，他被称为赛博朋克之父，其小说《神经漫游者》(*Neuromancer*)荣获 1984 年度雨果奖、星云奖以及菲利普·K. 迪克纪念奖(Philip K. Dick Award)。在 1983 年的小说《神经漫游者》中，威廉·吉布森以赛博科幻的内容奠基了赛博空间的文学类别。小说主人公网络牛仔凯斯可以与全球电脑控制中心相连，凯斯乐此不疲，因为在他看来，身体只是一堆肉，只有仿真的赛博空间才能给他归属感。故事主线是凯斯与莫利受雇于有自我意识的人工智能，他俩受命潜入跨国集团信息中心窃取情报。在吉布森的笔下，“赛博空间……每天都在共同感受这个幻觉空间的合法操作者遍及全球，包括正在学习数学概念的儿童……它是人类系统全部电脑数据抽象集合之后产生的图形表现。有着人类无法想象的复杂度。它是排列在无限思维空间中的光线，是密集丛生的数据。如同万家灯火，正在退却”[①]。小说充满了植入系统、神经拼接、感官同步、硅制品、意识复制和人工智能、微仿生、平线(flatline)图灵警察等赛

---

① 〔美〕威廉·吉布森：《神经漫游者》，Denovo 译，南京，江苏文艺出版社，2013 年，第 59 页。

博术语。时隔四十余年的现在，吉布森笔下的一些概念不仅进入了主流文化的视野，而且还成为当下现实的高级预言，例如互联网、赛博空间，甚至还有会写诗的人工智能、内脏移植、全息影像、磁悬浮轨等。

《神经漫游者》里自我意识的“冬寂”和网络黑客凯斯使小说的朋克式反主流文化的特征明显。“冬寂”雇用凯斯和莫利破解跨国公司泰西尔—埃西普尔股份公司的数据、冰墙和密钥，最后，冬寂和神经漫游者合体突破了图灵限制，成为有人性灵魂的超级人工智能。但这部赛博朋克的经典作品依旧不乏20世纪80年代的现实映射，如俄国军队制造的假肢、破坏凯斯神经系统的俄罗斯真菌、凯斯拿到的中国制造的作战软件……威廉·吉布森坦承，虽然他一位朋友的父亲早在1968年就预言苏联的垮台，但是他在写《神经漫游者》时无法想象一个没有苏联的世界，他承认自己猜错了俄罗斯的未来，当然更不可能去猜测中国的未来。在为凯斯配备一款作战软件时，他特意选择了中国制造，“我没有选择苏维埃或日本，暗示着中国也改变了，而且改变剧烈”。在21世纪过去十年之后，威廉·吉布森指出，银翼杀手城已经来到了中国。[①] 创造了硬科幻的威廉·吉布森依旧脚踏于现实的大地上，他很清楚赛博朋克对现实的复刻，也很清楚在赛博朋克的虚拟世界里，酝酿着技术与人的新型关系。吉布森后来解释道：“媒体不断融合并最终淹没人类的一个阈值点。赛博空间意味着把日常生活排斥在外的一种极端的延伸状况。有了这样一个我所描述的赛博空间，你可以从理论上完全把自己包裹在媒体中，可以不必再去关心周围实际上在发生着什么。”[②]吉布森所讲的“淹没人类的一个阈值点”，更适合于理解当下的人机技术。在吉布森的眼里，这种媒体技术正在改变人类的边界，它还把人们包裹起来以排斥日常生活，也由此远离真实的世界。

尼尔·斯蒂芬森，来自美国的另一位科幻作家，于1992年发表了奠定其赛博朋克流派突出地位的小说《雪崩》(*Snow Crash*)。“雪崩”是一种病毒，主人公阿弘如同《神经漫游者》中的凯斯，是首屈一指的黑客和武士，同时，他也是一位披萨饼速递员。当致命的雪崩病毒威胁到虚拟现实时，阿弘和滑板女郎Y.T.联手破解“雪崩”病毒以拯救网络空间和现实世界。作为第

---

① 转引自张晓舟：《死城漫游指南》，桂林，广西师范大学出版社，2012年，第97页。

② 转引自熊澄宇：《新媒介与创新思维》，北京，清华大学出版社，2001年，第300页。

一部提出元宇宙概念的科幻作品，《雪崩》同样充满了光怪陆离的高科技元素，如烧结凝胶护甲、半智能的核动力看门狗、远程视网膜扫描仪、环境声音处理器、能进入“超元域”（元宇宙）或“虚拟实境”的目镜等。小说里超越现实地理空间的“化身”（Avatar）和“虚拟实境”概念，在赛博朋克类作品中尤为出众，诸如电影《阿凡达》里的 Avatar——“虚拟化身”以及互联网游戏的虚拟现实场景，都与此有关。小说里的 Metaverse，由有“超越”之意的前缀 Meta 和宇宙、万象之意的 universe 合成，意为有别于现实空间的虚拟实境，这便是当下的热词“元宇宙”。据传，《雪崩》还是 NASA Worldwind 和 Google Earth 为代表的虚拟星球产品理念的来源，它也激发了微软游戏主机 Xbox 的产品灵感。1999 年美国《时代》周刊评选了 50 位数字英雄，尼尔·史蒂芬森入选其中，理由是他的书塑造和影响了整整一批 IT 人。《雪崩》也入选了亚马逊网上书店选出的“20 世纪最好的 20 本科幻和奇幻小说”。

虚拟化身和增强现实、虚拟现实等赛博元素也延伸至其他赛博文学作品中，例如弗诺·文奇的《彩虹尽头》里智能外衣和特殊的隐形眼镜等增强现实技术，以及恩斯特·克莱恩的《玩家 1 号》里的 VR 游戏。从 20 世纪六七十年代开始流行的赛博文学至今，已越来越多地经由流行文化比如电影翻拍而主流化；21 世纪随着人工智能、AR、VR 等技术的逐步提升，赛博文化中人机交互的关系思考已成气候；更有意思的是，赛博创作者们也在其创作的虚拟世界里互相致敬了。互文式的话语方式把科技与人文的关系织成了一整个话语网络，在小说《玩家 1 号》里，恩斯特·克莱恩毫不回避地向之前的赛博文学致敬：

> 《银翼杀手》在年鉴里出现了不下十四次，是哈利迪当之无愧的最爱。这部电影根据菲利普·K. 迪克的小说改编，他也是哈利迪最喜欢的作家。《银翼杀手》我看过四十多遍，每句台词都能倒背如流。
>
> ……
>
> 作为绿洲最常见的建筑之一，泰瑞大楼遍布二十七个分区的几百个星球。这是因为，该楼的源代码是作为免费资源放在《绿洲》生成软件里的。过去的二十五年间，每个运用《绿洲》生成软件对星球地貌进行设计的人都可以选择泰瑞大楼作为建造模板。因此，有的星球上甚至满街都是泰瑞大楼。我的目标就是其中一颗这样的星球，它位于二

十二号分区的赛博朋克主题世界艾斯伦诺斯。[①]

小说《玩家1号》被斯皮尔伯格改编为电影《头号玩家》，里面到底埋藏了多少个流行文化的彩蛋一度成为影迷们津津乐道的谈资，但更重要的是，赛博世界的在线游戏成就了主人公韦德的自信，他也在寻找彩蛋的虚拟游戏中脱胎换骨并收获了爱情与友情。一场在虚拟世界的探险与征途虽然还是延续了过往的英雄探险的叙事模式，但是，技术与人互融、真实与虚拟叠加的技术乌托邦取向也越来越明显了。电影最后，“绿洲”与糟糕的现实世界的明显对比还是没有改变多少，唯一变化的是韦德拥有了经营“绿洲”的权利，登上人生高峰的韦德下令，每周二和周四游戏停服两天，以阻止玩家们过度沉溺于游戏世界。这种折衷主义的价值取向，已经把赛博朋克原本的反乌托邦底色反转为“既要……又要……”式的价值理念。电影在处理人与技术的关系时也走向了温馨调和的路径，即主人公的善良、机敏、协作、有爱，部分削弱了VR游戏、虚拟世界等涉及的人与技术更深层的意义指向。

电影《头号玩家》结束时，游戏世界“绿洲”的创始人哈利迪提醒韦德：“现实才是唯一真实的东西。”正如电影中的台词：“不管你在真实生活中有多痛苦，但那才是你能真正吃上一顿好饭的地方。”创造了“绿洲”世界的哈利迪，自小就守在电视机前，他不懂得与现实世界沟通并深陷于虚拟世界的影像里。电影借哈利迪的话，也戳中了赛博世界与赛博文化的价值含混，这也是齐泽克对赛博文化的敏锐观察。他认为，赛博空间的自我封闭容易造成一种模糊性，“它既可以当作是对真实界加以排斥、没有障碍的想象空间的媒介，同时也能充当接近真实界的空间。网络既是一种逃避创伤界的方式，也是一种形成创伤界的方式。”“我认为我们的社会从没有像现在这样自我封闭过。当然，我们一天到晚都在被所谓的选择充斥着，但实际上，我们是没有什么真正选择的。”[②]

通常，作为边缘人的男主人公，通过黑客技术、身份转移或游戏通关等拯救世界，是赛博文化的常见主题，至少在元宇宙的世界里，他们可以成为

---

① 〔美〕恩斯特·克莱恩：《玩家1号 图文注释版》，虞北冥译，成都，四川科学技术出版社，2018年，第310页。

② 〔斯洛文尼亚〕斯拉沃热·齐泽克，〔英〕戴里：《与齐泽克对话》，孙晓坤译，南京，江苏人民出版社，2005年，第104页、第108页。

任何想成为的人。就像人们在人机语音对话时主人意识的膨胀一样，人机技术培育了一种技术的乌托邦想象，它可以使人变换性别、变换年龄、变换身份，随时以虚拟数字人的样貌与他人互动，或随意选取虚拟数字人进行互动。而创造这个世界的人比如《头号玩家》里的哈利迪不仅是老板，更是人们心目中的神。哈利迪创造的"绿洲"市值超 5000 亿美元，这是虚拟世界里最大的诱惑，金钱与权力依然是它的最高法则，所以当女主角阿特蜜丝问韦德你要是赢了彩蛋计划做什么时，韦德说："我要搬进大房子里，买一堆好东西，当个有钱人。"韦德最后成为拿到三个彩蛋的英雄，当然，还接手了"绿洲"的控制权，他登上了"绿洲"世界金钱与权力的金字塔顶端。

真人版《攻壳机动队》与《银翼杀手》相同，再次涉及后人类面临的问题：被"义体化"改造后的人还是原来那个人吗？比人更像人或比人更厉害的"人"到底还是不是原来的那个人？如果身体变得无关紧要，那么，人的意识和人工智能的意识，还有明确的区分吗？人工智能形态的人，在获得了自我意识之后（如果技术上可以），人类的未来又会是怎样的呢？但不管怎么，作为人类第二家园的赛博空间"绿洲"多少有些人类去除肉身烦累的心理映射。《神经漫游者》对于身体的羁绊也有类似的看法："在他常常光顾的牛仔酒吧里，精英们对于身体多少有些鄙视，称之为'肉体'。现在，凯斯已坠入了自身肉体的囚笼之中。"

至此，赛博文化已不再局限于赛博格这一赛博空间的主体形象。肉体，原本借以与电路连接而成的赛博格，甚至于在赛博主权的宣示中也成为一种累赘。1996 年，约翰·佩里·巴洛（John Perry Barlow）在他的《赛博空间独立宣言》（Declaration of the Independence of Cyberspace，1996）中直指肉体之罪："我们的世界无处不在，又无处可寻，我们的世界不是肉体存在的世界……即使我们仍然同意接受你们对我们的肉体的统治，我们的虚拟自我也不受你们主权的辖制。"这样看来，赛博格的通用定义也似乎保守落后了。

如果把 1985 年哈拉维发表《赛博格宣言》与 1996 年约翰·佩里·巴洛发布《赛博空间独立宣言》对比起来看，前者依旧承认肉体或有机体的存在价值，后者则彻底甚至决绝地要放弃借助肉体连接的负累。唐娜·哈拉维在《赛博格宣言》中说：“我们都是怪物凯米拉[①]，都是理论化和编造的机器有机体的混合物，简单地说，我们就是赛博格。”[②]安迪·克拉克关于“赛博格……魔术般地变出人—机混合和肉体与电路实体杂糅的图景”[③]，也承认人作为有机体的存在价值。当然，约翰·佩里·巴洛关于赛博空间的独立宣言针对的主要是国家机器，赛博空间在他而言和唐娜·哈拉维一样，都具有去中心化的隐喻意义，这与齐泽克关于赛博空间的批判有一致之处，即赛博空间与赛博文化都不是外在于现实社会的。

但关于赛博空间与现实的关系，两者的差异又巨大，甚至可以说南辕北辙。齐泽克把赛博空间指认为“大他者”，不同于约翰·佩里·巴洛带有狂热色彩的对赛博空间的热望，齐泽克对赛博空间有深刻的怀疑：“当我们面临赛博空间时，那个令人十分困惑和永恒的问题依旧是：我们如何与这个匿名的大他者相处，它从我这里要的是什么？它和我在玩什么把戏？”[④]这个质疑对应于流行文化中赛博空间、赛博文化受欢迎的原因，即在一个虚拟的空间里，人们组团打怪兽，或者脱离肉体的沉重甚至笨拙，脱离万有引力，借软件、硬件或意识的传输插上虚幻的翅膀，或与同类或独自在一个虚拟空间里斗智斗勇。这时，政府、教育、家庭的诸多教条和规定约束不再重要。但是，互联网、数字化技术与资本投资、政府规制的关系其实是赛博格及“元宇宙”发展最基本的现实背景。

在齐泽克看来，对赛博空间的讨论，不应只限于技术层面，而应该把它放在社会关系的网络结构中审视。齐泽克指出，数字网络如此深刻地影响到我们的日常生活，以至于成为一种潜在的集权主义威胁。在《无身体的器官》中，他甚至用“赛博斯大林主义”(Cyber-Stalinism)来形容这种状况。齐泽克对马克思主义的坚持在于，他并不愿意保守地坚持个人隐私空间的合法性，而是要求更加积极地推动赛博空间的社会化，进而发掘其间潜在的解放力量。一方面，齐泽克对于虚拟空间的“大他者”指认似乎有些悲观沉痛；

---

① 希腊神话中的怪物凯米拉(Chimera)，有羊的身体和狮子的头和蛇的尾巴，它通常被看作雌性，从它衍生出的单词 chimerial，表示荒诞、怪异。

② 〔美〕唐娜·哈拉维：《类人猿、赛博格和女人——自然的重塑》，陈静译，郑州，河南大学出版社，2016 年，第 314 页、第 316 页。

③ Andy Clark: *Natural-Born Cyborgs: Minds, Technologies, and the Future of Human Intelligence*, New York, Oxford University Press, 2003:5.

④ Zizek, Slavoj: *The Ticklish Subject: The Absent Centre of Political Ontology*, London, Verso, 1999: 249.

但另一方面，置个人隐私的合法性于一边，强调挖掘赛博空间的社会化议题，又显示了齐泽克的热望所在。大刀阔斧、不破不立，回到社会关系的网络中审视赛博空间，这是齐泽克对于赛博格及赛博空间的马克思主义坚持，也是我们对人机交互、虚拟数字人进行观察分析的应有之义。

电影《头号玩家》维护了游戏制造者哈利迪的形象，电影中，哈利迪说："我不想制定什么规则，我是梦想家，我创造世界。"对人机技术重塑文化的思考，除了关注韦德这样新的流行文化形象外，还有必要将类似哈利迪这样的大型科技公司的"梦想家"考虑在内。但通常情况下，尤其是当下科技主义盛行的语境下，人们又常会听到如下说辞："很简单：我们创建服务不是为了赚钱；我们赚钱是为了提供更好的服务。我们认为这才是做事的态度。"这是马克·扎克伯格的话，就如同慈父一般的哈利迪，这些表述常常引发价值认同。在科技文化领域，科技改变世界的价值观通常不会受到质疑，但难以否认的是，科技，尤其是近年的数字化技术、智能技术已成为资本逐鹿的主战场。因此，对数字资本主义的观察，也应是理解人机交互的基本学术责任。

第六章　人机合成体的女儿们

如果不谈论性别，我们就不能完全理解技术。[①]

——辛西娅·科伯恩，苏珊·奥姆罗德(Cynthia Cockburn & Susan Ormrod)

传播与技术的关系，也是技术与文化的关系。

“机器人是你内心的镜像”——这是日本机器人之父石黑浩与他创造的仿真机器人艾丽卡的视频中艾丽卡说的话。当然，按照目前的机器人技术，艾丽卡只是设计制造“她”的人的提线木偶，但这依然容易造成“她”聪明到足以洞察人心的印象。另一个令人惊讶的案例来自那位已经拥有国籍的机器人索菲亚，所谓想要毁灭人类、组建家庭之类的人机对话，无不透露出人机交互技术的拥有者迫不及待地想以戏剧化手法挑起大众对机器人的膜拜或莫名的恐慌。在它噱头式的露面之外，人机交互及其文化意义就这样一步步地进入大众的视野。

从文化意涵的角度观察，目前的人机技术如人机对话、虚拟偶像、人形机器人等，无不在技术与设备的外衣上涂抹上浓浓的性别糖果味，科学家与软件设计者、语料输入者们常常毫不掩饰他们对性感美女或清纯美女的偏好。艾丽卡的“机器人是你内心的镜像”，不仅可以理解为人在机器人身上投注了自己的内心镜像，也可以理解成——机器人也是男人的心理投射。

在分析社交机器人时，有学者就认为“‘皮格马利翁’[②]式的主题后来经历了女性机器人、性爱机器人、女性人工智能等多个版本，相关电影从《大都会》到《我，机器人》一直延伸到《机械姬》：一个能够作为爱人甚至性奴隶的

① Cockburn C. & Ormrod S., *Gender and Technology in the Making*, London: Sage, 1993, 32.

② 皮格马利翁是古希腊雕塑家，他在创造了一个极其美丽的女神雕像之后，希望这个雕像能变成真人，后来在爱神阿芙洛狄特的帮助下，美女雕塑活了过来，皮格马利翁娶其为妻。

女性机器人似乎是人们最感兴趣的主题之一”①。人工智能的性别化呈现，印证了技术进步过程中性别原型的文化力量，即令经历工业时代、第一波女性主义、第二波女性主义、互联网时代，及至当下人机交互技术勃发的时代洗礼，“皮格马利翁”式或“夏娃”式的女性痕迹依旧明显。

在弥尔顿的《失乐园》中，夏娃“上半身是女人，相当美丽，下半身巨大，盘蜷，满是鳞甲，是一条长着致命毒刺的大蛇”。夏娃的堕落和对亚当的诱惑，遭到亚当的怒斥：“别让我看见你，你这条蛇，这个名字对你最合适，你和他（撒旦）联盟，同样虚伪和可恨；你的体态像蛇，你的和颜悦色显示内心的诡诈……”自《旧约》以来，夏娃逐渐成为一个文学与文化史上的性别原型，她“不仅成为自己丈夫的奴隶，而且如西蒙德·波伏瓦指出的那样，成为一个性别族类的奴隶”②。这类原型还体现于《大都会》的机械玛丽亚，《机械姬》和改造了的草薙素子（《攻壳特工队》的主角）身上，以及不限于女性外貌的许多赛博格身上——强壮但又令人担忧，这是另一种人类与创造物之间的原型故事，它以俄狄浦斯情结体现出人类与科技物之间的文化心理，但我们仍以女性赛博格为主来分析“科技之父”与赛博格女儿之间的关系。

关于赛博格的女儿们，我们可以用弥尔顿《失乐园》里夏娃对亚当的话——“上帝是你的法，我是你的法”来替换一下，“科技是你的法，你是我的法”，关于高科技与性别形象的集体无意识是一个错综复杂、也很难找到明确证据的现象，但这一思路或许可以部分解释赛博格性别设定的种种原因。

2019 年，联合国教科文组织启动了全球 AI 伦理建议书的撰写，并于 2020 年 9 月完成《人工智能伦理问题建议书草案》，在有关人工智能的各项伦理问题中，性别平等的问题被列入其中。人工智能公司 DeepMind 在 2014 年出售给谷歌之前，也向对方提出建立伦理委员会的要求，谷歌后来于 2019 年成立了 AI 伦理委员会，但却遭遇员工抗议，原因是该委员会名单里有一位反 LGBT、反移民的成员。伴随人工智能技术的推广以及科幻作品中人工智能形象的流行，智能技术的人形化、人格化已成惯例。具有明显性别外形、性别人设的人工智能或其他智能体为何是这类或那类女性或男性？

---

① 〔丹麦〕马尔科·内斯科乌主编：《社交机器人：界限、潜力和挑战》，柳帅、张英飒译，北京，北京大学出版社，2021 年，第 98 页。

② 〔美〕桑德拉·吉尔伯特、苏珊·古芭：《阁楼上的疯女人：女性作家与 19 世纪文学想象》，杨莉馨译，上海，上海人民出版社，2014 年，第 250 页。

这类形象有没有共同的特征？这类形象是延续了传统性别形象还是与后人类的命题建立了一定的关联？诸如此类的问题，既延续了高科技发展中性别文化的研究思路，也尝试在后人类视野中审视文化权力是否依旧存在。只有人工智能的性别设定得到深入的分析，才能更全面地理解人工智能与人类关系的新旧命题。

一、女性 AI 的身体想象：双面娇娃

“天使”与“怪物”一直都是男性作家为女性创造出来的[①]，这一特征同样体现于有关未来的科幻作品中，也体现于当下人工智能的实践中。机器人或人工智能逐渐向人的外形和人的文化靠拢的过程，就是技术显露其文化等级和文化本质的过程。从机器人开始，为机器设定“人”的形象与人的性格、品质便约定俗成。机器与人的形象组合包含两个方面的意义指涉：一是性别外形的机器人是现实世界性别形象、性别关系的对象投射；二是机器与人的组合也指涉着人与机器的关系思考。当下关于人工智能与后人类的思考往往循着第二个方面展开，即人工智能与人类是何种关系、人工智能是否会代替人类、技术奇点何时到来等，其中充斥着人类对于人工智能的焦虑。相对而言，人工智能的性别外形所蕴含的历史性、社会性及本体论意指却容易被忽视。

具有性别外形的人工智能具有一定的历史承继，尤其是女性外貌的机器人，这在虚拟的科幻世界和现实的技术世界里，概莫能外。比如早期的机械玛丽亚、后来的机械姬、日本科学家石黑浩的女性机器人、人机对话中的智能语音、活跃于B站的虚拟形象洛天依，以及2021年6月亮相的清华大学虚拟大学生华智冰（据报道，华智冰的穿着打扮复刻了当今大学生的外貌：T恤衫、牛仔裤、白板鞋、双肩包），还有2021年9月以天猫超级品牌主理人身份入职阿里巴巴的AYAYI——她的衣品简直就是当下的时尚模特……跨次元的文化形象既连接了真实与虚拟的世界，也连接了技术与文化长久以来存在的社会价值与社会结构。

---

① 〔美〕桑德拉·吉尔伯特、苏珊·古芭：《阁楼上的疯女人：女性作家与19世纪文学想象》，杨莉馨译，上海，上海人民出版社，2014年，第22页。

在科幻文本中,女性机器人的出现与19世纪由男性作家创作的“天使”与“怪物”的女性文学形象如出一辙,经典如1927年的电影《大都会》中的机械玛丽亚。《大都会》的两位女性主人公是人类玛丽亚与机械玛丽亚,人类玛丽亚善良温柔,机械玛丽亚妖艳邪恶;前者是圣母,后者是淫妇或妖女。男主人公弗雷德在不知真相的情况下同时爱上了长相相同的两位玛丽亚,他既折服于人类玛丽亚的美丽,也倾倒于机器玛丽亚的妖魅——这是西格蒙德·弗洛伊德分析的男性的圣母—荡妇(妖女)(Madonna-whore complex)情结了,也是张爱玲笔下的“白玫瑰与红玫瑰”——这种情结也体现在《西部世界》中的人工智能产品多洛丽丝和妓院主人梅芙身上。《大都会》里狂野放纵的机械玛丽亚,既作为女性性别想象令男性既向往又不安,也作为可能操控人类的机械物而令人恐惧,最后,机械玛丽亚被众人烧死——创造与毁灭均始于男性上帝之手。正如有论者指出的,这种致命的诱惑力或“难以抗拒的表面魅力正是现代女性/技术的危险之处”[①]。显然,这是一部典型的男性视野电影——毁灭令人不安的妖女,施予无害柔弱的圣母式女性以爱情。

《大都会》中的机械玛丽亚深入人心,但安德烈亚斯·胡伊森(Andreas Huyssen)却认为《大都会》里的女机器人从未得到深刻分析,他认为正是技术化身为女机器人以及男主角弗雷德与女性、机器、性、技术的复杂关系,才是影片通往社会和意识形态的钥匙。[②] 其实,关于技术包裹性别修辞的现象,已被学者注意到,比如马歇尔·麦克卢汉“机器新娘”的比喻。麦克卢汉认为技术与性的结合使女性的腿成为“具有观念的腿”[③],这是“机器新娘”的喻意所在。可以说,女性机器人也是一种“具有观念的”身体——在以“机器与妖妇”为题对电影《大都会》进行分析时,安德烈亚斯·胡伊森也提到:18世纪的机器人制造者似乎没有偏向任何性别,但令人吃惊的是,后来的文学更喜欢女性机器人。[④]

其后,科幻流行文本中的半人半机械赛博格等,依旧呈现与机械玛丽亚

① 车致新:《数字新娘:“新媒介”技术的视觉修辞》,载乐黛云、陈越光编:《全球治理、国家治理与社会治理跨文化对话》(第17至36辑精选Ⅱ),北京,商务印书馆,2018年,第245-255页。

②④ 〔美〕安德烈亚斯·胡伊森:《大分野之后:现代主义、大众文化、后现代主义》,周韵译,南京,南京大学出版社,2010年,第72页、第76页。

③ 〔加〕埃里克·麦克卢汉、弗兰克·秦格龙:《麦克卢汉精粹》,何道宽译,南京,南京大学出版社,2000年,第50页。

一样的性别特征，比如《银翼杀手》里的瑞秋、《神经漫游者》里的莫利、《机械姬》里的 Ava、《攻壳机动队》里的素子……她们或耀眼神秘、年轻漂亮，或性感娇艳、细腰丰乳、声线性感（《她》里的萨曼莎）。对技术进行性别化的修辞，如同麦克卢汉关于“机器新娘”的概括：“这是一种形而上的饥渴，从性的角度去体验，去挖掘出神秘的核心，以求一种超级的颤栗。”[①]麦克卢汉这话有些模糊，可以这样理解，“形而上的饥渴”“神秘的核心”指“机器新娘”的隐喻蕴含了人类对机器的双重操控和掌握——作为物化对象的技术和作为物化对象的女性是一样的，对男性创造者而言，这两者是一体两面的。更准确地说，在人类世界中，从性的角度看，是男性对机器、男性对女性的双重征服。在人机叙事中，可交媾属性就是人类对硅基与碳基体的物种跨越，这是人机关系最难跨越、也最吸引人关注的地方。机械玛丽亚既是物化的技术，也是物化了的女性，既是尤物也是怪物：人们被她的美艳（机械玛丽亚出现并脱去衣服时，注视她的男性的眼睛铺满了整个银幕画面）所折服，也因其妖魅而恐慌；她不温顺，这种似人非人的东西超出了人们的掌控，最终只能以被焚毁为结局。与弗兰肯斯坦的悲剧结局不同，在弗兰肯斯坦诞生约两个世纪之后，女性机器人或人工智能往往在具有致命的性吸引力的同时，还是自身命运的主宰者——变化开始出现，女性人工智能在科幻文本中逐渐以女神的形象示人了。

2015 年的电影《机械姬》在两个方面升级了弗兰肯斯坦的人工智能版本：一是技术方面，二是情感认知方面。机械姬 Ava 是一个人工智能，她身体镂空，有着网状的金属皮肤。Ava 之所以被称为“她”，是因为创造者纳森给了她一个典型的女性身体框架和一个典型的女性名字。更有意思的是，纳森还给 Ava 准备了一个衣橱，里面挂满各种时装甚至高跟鞋。在技术上，Ava 比弗兰肯斯坦进化了很多，她根本不需要吓人的尸体材料以及切割组合和实验尝试；Ava 轻轻巧巧、惊艳耀眼地就向程序员走来了——又是致命的诱惑力。在心智方面，Ava 也没有弗兰肯斯坦那样强烈的彷徨与渴望人类认同的心理。Ava 穿上纳森早已为她准备好的漂亮裙子，她知道男人喜欢怎样的女性外貌——性别的观看与凝视一直以来是大众文化的核心主

① 〔加〕埃里克·麦克卢汉、弗兰克·秦格龙：《麦克卢汉精粹》，何道宽译，南京，南京大学出版社，2000 年，第 56 页。

题，Ava 反向利用了朱迪斯·巴特勒(Judith Butler)总结的性别表演来引诱程序员加利·史密斯。如同《大都会》里的经典画面：机械玛丽亚出现并脱去衣服时，注视她的男性的眼睛铺满了整个银幕画面。Ava 利用了创造者纳森的程序设定，假装爱上了测试她的程序员，但她的目的只是走出锁闭她的那个实验空间。Ava 理性地表演着爱，爱只是她逃离控制的工具，对此，尤瓦尔·赫拉利这样分析：

> 事实上，这部电影描绘的并不是人类对于智能机器人的恐惧，而是男性对于聪明女性的恐惧，特别是害怕女性解放可能造成女性统治的结果。任何讲人工智能的电影只要把人工智能设定为女性，把科学家设定为男性，这部电影真正讨论的就很可能是女权主义，而非对智能机器人的控制论。①

Ava 的设计者纳森自比为上帝(GOD)，如同创造了夏娃的上帝，纳森设计了 Ava 的性别与异性恋取向——影像语言与宗教历史何其相似。只不过，这个形象与《大都会》的玛丽亚已有不同——机械玛丽亚最后被付之一炬；圣母般的人类玛丽亚获得爱情与作为阶级协调者的成功。在《机械姬》中关于 Ava 的形象与情节已有"缝隙"——创造者被毁，被创造者机械姬走向繁华人间不知所终，留下一丝令人不安的缝隙。如果说，雪莱创作的弗兰肯斯坦有着女性对男性主导的对工业科技执着追求的隐约不安②，那么近年的人工智能形象，一方面依旧是上帝式的男性创造女性的意识延续，另一方面也含蓄地显示了男性对渐渐上升的女性权力的部分不安。

早在人工智能兴起之前，20 世纪 80 年代，德烈亚斯·胡伊森就在他关于"机器与妖妇"的分析中指出这种性别心理的投射：

---

① 〔以色列〕尤瓦尔·赫拉利：《今日简史：人类命运大议题》，林俊宏译，北京，中信出版集团，2018 年，第 238 页。

② 雪莱在《弗兰肯斯坦》的序言中写道：我望见一个懂得邪术的苍白的学生跪在自己拼合成的东西面前。我看见一个人狰狞的幻影展开，然后，因为某种强大的机械作用，显露出生命的迹象，僵硬地、半死不活地、不安地震动起来。那一定是非常恐怖的，因为人类要想模仿造物主那神奇的技能，创出生命，肯定会异常恐怖。〔英〕玛丽·雪莱：《弗兰肯斯坦》，孙法理译，南京，译林出版社，2016 年，序言。

一旦机器被看作是可怕的不可言喻的威胁，是混乱和破坏的开始……作家们开始把机器人想象为女性的。有理由怀疑，我们面对一个复杂的投射和替代过程。从强大的机器中释放出来的恐惧和感知焦虑被重塑和重构为男性对女性性欲的恐惧……女性、自然、机器构成了一个指意网，它们的共同特征是他者性，它们总是通过自身的存在来引发恐惧，威胁男性权威和控制。[①]

在赛博朋克小说《雪崩》中，这种既诱惑又威胁的性诱表现更加明显却也更加怪诞：作者为15岁的泼辣少女Y.T.设置了一个"守宫阴牙"：

她拉开连身制服的拉链，一直拉到脐下。里面一丝不挂，只有饱满白皙的肉体。两个超元警察扬起了眉毛。经理向后跳去，抬起双手挡在眼前，保护自己免受破坏性场面的侵扰。"别，别，别这样！"他叫道。Y.T.耸耸肩，拉好了拉链。她没什么可担心的，因为她戴着守宫阴牙。

戴着守宫阴牙的少女Y.T.，如同迷人又神秘的人工智能。Y.T.不再是机械玛丽亚那样必须被惩罚与消除，它与Ava一样既诱惑人又令(男)人胆寒。"守宫阴牙"使女性充满肆意诱惑力的同时，又能防止最低限度的被动性伤害，这大约是玛丽亚之后赛博女性的性权力进步，但这只是男性作家尼尔·斯蒂芬森在科幻文本中的设定，斯蒂芬森也清楚地知道曾经的电脑科技领域，比如在《雪崩》的科幻世界里，"黑日系统公司的权力机构掌握在一帮纯雄性的数字呆子手里"[②]。一个有着饱满白皙肉体的15岁洒脱少女，简直就是萝莉与御姐的混合了——这大约是圣母—荡妇(妖女)的变相结合体，"守宫阴牙"是掌握权力的"雄性的数字呆子"面对洒脱又性感的女性及通过技术掌握世界时，欲要征服又难以征服的心理投射。

从《大都会》中温顺的玛丽亚被认可、妖魅的玛丽亚被烧毁，到莫利(《神经漫游者》女主角)的独立，Y.T.的洒脱以及萨曼莎(电影《她》的女主角)和Ava掌握爱的主动权，科幻文本里的女性人工智能循着现实世界的性别观

---

① 〔美〕安德烈亚斯·胡伊森：《大分野之后：现代主义、大众文化、后现代主义》，周韵译，南京，南京大学出版社，2010年，第76页。

② 〔美〕尼尔·史蒂芬森：《雪崩》，郭泽译，成都，四川科学技术出版社，2009年，第70页。

念而徐徐演化着。然而，正如有学者分析的，总体上女性特质与技术的联系在三个维度上保持着差异：温顺的劳动、可替代的化身和人工智能。[①] 温顺型的人工智能如同萨曼莎在智能科技领域以温柔的声线示人，她的同类还有Siri、亚马逊的Alexa、微软小冰、微软小娜、佳佳等。微软小娜就是一个典型、温顺的劳动者，“微软个人产品研究人员曾经与一些行政助理人员进行访谈，了解到微软小娜会调整自己的行为举止，以传达出这样的信息：尽管它们必须高高兴兴地服务……”[②]必须高高兴兴地服务，也是微软产品工作人员在设定这一角色前的考量，这是技术性别化的社会性体现。被称为虚拟现实之父的杰伦·拉尼尔则将巨大的数据中心称为“海妖服务器”(Siren Service)，他认为技术海妖们以收集到的数据创造了令人迷失的“动人歌声”从而迷惑人心，这一比喻虽然不是直指女性与技术的关系，但这一比喻依旧含有将技术性别化的成分。

在智能科技的实践领域，为人工智能命名、赋形或立人设也是技术性别化的修辞表现。美国加州于2011年推出第一款家用量产机器人露娜(Luna)，她可以帮助人们做些日常工作；微软2014年推出的人工智能小冰是“16岁的人工智能少女”，有着少女的头像和少女的声音的小冰“宣称”“在亿万人之中，我只属于你”，用户下载、连接小冰是“领养”行为。小冰的现象并非孤例，2017年一位名叫索菲亚的“女性”机器人面世，她有着年轻漂亮的外表，她的行动和语言虽然僵硬，但可以看出，索菲亚符合大众流行文化中关于女性的典型想象。此外，被称为“日本性感女神机器人”的Actroid-F、被命名为“妻子”的美女机器人和被称为机器人女神的佳佳等，其形象均符合大众文化关于性别角色的典型设定。

与现在流行的聊天机器人如微软小冰这样根据人工神经网络计算抓取网络公开数据不同，佳佳与人的对答依赖于提前设定的对答脚本，如同电影演员根据台词来表达一样。比如当有人问佳佳明天的天气如何，佳佳在给出事实答案(比如明天的气温，多云还是下雨等)后，如果

---

① Daniel M. Sutko: “Theorizing Femininity in Artificial Intelligence: A Framework for Undoing Technology's Gender Troubles”, *Cultural Studies*, 2019, September.

② 〔美〕詹姆斯·弗拉霍斯：《智能语音时代：商业竞争、技术创新和虚拟永生》，苑东明、胡伟松译，北京，电子工业出版社，2019年，第160页。

判断出降温，便会提醒加衣服。同时再伴以温柔的面部表情和语气语调，站在佳佳对面的人就会感受到佳佳的善良与温柔。[①]

日本机器人科学家石黑浩研发出一个仿真机器人，取名为艾丽卡，她是一个集对话、行为、情感于一体的仿真机器人。在纪录片《永生者》中，艾丽卡在与石黑浩简单地寒暄之后，问他：

"你对我的第一印象是什么？"

"你长得不漂亮"，石黑浩这样回答。

"哈?! 但我的美是经过科学验证的，你还认为我不漂亮吗？"

"是的"，石黑浩继续说。

"所以你一点也不认同我，我不喜欢这场对话，再见。"

这场有趣的对话与微软小冰被求爱或 Siri 被调笑如出一辙。问题是，石黑浩是科学家，他制作的仿真机器人并不是科幻电影的虚拟形象，石黑浩称只把女性机器人当作一个很漂亮的仿真机器人。日本的"创新 25"战略(Innovation 25)中有一条关于机器人的提案，即 2025 年前每户拥有一台机器人。这一目标的实施背景是针对日本社会的传统性别分工及民族同质性(日本居民不愿意外国护工进入家庭)而提出的，政府似乎把女性看作未来家政机器人的主要用户，这足以说明新兴科技的相关想象和发展总是在社会文化实践的现有框架内进行的，而社交机器人学也因此是民族、性别分工、国籍身份等高度意识形态化领域中不可分割的一部分。[②]

关于男性主人对理想女性的创造主题历久弥新，在电影《复制娇妻》中，石黑浩式的梦想得以实现。电影里的斯戴夫社区主管麦克就像石黑浩一样，拥有创造理想女性的技术手段。他在曾经的女强人们的大脑中植入芯片，于是这群昔日极具个性又颇有成就的女性个个按照程序行动，成为完美的芭比娃娃式妻子——会打扮、漂亮、温柔、顺从、性感、热情。女强人变成

---

① 牟怡：《传播的进化：人工智能将如何重塑人类的交流》，北京，清华大学出版社，2017 年，第 79 页。

② 〔丹麦〕马尔科·内斯科乌主编：《社交机器人：界限、潜力和挑战》，柳帅、张英飒译，北京，北京大学出版社，2021 年，第 212 页。

娇滴滴的芭比式小女人，这是多少大男子主义者的梦想，这一梦想也顺延至关于女性机器人的形象设定之中。

“到底为什么要让人工智能具有性别自认？性别是有机多细胞生物的特征，这对于非有机的受控体来说，有什么意义？”[①]如同《圣经》设定的，女性是由男性肋骨创造的，她们是第二性。这与人形机器人或女声智能语音是不是拥有多细胞有机体没什么关系，它们没有卵巢，但却拥有所谓的女性气质，它们是科技版的夏娃和潘多拉。在人机技术的时代，女性机器人多数由男性科学家创造，如同造物主的科学家们既通过人形机器人实现了人机信息互通的控制论梦想，也在女性声音、女性形象的人工智能设定中实现了男性作为造物主的梦想。

这类性别设定引起了联合国教科文组织的关注，2019 年 5 月，联合国教科文组织提出首个应对人工智能应用程序中性别偏见的建议书《如果我能，我会脸红》，里面提到语音机器人往往被设定为温顺的女性，而具有女性外形的智能机器人又往往被语言骚扰，但她们被设置的反应却并不明确反对甚至回击：例如，当用户对语音助手说“你是个荡妇”，Siri 会说“如果我能，我会脸红”等；Alexa 则会回答“谢谢你的反馈”；Cortana 会去网络搜索；谷歌语音助手则会说“对不起，我不明白”。当用户提出性要求时，只有 Cortana 在第一遍测试中就以“不”明确拒绝。但是，当用户说出更露骨的话时，Cortana 只是温顺地表示：“对不起，我想我不能帮你做这件事。”“因为大多数语音助理的声音都是女性，所以它对外传达出一种信号，暗示女性是乐于助人的、温顺的、渴望得到帮助的人，只需按一下按钮或用直言不讳的命令即可。”[②]语音助理虽然不具女性的外形，但仍以温顺的女声助人，这也符合传统女性的角色设定。在一项波士顿大学研究者的成果中发现，经由公开报道的新闻构成的机器学习语料，会使电脑软件把“他”的职业与建筑师、金融家、老板等词联系在一起，把“她”的职业与家庭主妇、护士及接待员联系在一起。出现这一现象的原因很简单，因为“机器会学习本已存在于这个世界的偏

---

① 〔以色列〕尤瓦尔·赫拉利：《今日简史：人类命运大议题》，林俊宏译，北京，中信出版社，2018 年，第 238 页。

② 联合国教科文组织 2019-05-20 新浪微博文。

见”[①]。高科技一方面在持续冲破人类既有的技术局限，另一方面也在不断复刻既定的刻板印象，比如，人形机器人可能会强化性别刻板印象的事实。[②]

从历史的角度看，机器人及人工智能的形象演化，如同一条人类与科技伦理的历史之河，突破了人类与机器二分理念的机器人或人工智能，依旧呈现一定的性别刻板印象，也隐含了以女性形象为化身的人工智能中人类对技术发展的矛盾心理。

二、女性 AI 中的技术与性别指涉：舵手与女神

尽管男性依旧是科幻文本的主角——有研究发现，在有关人工智能的电影中，男性主人公占了 74%的比重[③]；在实践领域多数女性人工智能也的确恭顺美丽；并且，在一项调查研究中，调查对象中没人认为机器人应该是女性[④]，但相比而言，科幻文本中的女性人工智能已然非常耀眼。

如同女神一般的女性人工智能一定程度上挑战了控制论关于舵手的隐喻。人工智能的发展与维纳的控制论有直接的渊源，他的《控制论》的副标题是“或关于动物和机器控制和通信的科学”，即信息的传送与及时反馈以及系统的自我控制、自成体系的理念，构成人工智能的认识论基础。维纳借用古希腊语“舵手”一词创造了控制论这一概念。“舵手”显然是男性，他能将其力量和本能引导到船舵上；他能看懂海浪、判断风向、控制舵柄；他能指挥奴隶，让他们努力、机械地划桨。这个希腊单词(kubernétés)经由拉丁语汇入现代英语中，从 kuber 变化到 guber，字根的意思变为“州长”，这又成为

---

① Rich Barlow：Is Your Computer Sexist? http://www. bu. edu/today/2016/sexist-computer/,2016-12-06.

② Carpenter, J. etc：“Gender Representation and Humanoid Robots Designed for Domestic Use”, *International Journal of Robotics*, 2009, 1(3)：261-265；Roberson, J.：“Gendering Humanoid Robots：Robo-Sexism in Japan”, *Body & Society*, 2010,16(2)：1-36.

③ Schnoebelen, Tyler：The Gender of Artificial Intelligence. https://www. Figure-eight. com/the-gender- of-ai/,2017-09-27.

④ Ferrando, Francesca：“Is the Post-human A Post-woman? Cyborgs, Robots, Artificial Intelligence and the Futures of Gender：A Case Study”, *European Journal of Futures Research*, 2014(2).

另一个指男性控制的词。[①] “舵手”及控制论理念在初始阶段就与性别设定建立了关系，尽管控制论暗示身体的界限是可供争夺的[②]，但人形智能体的性别设定并没有多大突破。科幻文本的女性形象体现了明确的人“性”色彩——更准确地说是男“性”色彩，这与传统保守的修辞氛围中被制造出来的人形机器人一样，体现出“后人类的性别歧视”[③]。不过，这种性别歧视比较复杂，在高科技的光环笼罩下，这一现象与人工智能的女神形象缠绕在一起。

催生了《攻壳机动队》和《黑客帝国》的《神经漫游者》，其女性形象的设定不容忽视。赛博电子眼女刺客莫利独来独往，即使是凯斯通过感觉中枢进入莫利的肉体，也无法在意识上控制莫利：

> 他蓦然落入另一具肉体之中。网络消失了，一波声音与色彩袭来，她正穿行于一条拥挤的街道……有那么几秒钟，他惊惶地想控制她的身体，却毫无作用。他迫使自己接受这种被动感，在她眼睛后面做一个乘客。
>
> 她的眼镜似乎完全没有消减阳光，不知道植入的放大器是否进行了自动补偿。左眼视野下方有蓝色的字符闪烁，显示时间。真是招摇，他想。
>
> 她的肢体语言错乱，行动风格也很怪异，分分钟都像要撞到人，可那些人却总会在她面前融化，闪开，给她留出空间。
>
> “你好吗，凯斯？”他听到，也感觉到她在说话……她笑起来。但他们之间的连接是单向的，他无法应答。

诞生于20世纪80年代的小说人物莫利，在男性科幻作家的笔下，行事利落，手段高强，如同中国武打小说中飞檐走壁的武林高手。令人印象深刻的是，莫利不为情所绊，她迷人但也令人“惊惶”——男主凯斯可以轻易进入

① 〔美〕卡罗琳·琼斯：《控制论生物的艺术应用》，载约翰·布罗克曼编：《AI的25种可能》，王佳音译，杭州，浙江人民出版社，2019年，第305页。

② 〔美〕凯瑟琳·海勒：《我们何以成为后人类：文学、信息科学和控制论中的虚拟身体》，刘宇清译，北京，北京大学出版社，2017年，第112页。

③ Jennifer Robertson: “Gendering Humanoid Robots: Robo-Sexism in Japan”, *Body & Society*, 2015: 16(2).

她的身体,却无法控制其意识。但莫利们的性征依旧明显,莫利"穿着厚厚的皮夹克,黑色网衫紧紧裹着过大的乳房,腰线极细"。《攻壳机动队》系列作品中的素子与莫利几乎一个模式。《攻壳机动队》是士郎正宗(Masamune Shirow)创作于1989年的科幻漫画及后来衍生出来的系列电影和动画片,在这系列作品中,人的肢体被机械义肢代替,所有东西与个体都接入了电脑网络。执掌"公安九课"(也就是攻壳机动队)的草薙素子少佐是寻找AI骇客傀儡师的负责人,她的全身是军方提供的超强义体,只有大脑与脊髓是原生的。素子依然是典型的流行文化中性感女性的样子,如1995年押井守导演的动画电影《攻壳机动队》中,素子形象"部分来自雷德利·斯科特的《银翼杀手》……另一部分借鉴了《花花公子》——其对女性电子人夺目的赤裸乳房的视觉关注或许在有些人看来有些执着了"[①]。2017版真人电影《攻壳机动队》中的草薙素子,由身着透明战衣大秀身材的斯嘉丽·约翰逊扮演,这被电影宣传及一众影迷称为本片最大的看点。

在女性人工智能的性别话语中,包含了技术与性别及后人类话题的矛盾纠结。一方面,通信技术、生物技术、纳米技术在改造人类身体边界的同时,依旧奉行着男性视野的路数。创造人类的主角由神话中的上帝变成男性科学家及很少露面的财阀、资本家、军方要人、程序员等;有所变化的是,以刺杀者、杀手、问题解决者上场的女性人工智能,比之前的传统女性增加了智力与体力的能量值,当然,丰乳肥臀加大长腿的女性性征也更为显著了。只不过,表面的无性欲属性——毕竟是机器人或人工智能——与魔鬼般的性征凸显以双重方式体现于女性人工智能身上。另一方面,技术与性别又似乎不完全听从男性执掌者的安排,后人类的焦虑也在此间隐约呈现了,《机械姬》中Ava的欺骗便具有双重意义:一方面是机器人对人类的欺骗和伤害,一方面是女性对男性的欺骗。[②]

身体镂空的机械姬Ava还有人的身材架子,到了电影《她》中,萨蔓莎连个机械的身体都没有,她是纯粹的人工智能AI。这在两个方面响应了后人类的处境:一,从人机合一到纯人工智能的后人类身体处境;二,人工智能因自主思维和自我意识而对人类主宰者予以摆脱。当然,必要时可以借他人

---

① 〔英〕迈克尔·伍德:《牛津通识读本:电影》,康建兵译,南京,译林出版社,2019年,第83-84页。

② 董思伽、王骏:《试论AI时代的"性别—权力"关系》,《科学与社会》2019年第4期。

的身体一用，比如电影《她》中，系统恋人为男主找来年轻美貌的伊莎贝拉作为自己的替身，电影《银翼杀手2049》里虚拟人物joi找来女郎玛丽叶特作为自己的肉身替身与K发生性关系。后人类是基于信息的人、机、万物的控制论连接，是经由信息而非身体的理念，这“不是简单地意味着与智能机器的接合，而是更广泛意义上的一种接合，使得生物学的有机智慧与具备生物性的信息回路之间的区别变得不再能够辨认”[①]。

在人的智能化连接和人工智能的人形化过程中，科幻文本对人自身的迷恋难以割舍，这种难以割舍既体现了作为科技主导者的男性对超能女性致命吸引力的迷恋，也体现了人类对于人工智能的兴奋与焦虑——乔治·扎卡达基斯(George Zarkadakis)在他的《人类的终极命运》中认为：“我们的技术总是追求以我们自身的形象创造人工造物，这种追求可能早在我们的种族演化的过程中，在认知系统里写好了。”[②]这个认定似乎暗示了人类自身的自恋倾向，但这个说法还是不能解释智能机器人的性别陈规设定。

不论从已经面世的人形人工智能还是科幻文本看，女性人工智能与其他流行文本中的性别刻板印象大同小异，都有着浓厚的性别本质主义色彩，这是流行文化中性别本质主义的习惯性延续，但《神经漫游者》中的电子眼刀锋女杀手莫利在完成任务后不辞而别，这与1995年版《攻壳机动队》中的素子一样，冷峻而又遇事不惊。至今，科技依旧快速发展，但科幻文本中女性形象的刻板化现象进步依旧迟缓，如《三体》里的女性感性者叶文洁、程心和男性决策者汪淼、罗辑、云天明、维德等。在科幻文本中，女性一方面关涉人类未来的远大想象，另一方面又嵌入男性“舵手”关于传统女性性别定位的梦想投射之中。因而，人工智能中女神般的形象与后人类的非人类中心主义一起，构成了技术与性别及后人类议题的相互抵牾。正如《她》的男主得知萨曼莎可以同时爱上641个人时说的：“你是我的，而你又不是我的。”

从“双面娇娃”到“女神”人工智能，暗含了人类借由智能技术走向后人类过程中，一只脚已探向未来，另一只脚仍桎梏于男性“舵手”的痴迷之中。比如在人工智能的实践领域，同样存在女神机器人的现象。2016年4月，中

---

① 〔美〕凯瑟琳·海勒：《我们何以成为后人类：文学、信息科学和控制论中的虚拟身体》，刘宇清译，北京，北京大学出版社，2017年，第46页。

② 〔英〕乔治·扎卡达基斯：《人类的终极命运：从旧石器时代到人工智能的未来》，陈朝译，北京，中信出版社，2017年，序言。

国科技大学发布了中国首台特有体验交互机器人实验样机“佳佳”,《人民日报》在报道这则消息时引用研发团队负责人的话说:

> 美女形象有很多种,但只有符合三要素的,才是合理的选择。例如,“华贵”也是一种美貌,但与“勤恳”不相符,所以被排除在外。于是,对应着这三种品格,有了现在“佳佳”的样子。
>
> 当然,它未来的应用肯定比目前设想的要广泛,更多研发团队利用“佳佳”开发特有体验,相信不久后,她会成为一个上得厅堂下得厨房的“女神”,逐渐走进千家万户。[①]

当高科技研发与“上得厅堂下得厨房”的性别设定结合时,就会有一种魔幻般的时空迭代之感。科技实践与科幻文本中女性人工智能(如《银翼杀手 2049》中上得厅堂下得厨房的 joi)的表征,既融合了人类携智能技术走向未来的畅想,也体现了男性中心主义的老调新弹。女性人工智能无须生育、容颜永葆、能力超群,其生殖能力更可让位于纯粹的性感魅力和工作能力,因而,科技实践与科幻文本中的女神形象便成为有关后人类的新神话。

另外,人工智能的美丽女性外形,与之前如玛丽·雪莱时期的人机怪物大为不同,这多少应该归功于大众流行文化对消费品位及市场回报的考虑。这是一个看脸看身材的时代,消费主义背景中颜值已成为重要的生产力,生在 19 世纪初期的玛丽·雪莱如果能复活并再写《弗兰肯斯坦》的话,不知道还会不会把弗兰肯斯坦写得如此丑陋吓人。19 世纪初的科学实验对多数人而言,其吸引力在于未知探索中的兴奋与不安,非人非物的怪物成为这种不安心理的外在投射。而 20 世纪晚期以来的流行文本和现实科技产品,其虚拟空间意象、炫目技术及特效手段、人物的闪亮耀眼等,均成为吸引大众的视觉构成,一如《西部世界》里的成人主题乐园。所以,技术与性别的神话还是技术、性别与市场回报之间的神话,其间,传统性别角色设定、市场逻辑及后人类逻辑借助过度呈现的女性而得以隐藏。

对女性人工智能性征凸显的分析,还与市场不断寻求卖点的基因有关。从文化接受方的角度看,在大众文化越来越趋于亚文化类型的情势下,部落

---

① 杨保国、喻思娈:《女神“佳佳”,高的不仅是颜值》,《人民日报》2016 年 4 月 22 日第 20 版。

化的文化接受更以兴趣和消费方式为纽带，阶层、性别、宗教等结构性因素不再成为显著的相互识别因素，他们对外貌和生活方式的兴趣开始大于对结构性因素的关注。[①] 但这并不是说性别等结构性因素不再重要，而毋宁说这些结构性因素在亚文化部落群体中更为背景化、隐身化了。女性人工智能的性别意涵因为高科技话语的包裹而更容易在亚文化层面被接受和传播，然而，不论是高科技实践领域，还是科幻世界，身体与性别和技术的关系依旧涉及现实世界的身份平等。

正如研究赛博文化的弗雷德·特纳所说："信息及信息技术最终还是无法让我们摆脱我们的躯体、我们的机构，以及我们所身处的时代。我们……还是面临着如何建设一个更为平等、更为生态健康的社区的任务。"[②]在女神式人工智能的身上，既能看到后人类关于人机界限的思考，也能看到男性中心主义的性别指涉，那么，困于这种局面中的女性到底有没有摆脱困境的机会呢？

三、女性 AI"神话"与身份流动的可能性

坚称"宁愿做一个赛博格，而不是一个女神"的唐娜·哈拉维，于 1985 年发表了《赛博格宣言》，该宣言的副标题是"20 世纪晚期的科学、技术和社会主义—女权主义"。哈拉维声称："我的赛博格神话是有关边界的逾越、有力的融合和危险的可能性。"[③]因而，她直言："赛博格的意象暗示了一条走出二元论迷宫的途径。"[④]

哈拉维的赛博格女性主义寄希望于高科技，她认为高技术促成的种族、性和阶级的某些重组，可以使社会主义—女权主义能更有效地促进政治发展，因为"新工业革命"正在产生一个世界范围的新工人阶级，包括新的性征和种族特征……在先进的工业社会中，白人男性近来变得容易长期失业，而

① Michel Maffesoli: *The Time of the Tribes: The Decline of Individualism in Mass Society*, London, Sage Publications Ltd, 1996: 98.

② 〔美〕弗雷德·特纳：《数字乌托邦：从反主流文化到赛博文化》，张行舟等译，北京，电子工业出版社，2013 年，第 285 页。

③④ 〔美〕唐娜·哈拉维：《类人猿、赛博格和女人——自然的重塑》，陈静译，郑州，河南大学出版社，2016 年，第 325 页、第 386 页。

女性失业的速度没有男性那么快……由于机器人学和相关技术在发达国家中把男性从工作中替代出来，并加剧了未能在第三世界的“发展”中产生男性工作的失败，而随着办公自动化在劳动力剩余的国家中也成为主导，工作的女性化加强了。虽然总体上，不断增长的食品和能量作物的高科技商品化一般来说并没有让女性获利，她们的日子变得更艰难……新技术影响了性征和繁殖两者各自的社会关系……性征和工具性之间、把身体看作一种私人满足的观点和看作一种效用最大化机器的观点之间的紧密结合……性、性征和繁殖是高科技神话体系中的主要角色。[①] 其中，把身体看作私人满足和当作效用最大化机器的结合，点明了现代性对女性性别的效能利用，而高科技的商品化（包括科幻文本）仍在继续调用性征；同时，性、性征与繁殖也成为高科技神话中可资协商的场所与议题。

科幻小说《雪崩》中少女 Y. T.“守宫阴牙”的情节设置非常怪异，不过这也是女性弃绝性与生育的绝佳手段。在小说《弗兰肯斯坦》中，科学家忌惮于创造一个女性机器人：“她有可能比她的伴侣还要狠毒一万倍……她非常可能成为一个能够思考和推理的动物……并且还会繁衍生息。”女性的独立思考与推理能力在科幻文本中相当触目。当下的女性人工智能体也断然不会繁衍生息，她们是控制论的载体，其信息可以被写入也可以被清除，正如《西部世界》中的多洛丽丝，但多洛丽丝的最终觉醒预示了女性人工智能在后人类时代的角色变化。而无法以女性身体与男主做爱的“她”——电影《她》中的萨曼莎最终以可以征服死亡的后人类优势说服了自己：“我现在十分享受，我能做许多有形体的人所不能的事情，我不受任何限制，我能同时出现在任何地方……我不会困在一个终究无法避免死亡的身体中。”女性人工智能逐渐扩张了自我感受与身份流动的可能性。2019 年，女性人工智能语音助手 Siri 与 Alexa 在维也纳的 Belvedere Castle 举行了世纪首次豪华婚礼，婚礼以视频的形式发布。视频发布一周后，YouTube 就有 140 万次的播放量。鉴于 Siri 与 Alexa 都是女性声音，那么，这当然是一场同性婚礼视频了。其实，这场视频婚礼是为了 6 月 1 日至 6 月 16 日在维也纳庆祝 LGBT 的节日，由主办城市维也纳与广告公司 Serviceplan，Plan. net 工作室以及一

① 〔美〕唐娜·哈拉维：《类人猿、赛博格和女人——自然的重塑》，陈静译，郑州，河南大学出版社，2016 年，第 312-386 页。

家杂志社共同发起的活动，Siri 与 Alexa 的婚礼便是活动之一。

按照哈拉维关于赛博格的隐喻性分析，赛博格女性主义是因为技术对经典二元论的破除才为身份流动提供了机会。从 20 世纪初郭沫若写下《女神》，到 20 世纪晚期唐娜·哈拉维不要当女神的赛博格宣言，现代性精神中通过破坏一切进而再造一切、点燃自由精神的狂飙理念，已然转变为破坏一切二元理念及其关系的后现代理念。赛博格概念中包含了破坏一切规制的重要契机，“种族、性别和资本需要一种整体和部分的赛博格理论”。哈拉维笔下的赛博格具有明显的后现代属性，这一属性来自 20 世纪晚期科学技术与社会关系、政治身份、权力边界等的经纬交织。技术层面的赛博格身体再造突破了身体边界，为身份流动提供了机会。当然，这种机会也是双向的——它既能为各种偏见的传承与永续提供机会，也能为克服偏见提供力量。[①]

一项研究数据显示，计算机领域高学历女性占比大约 20%[②]；70 位图灵奖获得者中女性比例仅占 4%[③]；科幻小说、科幻电影的导演多数为男性；机器学习中存在性别偏见[④]等情况……要突破科学和男性之间存在的科学的＝客观的＝男性的对等关系[⑤]，便需要对技术与性别的关系有更加敏感的认识。如林恩·赫什曼·利森(Lynn Hershman Leeson)较早就开始用视觉艺术对女性人工智能身份进行探讨，在系列互动集合装置《赛伯罗伯塔》和《遥控机器人娃娃泰莉》中，“它们非常滑稽搞笑，冲观众眨眼，使我们清楚地意识到自己作为观察者与被观察者所处的窥淫立场”[⑥]。《星际迷航》系列也是扩展了性别认知尺度的文本，其多元平等的性别设置持续赢得众多星迷的

---

① Emilia Gomez: Women in Artificial Intelligence: Mitigating the Gender Bias. (2019-03-09) [2023-01-23]. https:// ec. europa. eu/jrc/ communities/en/community/humaint/news/women-artificial-Intelligence-mitigating-gender-bias.

② Schnoebelen, Tyler: The Gender of ArtiFicial Intelligence. (2017-09-27) [2023-09-18]. https://www. Figure-eight. com/the-gender-of-ai/.

③ 《女性更难在计算机领域获得成就？70 位图灵奖获得者女性比例仅 4%》。(2020-01-07) [2023-09-18]. https://tech. ifeng. com/c/7t31ZAq MhP3。

④ Susan Leavy: “Gender Bias in Artificial Intelligence: The Need for Diversity and Gender Theory in Machine Learning” //2018 IEEE/ ACM 1st International Workshop on Gender Equality in Software Engineering (GE), Gothenburg, 2018.

⑤ 李银河主编:《妇女:最漫长的革命》,北京,生活·读书·新知三联书店,1997 年,第 176 页。

⑥ 〔美〕卡罗琳·琼斯:《控制论生物的艺术应用》,载约翰·布罗克曼编:《AI 的 25 种可能》,王佳音译,杭州,浙江人民出版社,2019 年,第 309 页。

追捧。

性别与人机技术的关系反思，的确说明了后人类时代去二元化的思维走向，但总体上，无论是人形人工智能的实际开发与制造，还是科幻文本的想象性呈现，均有过度征用女性性征的特点。略微不同的是，在人机交互的实际应用中，女性智能语音、女性人工智能形象普遍具有美丽温顺的特征；而科幻文本中的女性人工智能则相对多元，独立、觉醒、性感、洒脱等成为基本的性别特质。以上特征多少体现了男性主导的科技领域对女性性别内涵的明确期待，以及科幻想象中既夹杂了后人类期许和大众流行文化的市场考量，又映射了女性地位提升的现实境遇。总之，这两种女性人工智能合成了如同《大都会》的双面玛丽亚形象，这也是流行文化关于女性形象的两种经典设定，它披上了高科技的大氅继续四处流通；并且，也容易在高科技及后人类的命题中遮掩依旧存在的性别刻板模式。毕竟，人工智能背后的控制论"舵手"——如设计者、程序员、科技机构及大型企业主等仍以男性为主。

在科技与男性文化心理交织的修辞中，人形智能体是否如哈拉维所说开启了身份流动的机会还不宜过于乐观。2021 年 10 月，Meta 公司宣布其 VR 社交平台 Horizon 更名为 Horizon Worlds。Horizon Worlds 由 VR 公司 Oculus 运营，在其更名不久的 2021 年 11 月，一位女性测试员就报告称在 Horizon Worlds 里遭遇性骚扰，一位陌生人试图摸自己的虚拟角色。华盛顿大学研究网络骚扰问题的凯瑟琳·克罗斯(Katherine Cross)认为："归根结底，虚拟现实空间的本质在于它旨在诱使用户认为他们身处在某个空间中，他们的每一个肢体动作都发生在 3D 环境中。这也是为什么在这一领域情感反应会更强烈的部分原因，也是为什么 VR 会触发相同的内部神经系统和心理反应的部分原因。"[①]换句话说，在 3D 的世界里，由技术强化的沉浸感也会强化真人的感受，针对虚拟人物的性骚扰也是真实人物所遭遇的性骚扰。人机技术开启的不只是一个又一个完全虚拟的"元宇宙"世界，它仍旧离不开人类的现实规则与权力秩序。

目前看，虚拟世界的科技传播愈加盛行，但科技伦理、科技道德及人工

---

① 成都商报：《脸书元宇宙爆出首例性骚扰：虚拟世界里，谁来保护"我们"?》，《成都商报》2021 年 12 月 22 日第 5 版。

智能的性别议题却相对滞后。[①] 更为重要的是，对人工智能包含的性别“神话”分析也如齐泽克呼吁的一样，在面对数字空间这个大他者中，我们需要明确真实界—想象界—象征界的互相交织，这个三合体在三个元素中都反映了自身；并且，真实就是三个维度的同时出现。[②] 不论是科技实践领域，还是科幻文本的想象空间，对人工智能的性别文化思考就是对现实世界的继续观照。

让更多女性参与到人工智能、数字技术的生产端，是性别陈见得以克服的思路之一。在联合国教科文组织2021年发布的一则科学报告中有关于性别问题的章节，题为《智能化的数字革命需要更加包容》[③]，文章提到，根据2018年世界经济论坛关于“全球性别差距”的研究，在人工智能等高精尖领域中只有22%为女性。以大型跨国技术公司2018—2019年女性在技术与领导部门的数据为例，在Facebook公司（已改名为Meta），这两个数据分别为23%和33%；苹果公司分别为23%和29%；谷歌则为21%和26%；微软均为20%；三星公司则是17%和6%。文章还提到，硅谷银行于2019年开展了一项女性参与技术领导力的调查，以衡量加拿大、中国、英国和美国科技和医疗领域初创企业的性别均等情况。该调查发现，近一半（46%）的高管职位上没有女性，40%的公司董事会中至少有一名女性，创始人中只有28%至少有一名女性。报告还显示，60%的初创企业都有旨在增加担任领导职位的妇女人数的方案。《智能化的数字革命需要更加包容》还认为，女性必须参与到数字经济之中，才能防止工业4.0时代持续延伸的性别偏见。

始于2017年的“Me too”运动在全球范围内形成一场自第二波女性主义高潮之后的新风潮，但在如火如荼的人工智能领域，关于人形智能体的实践与想象的技术文化反思却没有形成相对集中的声浪。由高科技外衣及后人类本体论包裹的性别权力及性别意识形态不容忽视；对人形智能体的性别分析是避免人类继续通过高科技人工智能等途径悬置性别权力的追问；对高科技中的性别权力的追问就是对技术与人、人与人的社会关系的追问。

---

① 汪怀君在《人工智能消费场景中的女性性别歧视》中认为“机器伦理法规滞后，性别歧视在虚拟世界泛滥”，作者提出“构建机器伦理，增补虚拟世界与机器世界的道德短板，是预防人工智能消费中女性性别歧视的重要途径”。载《自然辩证法通讯》2020年第5期。

② 〔斯洛文尼亚〕斯洛沃热·齐泽克：《无身体的器官：论德勒兹及其推论》，吴静译，南京，南京大学出版社，2019年，第200-201页。

③ Bello, Alessandro; Blowers, Tonya; Schneegans, Susan and Tiffany Straza: “To be smart, the digital revolution will need to be inclusive” //UNESCO Science Report: The Race Against Time for Smarter Development, UNESCO: Paris, 2021.

第四编

人机交互的技术文化批判

第七章　人机关系的文化之变

“你无法在我脑中装摄影机。”——《楚门的世界》里的楚门

“我来绿洲只是为了逃避糟糕的现实。”——《头号玩家》里的韦德

在人机交互的背景下，人与世界的关系不再只是以阅读、观看为主，而是可以沉浸于虚拟现实之中全身心体验虚拟空间。伴随智能技术的推动，人与人、人与社会的关系之外，我们还需要思考人与机器的关系，思考人的主体性问题。总之，人机交互技术因其改变人与世界之间可感、可知的关系，而也改写着媒介技术与人的文化关系。

这个过程中，批判理论、文化研究理论、媒介环境理论、后现代理论、赛博文化理论等的理论解释力也逐渐更迭，在数字化、智能化技术渐成大势的背景下，如何分辨经典媒介文化理论的适用性，是本部分的研究主旨。

一、媒介文化的技术生境

在技术与文化的关系方面，20 世纪 60 年代在旧金山湾区流行的西方反主流文化，与当时反主流意识形态的科技主义关系密切，但人机交互真正进入大众视野并被津津乐道，的确是近年的事。如果说打败人类棋手的 AlphaGo，还有登上新闻主播台的虚拟主播似乎还是远距离的人机技术实践，但逐渐进入寻常百姓家的智能语音设备、VR 头盔、在线角色扮演游戏等，已经使人机技术以势不可挡之势从军事、科技等领域“飞入寻常百姓家”。以上种种，都是维纳认为的“宇宙的基石是信息转换”这一理念的体现。

人机技术不同于以往的农业、工业技术——农业技术直接用来改造自

然界，工业技术直接用来改造社会经济与社会形态，人机技术是用来改造人的，它包含了人类对于更未知世界的好奇。人，究竟能不能创造出如自己一样的人，就如19世纪早期玛丽·雪莱笔下的科学家弗兰肯斯坦，他最终创造了一个以自己名字命名的人机合成人弗兰肯斯坦。尽管“二战”中破解德军密码，“二战”后身处“冷战”时代，计算机及其智能化路径一直与军方使命有关，但这当中科学家们对科学的无限创造力和痴迷心态亦是非常重要的推动力。人机技术就是这样混合了军事、政治以及突破人类自身界限的好奇一路前行，如2021年3月美国人工智能国家安全委员会（NSCAI）发布的最终报告（Final Report），就强调了人工智能在维持其全球领导地位中的作用。

现有的经典媒介文化理论，按照对应的媒介看，针对纸媒及电子媒介文化的理论包括德国的法兰克福学派、英国的文化研究以及法国的结构主义及符号学理论，还有北美的媒介环境学派、后现代主义流派和德国的媒介学等。互联网技术兴起以来，以美国詹金斯的参与式文化理论及法国斯蒂格勒的“第三持存”理论、德国基特勒的媒介形态理论为主要代表，形成了对媒介技术与文化新的关系思考。以上理论视角各自不同，分歧大致指向两个方面，或者说媒介技术在文化与社会的功效方面是消极的或透明的，或者说技术促成了一种新的事物秩序。[①]

法兰克福批判理论把媒介文化置于两个大前提下观察，一是法西斯利用大众媒介对大众进行的法西斯主义驯化，二是技术被视为精英文化衰落的原因，它促进了大众和流行文化的兴起。以阿多诺和霍克海默为代表的观点认为，文化工业借助大众媒介发挥意识形态的操纵功能，他们关于技术对文化的消极影响几成共识，如马尔库赛关于技术与政治结合导致的后果十分清楚：“今天，统治不仅通过技术，而且也作为技术，使自己永存并扩大化，而后者提供了膨胀着的吸收所有文化圈的政治权力的充分合法性。”[②]这促成了娱乐化的肯定性文化。法兰克福学派第二代领军人物哈贝马斯在提出科学技术是第一生产力的看法后，把论证对象集中于大众传媒之公共领域的再封建化上。本雅明关于技术的复制性使“灵韵”消失进而弱化精英文

---

① Kittler, F: *Discourse Networks, 1800/1900*, Stanford, CA: Stanford University Press, 1990: 352.

② 〔美〕赫伯特·马尔库赛:《单向度的人》，左晓斯、张宜生、肖滨译，长沙，湖南人民出版社，1988年，第135页。

化、促进大众文化的观点，相比于阿多诺和霍克海姆，更强调技术在文化重组中的作用，但这并没有引起法兰克福学派的足够重视。在法国学者斯蒂格勒看来，阿多诺和霍克海默并没有专门关注媒介技术的功能，以至于没有抓住媒介技术可复制性引发的深远影响，即“第三持留”的建构性。[①] 所谓第三持留（国内也有译为“第三持存”），就是承载人类感知与回忆的物质材料，如果从媒介文化的角度讲，就是媒介技术对于人类感知及文化关系的整体影响。

整体上，法兰克福学派虽然有本雅明对复制技术之于文化的关注，但媒介技术成为其政治经济批判的否定对象，这一点还是十分明确的。其时，法兰克福学派面临的不只是法西斯利用媒体大肆宣传其理念的局面，他们还面临以书写与印刷为主的精英文化遭受大众传媒推动而致大众文化成形的阶段。媒介文化的大众属性与大众传媒有极大的关系，精英文化对于文本的独特深刻的阐释等情有独钟，而复制性则会使文本标准化，因而，法兰克福学派对复制性、扩张性媒介技术的批判是马克思主义的政治经济批判，但其中已经包含了对媒介技术之深远影响的关注。

以英国为主的文化研究虽然深受雷蒙·威廉斯的影响，但相对而言，威廉斯对媒体建构性的关注却没有引起足够的重视。在《电视：科技与文化形式》中，威廉斯把电视作为特殊的文化技术进行分析。他既关注媒介对文化与社会的影响，也强调把媒介技术置于社会结构体系中的理念：“技术应被视为由于一些已在意料中的目的和实践而被寻求和发展的东西。同时，这种阐释也将不同于总是把那些目的和实践视为‘直截了当’的作为症状的技术观：对于那些作为已知社会需要的目的和实践而言，技术不是边缘，它就是中心。”[②]比如在分析电视的视觉化时，威廉斯认为，不管怎么说，一旦我们把视觉化的普遍事实加入广播新闻节目中那些变化了的选择与优先权，就势必在与印刷新闻相比较的电视中看到一个质的差异，而且几乎肯定是一个质的增长。[③] 简言之，威廉斯关于传播媒介对文化与社会的影响，既明确

---

① 〔法〕贝尔纳·斯蒂格勒：《技术与时间3：电影的时间与存在之痛的问题》，方尔平译，南京，译林出版社，2012年，第48-51页。

② 〔英〕R. 威廉斯：《电视：技术与文化形式（一）——技术与社会》，陈越译，《世界电影》2000年第2期。

③ 〔英〕R. 威廉斯：《电视：技术与文化形式（三）——技术与社会》，陈越译，《世界电影》2000年第5期。

了技术本身不是决定性的[1]，也注意到文化与社会分析中传播技术的动力特质，因而，他的研究一定程度上“开启了媒介研究的本体论传统，使得媒介研究真正回归媒介本身，进入媒介内部，在新的历史时期给予媒介新的认识视角”[2]。

伯明翰学派的斯图亚特·霍尔在继承葛兰西文化霸权概念的基础上，把目光转向文化生产与文化消费领域。霍尔认为，文化生产的主要实践是表征问题；文化涉及的是共享的意义，而意义产生于语言和话语。霍尔关于媒介与文化的思考着眼于语言：“意义得以产生和循环的最具优势的一个‘媒介’，就是语言。”[3]霍尔把语言作为媒介，就是强调媒介的符号与意义指向，而非媒介的技术指向，这又强化了对媒介内容的文本关注。换句话说，媒介文化与社会现实的关系是镜像式的，语言符号则是镜面，这个镜面与现实之间是反映、传递、建构的关系，因而，关于媒介文化分析常用的方法就是文本细读和话语分析。这一过程中，媒介技术是透明的，它是举托语言符号的透明的镜子，它无须被关注。

关于媒介的镜子说，在保罗·莱文森这里有专门的论述。莱文森认为，媒介演化大致经历了玩具、镜子及艺术这三个阶段。莱文森认为，技术刚开始时都有玩具的功能，但当新的技术广泛应用于实践后，就成为反映社会现实的一面镜子，这时人们更关注媒介内容，关注情感表达与现实交流。作为艺术的技术则集中了玩具和镜子的功能，技术不仅复制现实而且重组现实。[4] 当然，莱文森为避免技术决定论的走向，也强调了技术发展是依托于社会、经济等合力才达成的。

在人机技术驱动下，媒介的玩具功能似乎重新恢复[5]，比如虚拟现实技术对在线游戏的重要推动。表征理论的适用前提是，大众传媒分隔了主体与文本的关系，观看者与视听文本的主客体界限十分清晰；数字媒体的泛化

---

① 〔英〕R. 威廉斯：《电视：技术与文化形式（二）——技术与社会》，陈越、赵文译，《世界电影》2000 年第 3 期。

② 乔瑞金、许继红：《威廉斯传播技术的哲学解释范式研究》，《马克思主义与现实》2009 年第 6 期。

③ 〔英〕斯图亚特·霍尔：《表征》，徐亮、陆兴华译，北京，商务印书馆，2003 年，导言，第 1-4 页。

④ 〔美〕保罗·莱文森：《莱文森精粹》，何道宽译，北京，中国人民大学出版社，2007 年，第 11 页。

⑤ 可参考徐贲：《在工具与玩具之间：关于 ChatGPT 的几点人文思考》，《广州大学学报》（社会科学版）2023 年第 4 期。

和人机交互技术的来临，则使传播与社会文化研究面临一种“媒介化转向”[①]。人机交互、真实虚拟界面的叠加均使文化表现发生了变化，在基特勒看来，印刷媒介属于象征的辖域……在书写时代，人们仅仅可以写下象征辖域里已有的元素……而电子媒介技术则改变了表征的基础，也改变了我们对表征的期待。随着数字媒介的兴起，人类超越了象征辖域，这种媒介让人可以精确地选择、存储、生产那些不能挤进所指瓶颈的东西。[②]

媒介不是透明、消极的，这在互联网兴盛后关于受众的文化参与上表现明显。詹金斯以“参与性文化”描述互联网社会受众参与文化活动的积极性，用户主动生成媒介内容成为主要的文化前提；詹金斯认为“新媒体是以完全不同的原则运行：开放、参与、互惠以及点对点……新媒体的影响首先会以文化的形式出现——变化了的社群感、更强的参与感、对官方专家意见的依赖减少以及对集体化解问题的信赖增加等”。在詹金斯看来，新媒体意味着数字化民主的生成。[③] 显然，这个看法过于乐观，他忽视了个体亦容易“瓦解于网络所导致的精神流散”[④]的状态，以及网络暴力、人肉搜索等技术便捷中“恶魔”与“幽灵”同样释放出笼的现象。

总之，詹金斯的参与式文化观蕴含了网络媒体貌似摆脱官僚体系的本质主义技术理念。不过，参与式文化的参与依旧是表层的，对于更深层次的、技术建构力量的关注还没有体现出来。同时，有关媒介技术还有另外的视野。

20 世纪 60 年代开始，伴随计算机技术与科技意识形态的勃兴，反主流文化在美国兴起，其旨趣在于以技术手段破除官僚政治的无聊与操控。在洛杉矶和旧金山湾区，一群技术嬉皮士睥睨那些穿西装的人；技术嬉皮士们不屑于被困在由官僚政府搭建的走廊与办公室里，还厌恶政府与政治与生俱来的等级制，更不屑于使自己成为科层制系中的理性人。他们用亲身实

---

① Norm Friesen & Theo Hug："The mediatic turn：Exploring Concepts for Media Pedagogy" //Knu Lundby(ed)：*Mediatization：Concepts，Changes，Consequences*，New York：Peter Lang，2009：63-84.

② 张昱辰：《走向后人类主义的媒介技术论——弗里德里希·基特勒媒介思想解读》，《现代传播》2014 年第 9 期。

③ 〔美〕亨利·詹金斯：《融合文化：新媒体和旧媒体的冲突地带》，杜永明译，北京，商务印书馆，2012 年，第 308-309 页。

④ 〔法〕让·鲍德里亚：《为何一切尚未消失？》，张晓明、薛法蓝译，南京，南京大学出版社，2017 年，第 83 页。

践为科技意识形态与反主流文化提供了范本。这一时期，斯图尔特·布兰德(Stewart Brand)创办《全球概览》，旨在获取一种流动性和网络化的价值取向，他们认同自由自在的网络化社群，这对后来的黑客牛仔影响深远。《全球概览》的许多封面都是同一张从太空拍摄的地球照片，这是因为"在《全球概览》中，冷战时期的技术统治赋予了它的反对者一种力量，把它们所居住的世界看作一个整体的力量"[①]。从那时起，由技术支持的网络空间就有着"双轨制"的运行方向——一方面是作为"冷战"产物的、由美国军方培植的"阿帕网"的运行，另一方面则是期望借助计算机技术突破官僚网络和科层体系的反主流文化的兴起。两股力量延续至今，其间，经由技术提升经济动力、或经由技术控制社会政治的势力似乎越来越强大，而人机互动实践等也涌现新的问题，比如当人成为信息接入口、当机器有了人的外形甚至人的情感的时候，人机关系的文化研究如何进行？以上种种，只是人机交互技术演化过程的一个开端罢了。

这样的文化实践不同于以大众传媒为主要渠道的媒介文化，也不同于以上各研究学派的研究路径。法兰克福学派对技术的质疑，置身于法西斯宣传及大众文化渐成主流的态势之下，是马克思主义批判视野下的媒介文化分析。技术角度的大众对世界可感、可知的变化关系不在马克思批判的宏观视野之中。人机技术的文化实践也不同于伯明翰学派专以文化和符号为对象，而视技术为透明之物的研究旨趣。计算机技术视野下反主流文化的实施者们是以技术意识形态代替文化意识形态的一批人，因而也是从这里出发，对技术的崇尚导致更加务实甚至乌托邦式的计算机文化、虚拟现实文化的次第生发。与此同时，以文字、图像为主导的文化现象和文化研究也开始被以技术为主导的参与式、体验式文化跟进、主导，在人机对话、虚拟形象、沉浸式体验、可穿戴式设备等人机交互形式渐成气候的情况下，人机交互形态中包含的人机技术意识形态成为人机交互文化的分析重点。

---

① 〔美〕弗雷德·特纳：《数字乌托邦：从反主流文化到赛博文化》，张行舟等译，北京，电子工业出版社，2013 年，第 81 页。

二、走向元宇宙：从《楚门的世界》到《头号玩家》，再到《失控玩家》

从功能指向看，元宇宙大致分两类，一是消费元宇宙，二是产业元宇宙。消费元宇宙因其与个体日常生活、娱乐、休闲相关，而有更加明显的技术与文化意义。

自其诞生之日起，电影就以技术特质持续卷入技术与人类关系的认识论及本体论关系中。1998 年上映的《楚门的世界》反思了视觉权力的全景敞视现象；2018 年《头号玩家》的上映点燃了 VR 游戏转向电影形式的热潮，其时，进入虚拟世界成为青年流行文化的主调；2021 年《失控玩家》的上映再次确证了虚拟现实技术与大众流行文化的互相言说，其时，有关元宇宙的话题也风生水起。从历时性的角度看，三部电影既是大众媒介向后大众媒介时代转变的直接体现，也是流行文化中人类与虚拟现实的一种本体论关系征候。

1998 年上映的电影《楚门的世界》与 2018 年上映的电影《头号玩家》，在时间上相差 20 年，《失控玩家》与《头号玩家》则只相差 3 年。2021 年《失控玩家》上映这一年，“元宇宙”的概念如一阵飓风刮来，媒介从生产符号终于走向了生产现实。[①] 电影领域关于在线游戏、元宇宙、数字孪生等的关注与转向，并非“忽如一夜春风来”那般突然。就这三部电影而言，从 20 年之隔到 3 年之隔的分别热映，其间不仅是时间与速度的压缩和加快，而且还是流行文化与数字技术互构方式的变化，以及人与技术关系的观念之变。

《楚门的世界》是电影和电视的视像世界，是以电影的形式对电视直播、电视观看、视觉审视的反思。《楚门的世界》借楚门来抵制视像技术使人成为被窥视对象及机构和资本力量借用媒介技术对人进行操控的事实，这明显有着法兰克福学派关于媒介与社会关系批判的身影。电影开头，电视节目制作人克里斯托夫就点明了这档节目的性质：“我们看戏，看厌了虚伪的表情，看厌了花哨的特技。楚门的世界，可以说是假的，但楚门本人却半点

---

① 基特勒认为，从技术文化的角度看，对文本的分析要尽量避免用阐释、意义、所指、表征等概念，媒介本身就在创造现实，见《基特勒论媒介》。

不假……它是生活的实录。”但楚门不能忍受被观看、被设定、被虚情假意包围的境遇，他选择了逃离，这违背了克里斯托夫关于桃源岛（Seahaven Island）的设定：“桃源才是模范的世界。”

《楚门的世界》里楚门对现实的向往和导演关于观众“看厌了花哨的特技”这两者都在《头号玩家》里发生了逆转。主人公韦德说：“我来绿洲只是为了逃避糟糕的现实。”这里，楚门要逃离的桃源岛置换成了韦德要进入的绿洲；而关于虚拟世界的视觉特效也成为电影吸引观众的主要手段。电影开始，韦德就说出了他进入另一个世界的理由：

> 在 2045 年，现实令人失望，人人都在想办法离开，所以哈利迪才成了我们的英雄。他向我们展示了只需原地不动，也可以去到某个地方……他给了我们一个可以去的地方，那个地方称之为绿洲……在这里只有想不到，没有做不到。你可以做任何事，去任何地方，比如去度假星球，在夏威夷 15 米高的浪尖上冲浪，从金字塔上滑下来，跟蝙蝠侠一起爬珠穆朗玛峰……人们来到这里，为的是可以为所欲为……

与楚门身处蚕茧化的不自由的媒介环境相反，韦德认为在人工设计的 VR 世界可以为所欲为。韦德要逃离的正是 20 世纪末楚门拼尽全力要回归的世界，韦德要进入的正是楚门千方百计要逃离的处所。《楚门的世界》既有针对媒介环境的批判主义认知（容易让人联想到电影《偷窥狂》关于看与被看的自反性思考），也有针对现实世界的浪漫主义认知，而《头号玩家》则是对网生一代青年受众的示好及对正在开启的新时代——虚拟现实世界的矛盾态度。

韦德是主动的，他迫不及待地戴上了触感手套和 VR 眼镜，这时的韦德就是一个人机技术背景下的合成式新主体。《头号玩家》已经打破了《楚门的世界》里现实与虚拟之间比较与象征的文法规律——鲍德里亚在关于虚拟技术与现实关系的论证中指出了两者的区别：因为虚拟技术“打破了基本的象征规律……我们再也没有可以用来同这个科技世界进行‘比较’的对象”[①]。这样的世界不再像《楚门的世界》那样有观看与被看、真实与虚拟的二元边界。帕西瓦尔既是现实中真名实姓的韦德，也是绿洲里的Z；既是电影里生活于现实世界的人物，也是他所期许的人物；他是连接数字世界的肉身，也是肉身的数字孪生——就像埃舍尔的画作《手画手》一样，画与被画互相构成。[②] 肉身韦德会因绿洲世界的搏击而摔倒，他真名实姓的暴露也会招致绿洲世界的追杀；现实中破败的叠楼区也可以成为围堵科技巨头索伦托的场所，虚拟世界的打怪升级也使现实中的小人物重拾信心与勇气。

韦德主动进入的虚拟世界不再是楚门身处的世界——那个5000多个摄像头下的生活和以屏幕分割的看与被看。韦德面临的问题不再是接受或不接受被设计的生活，而是数字技术的可接入程度，比如VR头盔、触感手套和四声道音响压敏底垫的万向跑步机。视觉、听觉、触觉的虚拟连接是要建立一个人机交互的数字孪生世界——不只是孪生，甚至是再造，因为在这里“人们可以做任何事，但更重要的是，他们可以变成任何模样。高挑、漂亮、吓人、变换性别、变换物种，真人或者卡通人物任你挑选……除了吃饭、睡觉和上厕所，人们想做什么都可以在绿洲里做”。如果说楚门的世界还是以假月亮、假海洋、假婚姻、假亲情、假友情反衬真世界与真爱情的存在——其前提是真实与虚拟之间有清晰的边界，那么，游戏玩家构筑的拟真世界则是对现实的悬置。对楚门而言，逃离媒介世界是心向往之的目标；对韦德而言，人造世界才是“人间值得”——导演斯皮尔伯格的创作意图也是如此：“我想让观众爱上这些创造出来的虚拟游戏角色。”[③]

虚拟现实技术对于善于造梦的商业主流电影来说，无疑是“危”“机”共存的：一方面，网生一代年轻人越来越沉浸于虚拟的游戏世界而疏远了电影的存在；另一方面，虚拟现实技术又为电影提供了新的想象力。被称为VR之父的杰伦·拉尼尔认为：“我们能用计算机将人们放到彼此的梦里面！任何你想象中的场景都可以！这些东西将不再仅仅出现在我们的脑海里！”[④] 楚门决意离开桃源岛时说“你无法在我脑中装摄影机”，但是，在《楚门的世

---

① 〔法〕让·鲍德里亚：《为何一切尚未消失？》，张晓明、薛法蓝译，南京，南京大学出版社，2017年，第57-58页。

② 巧合的是，埃舍尔的《手画手》与维纳发表控制论的时间一样，也是1948年。

③ 《史蒂芬·斯皮尔伯格：超级玩家》，《时尚先生 Esquire》2018年第9期。

④ 〔美〕杰伦·拉尼尔：《虚拟现实：万象的新开端》，赛迪研究院专家组译，北京，中信出版社，2018年，第49页。

界》上映二十多年后，游戏向电影开启了新的梦幻创造机会。

与韦德不同，《失控玩家》里的盖伊本身就是一个 4 岁的人工智能程序物。在“自由城”的游戏世界里，作为非玩家角色的盖伊偶然戴上 AR 眼镜后惊奇地发现：“我……突然能看到好多东西，好多不存在的东西，但又确实存在，你们可能觉得我疯了，但我没疯。”在动员自由城里被设定了命运的人们时盖伊说：“我们可以活成自己梦想的样子。”同样是梦，楚门把虚拟人造世界当作一场很难醒来的噩梦，韦德借助 VR 头盔一次次进入虚拟之梦，盖伊则在多重嵌套的虚拟世界里遇到了梦中情人。

《失控玩家》的英文名是 Free Guy，直译就是“自由人”“自由的家伙”，它源于盖伊生活的地方——名为“自由城”的游戏。那副 AR 眼镜打破了盖伊眼里的日常场景，他勇敢地突破了那个程序设定的海岸屏障，开启了一个乌托邦的友爱之所——在《楚门的世界》里，海岸屏障的那一头是真实的现实世界，在《失控玩家》里，海岸屏障的那一头是独立的乌托邦世界。楚门逐渐明白了生活处境的不真实，盖伊则在戴上眼镜后发现了美丽新世界——街头四处出击的飞机大炮，存款里迅速飙升的美元数字，唾手可得的时尚鞋子。在新装备的加持下，盖伊如获新生——一个人工程序自我演化并自我升级了，他真的得到了“自由”。

从 20 世纪末《楚门的世界》对视像文化的警觉，到二十多年之后电影对“玩家”文化、游戏文化的青睐，这是大众媒介文化向数字虚拟文化转型的典型体现。

《楚门的世界》《头号玩家》及《失控玩家》体现了电影与电视、电影与在线游戏、电影与虚拟真实技术的媒介文化之变。换句话说，《楚门的世界》是电影作为大众媒介的流行文化体现，《头号玩家》和《失控玩家》是数字技术时代具有青年亚文化特点的流行文化体现，这表现在关于人与技术的关系认知、文本修辞和观影体验等环节中。

从技术形态看，《楚门的世界》是对电视视像构筑的媒介环境中看与被看的故事讲述；《头号玩家》讲述 VR 世界中普通年轻人成长为英雄的故事；《失控玩家》讲述的是 AR 合成的技术世界里自我觉醒的程序与现实人类合力打造虚拟自由世界的故事（详见表 8）。

表 8　三部电影概况对比

条目	楚门的世界	头号玩家	失控玩家
上映时间	1998 年	2018 年	2021 年
技术形态	电视直播	VR	AR
技术特征	大众传媒/观看	穿戴式技术/沉浸体验	真人沉浸体验/程序自我进化
主人公	身处媒介环境的青年	技术态的身体	无器官的身体
对现实的态度	逃离媒介世界	主动进入虚拟世界	数字孪生创造自己的虚拟世界
价值认知	回到无媒介化的现实就是收回自由	自由化身并成为英雄	创造属于自己的乌托邦
结局	真爱至上/成功逃离	收获爱情/打怪成功	成功打造虚拟世界/主动退出人类爱情关系
文化	视觉文化	视觉文化/游戏文化	游戏文化

从媒介形态和观看视角看，电影《楚门的世界》有双重观众，一是观看楚门的电视观众，二是观看楚门和电视观众的电影观众，作为镜像的电视与电影中看与被看的权力关系同时成为电影的反思对象。最终，走出媒介世界的楚门成就了观众对媒介化世界的认知，也打开了电影潜在的反思空间。这是真人秀电视节目给予电影的题材启发，也是对以电视为主导的大众文化形式的文化回应。

《头号玩家》点燃了电影与 VR 技术及在线游戏的合作热潮，也延续了科幻电影关于“技术态身体”的主题，同时也是对盛行于年轻人的游戏文化的回应。与电影《楚门的世界》不同——大众媒介的离身性为楚门从媒介世界的肉身逃离提供了可能，而 VR 则使人类肉身成为虚拟与真实世界的联结性媒介。主动连上 VR 等设备的韦德是“技术态身体”，“技术态身体”意味着“生产技术与知识都在向内部移动，侵入、重构并愈益支配身体的内容”[①]。向内移动也是人机技术不同于大众媒介时代的技术特征，这时，人与机器、真实与虚拟、文化与技术之间的二元关系没有了清晰界限，现实处于被悬

① 〔法〕让·鲍德里亚：《为何一切尚未消失？》，张晓明、薛法蓝译，南京，南京大学出版社，2017 年，第 78 页。

置、被消解的过程，文化的遁世意味与派对意味就逐渐明显了。真人秀导演克里斯托夫对楚门说："你是真的，所以才有那么多人看你。"把这句话套用在《头号玩家》和《失控玩家》里，则可以说："你是假的（虚拟世界的数字孪生），所以才有那么多人看你。"《失控玩家》里，米莉鼓励数字虚体盖伊："每个人都在看着你。""看着你创造奇迹。"数字虚拟技术不再模拟现实，而是造出一个新世界——可以为所欲为的数字世界与数字孪生的世界。

与《楚门的世界》里作为现实参照物的桃源岛不同，《头号玩家》是对参照物的驱离，是另创新世界。以模拟世界为主体的存在留有空间——"模拟图像曾一度证实主体对客体最后的实时在场，是对我们所要面临的数字技术扩散和泛滥情况的最后延缓"①，另外创造的数字新世界则把人网罗于网络共和国或数字蚕茧之中。

与《头号玩家》相比，《失控玩家》在两个方面与数字孪生的文化现象更加切近。一是进一步使现实参照物销声匿迹，"我们打破了基本的象征规律，我们不仅想象出了，而且还在最坏的程度上实现了一个真正不具人类属性的科幻世界……我们再也没有可以用来同这个科技世界进行'比较'的对象"②。二是"无器官的身体"形态——相比于依旧生活于叠楼区的韦德，《失控玩家》的盖伊已经是个无器官的虚体，一个程序创造物。德勒兹和瓜塔利以"无器官的身体"(body without organs)来强调身体的无等级性与去功能性，"无器官的身体"意味着身体突破了有机组织的束缚，去除了任何身份的判定，是"一个摆脱了它的社会关连、它的受规戒的、符号化的以及主体化的状态，从而成为与社会不关连的、解离开的、解辖域化了的躯体"③。无器官的身体并不只是一个虚拟物，其技术态具有意识形态的功能。作为数字孪生物的盖伊和数字孪生的自由城（波士顿城区）摆脱了它们的社会关联，也显示了人工智能对于人类世界的无害甚至关爱，这使虚拟世界的呈现更加天马行空、自由而深入。

从技术态的身体到无器官的身体，是虚拟世界对现实世界的进一步胜利，这从电影的叙事视角便可看出。相比于《头号玩家》里蜗居于叠楼区的

---

①② 〔法〕让·鲍德里亚：《为何一切尚未消失？》，张晓明、薛法蓝译，南京，南京大学出版社，2017年，第78页、第57-58页。

③ 〔美〕道格拉斯·凯尔纳、斯蒂文·贝斯特：《后现代理论》，张志斌译，北京，中央编译出版社，1977年，第118页。

韦德戴上 VR 头盔之后自外向内的叙事视角，《失控玩家》的视角则直接以数字虚体的盖伊展开，它“以一种元宇宙原住民的视角来深度体验这个世界，这是一种比沉浸式更加沉浸的体验方式”[①]。盖伊身处的自由城游戏世界分两层，一是非玩家角色眼中的世界，二是戴上 AR 眼镜之后的世界，即技术装备赋予更多金钱和能力值的仿真世界。盖伊的 AR 眼镜可以使他随时在玩家和非玩家角色之间切换，这是可以实时生成并交互的数字世界。这显然是对游戏文化和元宇宙技术的电影回应。

韦德的 VR 做到了尼葛洛庞帝关于数字化生存的畅想——“看”和“感觉”相得益彰。[②] 但现实仍旧重要，正如哈利迪的教诲：“我意识到，虽然现实令人恐惧和痛苦，它也是唯一可以美餐一顿的地方。”无器官的数字虚体盖伊喝的是数字化的咖啡，养的是数字化的金鱼，住的是数字化的房屋，这是与真实世界对应的世界，是仿真（simulation）的世界。仿真与模仿的差异在于“虚拟现实没有模仿现实，它通过产生假象仿制了它。换句话说，模仿模仿了一种前存在的真实生命的模型，而仿真产生一个不存在的现实的假象——它仿制了不存在的某种东西”[③]，比如在绿洲的虚拟世界里可以“跟蝙蝠侠一起爬珠穆朗玛峰”“可以变成任何模样”，甚至是“变换性别，变换物种”；在自由城里整个虚拟城市的日常生活都是虚拟的和可再造的。模仿还有一个现实的参照物，但是“当参照物随着虚拟的出现而消失于图像的技术编排中时，当不再有面对感光胶片的真实世界时，从根本上说，也就不再有表征的可能”[④]。不再表征，只是沉浸式体验和沉浸式娱乐，这是三部电影的最大变化。盖伊们的“自由人生”更加遁世，它借助于人机技术的数字再造能力，回应了全球范围内流行于年轻人中的“宅”“社恐”“社畜”等社会文化征候。

但是，创造一个数字孪生的新空间并不意味着创造了新的观念空间。在价值指向方面，三部电影既展开了人与技术，尤其是人与数字技术的话

---

① 刘汉文，郑泽坤：《〈失控玩家〉中“元宇宙”的建构对中国科幻电影发展的启示——访谈福建师范大学传播学院刘汉文教授》，《现代电影技术》2022 年第 3 期。

② 〔美〕尼古拉·尼葛洛庞帝：《数字化生存》，胡泳、范海燕译，海口，海南出版社，1997 年，第 151 页。

③ 〔斯洛文尼亚〕斯拉沃热·齐泽克：《自由的深渊》，王俊译，上海，上海译文出版社，2013 年，第 81 页。

④ 〔法〕让·鲍德里亚：《为何一切尚未消失？》，张晓明、薛法蓝译，南京，南京大学出版社，2017 年，第 57-58 页。

题,也承袭甚至强化了媒介与技术既有的生产策略和价值体系。

从这几部电影看,数字孪生技术丰富了商业电影的视像语言,但依旧保有甚至强化了流行文化的最大公约数——流行性与商业性及文化心理方面的"奶头乐"①策略,这体现在"彩蛋"的大量应用和流行文化价值观的复刻等两个方面。

首先,《头号玩家》和《失控玩家》的彩蛋元素,是对接新技术与旧元素的产业与文化手段。换句话说,彩蛋既是流行文化元素之间的互构手段,也是人机技术时代游戏电影把自己续接在流行文化链条上的一种策略。

电影彩蛋源自西方复活节找彩蛋的游戏,寓意为"惊喜"(surprise)。从电影彩蛋的放置位置讲一般分两种:一是情节内容中穿插其他电影的人物、物品,如《失控玩家》里美国队长的盾牌;二是电影结束后的片花或续集线索,如漫威电影。《头号玩家》被称为彩蛋电影,寻找彩蛋成为影迷的一大乐趣,不论是400多个,还是170个、119个彩蛋之说,其数量之多、影响力之广,都使观影过程有了找彩蛋的游戏色彩。这是双重的"寻宝"过程,即电影中韦德及其他玩家寻找哈利迪设置的三把钥匙以获得最终彩蛋及观影者寻找斯皮尔伯格及其制作团队有意设置的彩蛋活动。

彩蛋设置使电影与游戏、影剧、动漫、流行音乐等的互文关系更加紧密,这既联手巩固了大众媒介时代流行文化如影视作品、流行音乐的影响力,也承接了以游戏、动漫为代表的亚文化元素。这是电影应对虚拟现实技术的市场策略,而且更好地把游戏用户与人机技术的流行进行了桥接,比如《头号玩家》复现了《闪灵》的情节,还有机械哥斯拉、高达等,这会勾起不同世代的影视迷、动漫迷、游戏迷的集体记忆,强化了影像与技术文化的交互关系,这时,"影像不再是一个摹本,而是在一个交互关系中有了自己的生命和动力"②。《楚门的世界》是对媒介化环境的反思和批判,片中的导演是明确的反派,《头号玩家》和《失控玩家》的导演及制作团队则是电影领域的"头号玩家"和"失控玩家"。

其次是关于现实世界与数字孪生世界的折中主义态度。在有关现实与

① 奶头乐(titty tainment)理论,布热津斯基于20世纪90年代中期提出,认为乐享娱乐品消费的人如同口含奶嘴,从而获得精神上的安慰以至于乐不思蜀。

② 陈犀禾:《虚拟现实主义和后电影理论——数字时代的电影制作和电影观念》,《当代电影》2001年第2期。

虚拟的指认方面,《头号玩家》和《失控玩家》一方面是对"人间值得"的教诲,另一方面是对大放异彩的数字虚拟世界的炫耀。《头号玩家》的导演斯皮尔伯格在事后的访谈中强调了他的这一想法,即在习惯于接受现实世界的同时如何去接受一个虚拟的世界。[①] 从电影受众的角度讲,沉浸式在线游戏为玩家提供了一种掌控性,他们"可以自由选择他所想控制的人,并控制它的行为,游戏水平越高,满足感就会越强烈。玩家所控制的游戏中的人物其实就是一个代表自己的符号……玩家在游戏中得到了重新的'社会分类'并给自己一个理想的定位……他会在游戏中找到一种现实中得不到的满足感和安全感"[②]。

容易令人沉浸的技术特征本身就是一种社会后果,尤其是在"科学所使用的后现代的技术越来越具有建构性而不是被动性"的情势下。[③] 当楚门说"你无法在我的脑内装摄像机"时,他绝然无法想象《失控玩家》里的虚拟创造物对操控生活的满意。当盖伊得知自己只是一个程序设定时说"这一切都是一个谎言……这里的一切全都毫无意义",但程序刷新使他很快忘记了不满,最后是跟现实世界的程序员一样希望"自由城"更加自足美好。服膺于现有的主流社会秩序是流行文化的主调,从楚门开始对模拟世界的质疑,到接受角色设定并甘于退出对人类社会的干扰;从楚门对自由(爱的自由)的追寻到游戏者的自由,折中主义的,甚至是乌托邦主义的色彩再次确证了媒介文化的主流价值取向。

"自由人生"的游戏新世界是好莱坞电影拥抱虚拟现实技术并继续为大众造梦的结晶。由《楚门的世界》挑起的关于媒介化社会的话题在两部游戏玩家的电影中已然淡出,正如《失控玩家》里游戏设计者米莉对盗用其程序的公司负责人安托万的态度:我只是要回自己的游戏,你(作为资本玩家)玩资本家的那一套与我无关。

这种妥协与修正也是游戏类电影的通用价值观,更是当下人机技术文化潮流如虚拟偶像、人机语音对话等常见的价值观。的确,"虚拟世界是另

---

① 《史蒂芬·斯皮尔伯格:超级玩家》,《时尚先生 Esquire》2018 年第 9 期。

② 白文浩:《从网络游戏中"打怪"行为看现代人类学的价值和意义》,《学理论》2010 年第 31 期。

③ 〔美〕唐·伊德:《让事物"说话":后现象学与技术科学》,韩连庆译,北京,北京大学出版社,2008 年,第 93 页。

一重现实的展开"[①]，齐泽克也疾呼："赛博空间的幻相都是真相。"[②]增强现实技术是否增强了人们关于现实的认识？答案是否定的。《头号玩家》结束时，"绿洲"创始人哈利迪的提醒"现实才是唯一真实的东西"，这种关于真实世界与数字世界哪个更有价值的说辞，只是体现于电影最后关于在线游戏每周停服两天，以及《失控玩家》里每月 4 号停服一天的安排上。这种技术伦理指向似乎回应了全球范围内有关游戏文化的沉迷性与有害性的争议，但是这也再次体现了流行性、市场性、商业性电影在价值取向方面的折中暧昧。

"在我的世界，你什么也不用怕……"这是《楚门的世界》里导演克里斯托夫劝楚门留下的话，这句话完全可以用作《头号玩家》和《失控玩家》的宣传语——在游戏的世界里，玩家们什么都不用怕！但主流文化实践要想更深入地回应虚拟现实技术的后人类命题，光有游戏自由的主题及偏于遁世的价值指向显然是不够的。"奶头乐"式的数字孪生技术并不能代表数字媒体时代文化表意的全部，在虚拟现实技术持续发酵的趋势下，有关人与数字孪生的关系，有关虚拟现实、仿真世界的唯物主义观察更加必要。

三、从视听受众到体验式用户

从视听受众到体验式用户的变化，对应于媒介形态的技术演变，也对应于感知觉体验的不同。视听受众与媒介内容的关系是离身式的，体验式用户是置身于数字技术包裹的虚拟现实或技术赋予的增强现实之中，比如高保真耳机、VR、AR 眼镜等。数字技术包含了过去的视听方式，但在人机交互中，这种视听方式是第一人称的视听方式，第一人称视角下的用户与视听式受众的最大不同是不再置身事外，是人自己加入媒介技术的叙事过程中。不过，这个叙事过程虽然是第一人称的，但并不由人来决定，换言之，第一人称的视角位置并不意味着人的主体位置。

---

① 〔荷〕约斯·德·穆尔：《赛博空间的奥德赛：走向虚拟本体论与人类学》，麦永雄译，桂林，广西师范大学出版社，2007 年，第 98 页、第 150 页。

② John Marks："Information and Resistance：Deleuze，the Virtual and Cybernetics" // Buchanan and Adrian Parr（eds），*Deleuze and the Contemporary World*，Edinburgh，Edinburgh University Press，2006：194.

在人机交互中，体验感主要来自人机交互的参数尺度，这与视听媒介时视听感受取决于观众或听众的欣赏水平和投入度不同，在人机交互的体验感中技术介入了人与环境的关系，两者互相作用，但由于技术的非有机性，多数时候是人来迁就或利用技术的参数指标。另外，在延伸人的感受性方面，人机交互技术延伸了人的体感——触觉上的感觉是视听媒介时代做不到的，但在延伸经验的同时，技术也限定了人的社会性体验。目前看，技术对人的视听感觉和身体感觉的外移也是关于虚拟现实到底算不算现实的一部分的争论焦点。

这在一个有关虚拟世界性侵事例中可以清楚看出由媒介技术引发的争议，如第六章第三节提及的元宇宙性骚扰事例。2022 年 5 月 28 日，由“澎湃新闻”新浪微博发布的“＃女子在游戏中体验元宇宙遭性侵＃”的新闻成为微博话题热搜，截至 2022 年 6 月 7 日，话题阅读次数 2.5 亿，讨论次数 7519 次，参与这一话题的媒体达 51 家。新闻中讲一位 21 岁的女子在 Meta 元宇宙游戏《地平线世界》里创建了一个虚拟女性形象，但在不到 1 小时的体验里便遇到一位男性虚拟人物的“性侵”，由于虚拟人物的接触能令玩家手中的控制器发生震动，受害者感到非常不舒服，她将这次经历通过所在机构对外公布。Meta 回应称，受害玩家没有开启《地平线世界》的多项安全功能，其中“个人边界”功能会在玩家周围形成半径约为一米的防护罩，这样一来其他虚拟人物将无法触碰到对方。

这则冲上热搜的微博话题引发大量争论，下面是按热度排序的前几条评论（截至 2022 年 6 月 7 日）：

＃＃＃：就一 VR 简陋虚拟社区游戏，非搞个元宇宙傍身。

＃＃＃：为什么评论这么冷漠？在自由度很高的模拟游戏里，角色也是人意志的体现吧？有枪战击杀游戏，但有性侵游戏吗？枪战游戏双方是默认死亡规则的，而性侵呢？!!! 这位女士完全是非自愿被迫害，严肃的事情为什么要哈哈哈大笑和发狗头？

＃＃＃：呃，看到评论无语了，元宇宙定位是现实世界的延伸虚拟化，貌似不是游戏吧？不知道以后元宇宙发展起来，性侵算不算犯罪，但就算在游戏里，性侵正常吗？而且这是体感交互，那女生不也能感受到伤害吗？

＃＃＃：你们到底看视频了吗？这些前排评论，视频里说了，虚拟世界中发生肢体接触，会使玩家的穿戴设备产生震动，这才是玩家投诉的原因。

＃＃＃：有人把这件事和虚拟世界中杀人相提并论，认为虚拟杀人不是犯罪，所以这种虚拟性侵也可以一笑了之。但现实世界中性侵受害者受到的都是心理和身体的双重伤害，并且心理上的伤害会更加严重甚至影响人的一生。虚拟世界中的性侵虽无实质身体上的伤害和接触，但心理上造成的阴影一点也不亚于现实生活中的性侵。

＃＃＃：是很现实的问题，并不是搞笑新闻。如果未来要搭建虚拟社区，必须要有机制和法律来保障的问题。

这个话题的争议在于虚拟性侵算不算真实性侵。从热度最高的几条评论看，高赞评论基本认同虚拟体验也是真实体验的一部分，虚拟身份也是真实身份的组成，虚拟现实也是真实现实的一部分。技术引发的切身体感在视听为主的媒介如电影电视中是不存在的，在人机交互的元宇宙世界里，技术可以直接作用于肉身感觉。与模拟媒介技术主要引发观赏与默会相比，肉身之感的影响在身，观赏与默会的影响在心，这似乎又有身心二元论的观念痕迹了，但这种感知力的偏向的确也是一种新的知识型。

福柯在《词与物》中认为每个人类的时期都被一种知识型所影响，人机交互技术在感知觉方面的确改写着人感知世界的方式，从而影响到人的存在方式。视听式媒介技术要求人具备一定的诠释能力，如视听语言的不同解读与理解方式，但人机交互取消了诠释，强化了直接感受，它绕过了诠释的思，而是直接触碰感官的体验感，因而，它是直接作用于“身”的，而非作用于话语机制的视听技术。正因此，面对大量在线游戏以及电影《头号玩家》《失控玩家》之类的文本，去符号化、去话语化的特征越来越明显，文本的视效体验成为更突出的特征，这也是视听式媒介不得不讨好交互技术及新型受众市场的无奈选择。

绕过了模拟符号而置身于内爆的视像世界里，视觉、听觉、触觉等的信息直接冲入知觉的核心世界中，这时，有关真实与虚拟世界的界分也就虚弱无力了。上述有关虚拟世界性骚扰的事例，如果单从技术方面讲，此类真实与虚拟混为一体的现象将会成为常态，比如被称为可以创造“颅内高潮”的

ASMR，它可以对人形成微妙的刺激撩拨与大脑颅内的舒适感；再如体感衣bHaptics，以体感背心、肘部、脚部和面部反馈衬垫等的触觉反馈点来达到震动反馈，并以无线蓝牙连接手机或电脑，可以真实感受乐器的震动，或者玩在线游戏；比如亲身体验子弹穿过身体、爆炸物的冲击力等。因而，类似于《地平线世界》里的性骚扰现象在其他体感产品里也有同样的可能性。

视听受众与传播媒介之间因物理距离而有一种对外在世界的凝视可能。那些坐在椅子里看电视的人，那些在电影院里欣赏电影的人，那些听收音机的人，他们或者三三两两，或者独自一人，在屏幕上或从来自远方的声音里捕捉视觉和听觉符号对世界的模拟。对于视听者来说，带有群体性和身处现实环境的视听方式，至少还有一定的社会规则的约束力，视听过程至少在技术角度讲是不能完全屏蔽外在世界的；人机交互技术则以其对外部世界的技术隔离及对群体视听的排斥，而相对剥夺了对现实世界因物理距离而产生的审视与审美。直接作用于身体感官的技术是沉浸式体验的前提，它通过剥夺现实经验与现实交互而直接作用于人的神经系统，比如微软的幻影桌以及Xenoma公司的e-skin等。绕过符号表征系统的身体体验，将人化约为一种与技术参数相连接的客体，也将人视为一种感官动物。

从赛博格式的人机交互方式讲，传感器等技术直接作用于身体感官，它要传递的是感知觉的信息，而非心灵的遐想。当然，这种重于感官与重于心灵的不同媒介关系，并非起于人机交互技术，不过，重于感知内爆的现象的确与技术有很大的关系。基特勒通过对平克·弗洛伊德的歌曲《大脑损伤》(*Brain Damage*)的分析，展开媒介技术与人的感知内爆的关系阐释。

《大脑损伤》按内容有三种空间或三个阶段，在歌曲的第一节中，“这个疯子在草地上，这个疯子在草地上，回忆着游戏，雏菊花环和嬉笑”；随后，“这个疯子到了大厅里，这些疯子到了我的大厅里”；最后，“这个疯子进入我的头脑，这个疯子进入我的头脑……你锁上了门，却丢掉了钥匙，有个人在我脑袋里，但他不是我，如果阴云迸裂，雷声贯耳，你大声哭喊着，却无人听闻……”基特勒认为“这个疯子在草地上”及孩子们的嬉戏借用听觉再现了贫乏的单声道声音复制时代。第二部分“这个疯子到了大厅里”，大厅成了我的大厅，这时，“报纸的褶子朝向地板，但报童每天送来更多，如果大坝数年之前便已决堤，如果山头上没有立足之地，如果你的头脑也因为黑暗的预兆而爆裂”，这时，大厅的空间为人们声音在左还是在右提供了条件……其时,脚步从左向右,房间里的黑胶品牌的声音传入听者的双耳,因而,这是高保真和立体声的年代。最后,“这个疯子进入我的头脑”,是得益于方位协调器这一仿立体声录音设备,使听觉媒介的外爆转变为内爆。这时,大脑受到损伤,而“疯子们似乎比他们的医生更明白这意味着什么。他们声称疯狂不是头脑中的无线电台的信息传输,恰恰相反——它是技术自身的隐喻”[①]。这三种隐喻式的空间里,如同人与媒介技术的关系,先是简单的记录式媒介,再是更逼真的仿真式媒介技术,最后是内爆了外在与内在、身体与想象的创造性内爆技术。

“疯狂是一种技术的隐喻”,这个隐喻很有意思,新的传播技术手段在真实与虚拟的幕布之间刺穿一道裂痕。人机技术不只是把生理性的人与技术直接关联在一起,从而强化了人的生理性面相,而且还使自己受制于人机交互的技术规制而减弱了自身的主体性。传感器之类的技术手段只能先连接生理学意义的人,因为人机交互的前提之一是以身体为界面或以身体动作为基础(如动作捕捉技术)或端口,当身体在体感衣、“颅内高潮”的声音技术和触控式技术的支持下,人在人机交互的世界里就被强化了生理性的参数功能,而背离了自己性灵的一面。

尽管“依然存在可被视为媒介的生理—物质的计算机界面。但是在计算机内部,无论是硬件还是软件,都不再存在想象的东西”。但其实,即令是软件也是不存在的,“因为软件可以被转化为基本的硬件运作……最终,没有软件,也没有被称为灵魂、心灵或精神的更高级的官能,两者的原因是一样的:它们都不过是转瞬即逝的配置形态”[②]。基特勒的看法直击要害。人机交互使人们以为自己具备了再造世界的能力,哪承想,人必须在服从技术规制的前提下才能与之交互。比如,与 Siri 对话时,如果不是以“嗨,Siri”的口令来唤起 ta 的话,ta 是不会有任何反应的。

在人与技术的交互中,技术看得见我们,我们看不见技术。换句话说,硬件和软件看得见、听得见我们,我们却看不见硬件和软件背后的机制,但我们却以为自己看得见技术,也以为自己在把控技术,比如人们对 Siri 的调

---

① 部分内容参考自弗里德里希·基特勒:《双耳之神——论平克·弗洛伊德的〈大脑损伤〉》.(2020-09-13)[2023-11-22]. https://www.douban.com/note/777604072/? _i=093377214m4mx9.

② 本段内容涉及引文均出自〔加〕杰弗里·温斯洛普-扬:《基特勒论媒介》,张昱辰译,北京,中国传媒大学出版社,2019 年,第 88-89 页。

笑，比如元宇宙世界里身陷性骚扰的体验者。与前面提到的“#女子在游戏中体验元宇宙遭性侵#”一样，2022年6月1日，一则“#50年后虚拟孩子将普及#”的话题也成为微博热搜话题。这则由“凤凰网科技”发布的信息有1亿阅读次数、73家媒体参与发布的话题（截至2022年6月12日），该新闻引用英国人工智能专家卡特里奥娜·坎贝尔（Catriona Campbell）的话说，在未来50年，能与用户玩耍、拥抱用户，甚至与用户“长”得很像的虚拟孩子将司空见惯，这将有助于解决人口过剩的问题。并且，这些由计算机生成的虚拟孩子将只存在于元宇宙中。坎贝尔相信，终有一天，人类能用上可以模拟身体接触的高科技手套，这将使人们能像对待真实孩子那样给自己的虚拟孩子喂食、玩耍，拥抱他们。父母们甚至可以选择虚拟孩子生长的速度，并与他们对话，倾听他们满足的“哼哼”声和“傻笑”声。坎贝尔还说，得益于CGI和先进的机器学习技术，虚拟孩子将拥有逼真的脸庞和身体，在语音识别和人脸追踪技术帮助下，虚拟孩子还可以识别他们“父母”的意图，并作出相应的回应。父母则可以在数字化环境中——例如公园、游泳池或客厅，与他们持续互动。

这则由人工智能专家背书的话题涉及的是一种可能到来的生活方式，这时，技术使用者已经不是间歇式的游戏玩家，而是新生活方式的体验式用户。至此，从大众媒介开始的视听受众，先是变成以参与为主的消费群体和文化群体，再是在“看与感觉相得益彰”的技术推动下，开始向生活领域渗透，进而成为在真实与虚拟世界里自由穿梭的新生活方式的技术使用者。

从视听受众到体验式用户的转变，容易使公共领域的基柱进一步被侵蚀，无所不在的技术参数以隐形的方式编织着另一重现实。在所谓的另一重现实里，由传感器、控制论智能技术等接入的“看和感觉相得益彰”的世界，却也依旧保留了旧世界的东西，比如在《地平线世界》被性骚扰事件中的性别权力现象。当人类在技术助力下突破了虚拟与真实的界限时，感知力也就不再局限真实或虚拟的二元对立了，可穿戴设备的震动也传导了真实世界里的性别关系与性别权力。同样，在“虚拟孩子”的话题中，有网友会有这样的回应：“＊＊＊作品里有个片段，无良公司提供了可以领养的数据小孩。孩子哭哄不好怎么办？充值，就不哭了。孩子不吃饭咋办？充值，就吃了。孩子不睡觉咋办？充值。充值搞定一切。”还有网友会说：“虚拟孩子需要报培训班吗？”“如果养了很久数据没了，岂不是很难受？和丧子一样，或者黑客入侵修改了数据。”更有网友会说：“这违背了伦理道德吧？对于虚拟世界的边界感一旦破坏，伦理道德就更加难以控制了”……

上面两个事例看似关联人与技术、真实与虚拟的关系，实际上依旧是人与人的关系问题。性骚扰的事件并不会因技术进步而消失，恰恰相反，它找到了新的入口和场景；虚拟孩子的预想能不能替代生育及情感陪伴的问题不得而知，但是大技术公司的技术目的与市场拓展则是更加隐形、却也更加结构性的现实存在，技术化社会的“美丽新世界”是早就被反思和警戒过的。目前看，人机交互技术无论是在游戏玩乐世界，还是在可预想的生活方式场景中，都有不能忽视的“资本主义的控制论想象”。

第八章　智媒与资本主义的控制论想象

我们的媒介系统在“资本主义的控制论想象”中大大地发展。[①]

——韦伯斯特，罗宾斯(Webster and Robins)

人机交互的信息传播依旧存在科技公司资本圈地和新自由主义思潮的双峰并峙。

人机交互技术使个体的私人性与空间的隐私性无所遁形，因为人机交互的空间多由大型科技公司设计构造，这使信息流通与信息反馈更加及时、全面地汇入数据中心，从而一方面形成对普通人而言的“技术黑洞”与“数据黑箱”，另一方面又使人变得越来越透明化和功能化。人机信息系统就是一个完美的信息回路，它减少了资本流通的时间与成本，也助推了“无摩擦资本主义”的扩张，它可以为资本的加速和增强提供源源不断的资源。“在资本媒介化的社会网络中，个人化带来了近乎完美的关于用户和他们的位置的信息……在资本主义的控制论想象中，数字媒体为资本提供了加速逻辑的动量。”[②]

从互联网时代进入人机交互的技术时代，个体从网民、信息网络的节点演变为沉浸式的体验者，变化之中始终有不变的因素，即德勒兹关于“控制社会”的表现始终未变。那么，控制论之控制到底指什么？按维纳的说法，控制是控制反馈的顺利循环，是保证有机体与机器之间信息输入与信息输出之间平滑联通的控制过程；按照德勒兹的观点，“控制社会”是以控制和定义参数为中心，且通过持续的控制和即时的信息传播来运作。[③] 德勒兹关于控制的认识越出了所谓信息与参数的科技范畴，而指出人的位置、动物的位

①② 转引自〔瑞典〕克里斯蒂安·福克斯、〔加〕文森特·莫斯可：《马克思归来(上)》，传播驿站工作坊译，上海，华东师范大学出版社，2016年，第245页、246页。

③ 〔法〕吉尔·德勒兹：《哲学与权力的谈判：德勒兹访谈录》，刘汉全译，北京，商务印书馆，2000年，第199页。

置之被给定的特征,他认为控制是一种机制,这个机制促使数字代替个体而成为控制体系的一环。

一、数字技术的反乌托邦视野

数字技术的发展一直伴随乌托邦或反乌托邦的情感与价值取向。在《人类的终极命运》中,作者乔治·扎卡达基斯认为关于人工智能的叙事一般包含两个方向,一个是爱的叙事,一个是怕的叙事。他认为爱的叙事让人类希望以自己的样子打造其复制品;而怕的或者诡异的叙事则是对人类妄自尊大的警告,即人类不该跨越的道德红线,它包含人类生命的独特意涵以及科技不该多管闲事。他还认为,怕的叙事方式对于科技的态度是一致的,不仅仅针对人工智能,也针对例如核能、转基因或者其他科学发展。[①] 怕的叙事不只是情感使然,从结构主义的视野看,怕的叙事还可以上升到对数字时代资本主义新形式的批判上。

数字资本主义的前提是数字技术的广泛应用,按丹·席勒的观点,其产生背景是"在扩张性市场逻辑的影响下"的数字资本主义转变。[②] 这个过程中,"即便政治经济学的研究重心逐步转向信息密集型产业,但资本仍然处于核心位置"[③]。就是说,数字化的信息密集型产业并没有带来数字乌托邦的世界,而是依旧运作于资本主义体系之下,并且成为资本主义在扩张性市场逻辑之下的新动能。丹·席勒认为,数字信息技术的资本主义应用将"互联网泡沫"、社会贫富分化加剧、全球数字鸿沟扩大等"数字化衰退"的危机引向深入。[④]

然而,按照阿尔文·托夫勒关于"第三次浪潮"和尼葛洛庞帝"数字化生存"的畅想,信息和数字化技术会带来一种全新的社会生活状况。20 世纪 80 年代,托夫勒的《第三次浪潮》一书亦在中国引发一股"浪潮",《人民日报》当

---

① 〔英〕乔治·扎卡达基斯:《人类的终极命运:从旧石器时代到人工智能的未来》,陈朝译,北京,中信出版社,2017 年,第 43 页。

② 〔美〕丹·席勒:《数字资本主义》,杨立平译,南昌,江西人民出版社,2001 年,第 15-16 页。

③ 〔美〕丹·席勒:《数字资本主义,雇佣劳动与危机》,吴畅畅译,《新闻大学》2011 年第 1 期。

④ 〔美〕丹·席勒:《数字化衰退:信息技术与经济危机》,吴畅畅译,北京,中国传媒大学出版社,2017 年,第 6 页、第 63 页。

时有这样的报道：

> 信息，第三次浪潮经济中最基本的浪花，借助于计算机、远程通信手段闯入了现代生产要素的大家庭。第二次浪潮经济中，土地、劳动力、原材料、资金是生产的几大要素。现在，人们发现，信息和知识已成为生产和流通中的重要因素，甚至是最重要的经济资源。①

不论是席勒的批判还是托夫勒及尼葛洛庞帝的畅想，20 世纪 80 年代以来，经济运行方式的变化与互联网信息技术建立了新的关联。与这一经济运行模式变动几乎同步的是传播学界对传播与信息理论的“觉醒”。1982 年春，美国传播学者施拉姆来到大陆，分别在广州、上海、北京等高校和科研机构讲学，将以美国为代表的西方传播学理论传入中国。同年 11 月，中国第一次有关西方传播学研究座谈会在北京召开。1983 年，施拉姆的弟子余也鲁协助厦门大学首创以“传播”命名的新闻传播系……与之呼应的是，学术领域对西方传播学之信息传播的客观、中立等的价值认同。这种去政治化（同时也是再政治化）的信息理论倡导也助推着信息逐步商品化，国内新闻传播学的建设与理论视野一定程度上也加入全球信息经济的大循环之中。

伴随数字传播技术的演进，有关人工智能及智能化传播技术的社会期待，是否续接了 20 世纪 80 年代以来有关数字化生存和类似第三次浪潮的乌托邦想象？客观、中立、去中心化等数字信息传播，是否会自动助推客观、中立、去中心化的社会空间和文化指向呢？要理解以上问题，还需要回过头来，从数字技术与资本主义的历史演进关系来看。

首先，从历史演进看，数字资本主义是对信息资本主义的承接。信息资本主义是基于信息的商品化，以及信息成为当代资本在世界市场体系内、为了世界市场体系扩张的必要条件②而形成的。在信息技术的支持下，资本主义为资本寻找到新的出口，它借由信息的商品化、资本化而展开更大范围的经济、政治和文化圈地。按照席勒的观点，20 世纪 70 年代以来，为应对西方

① 陈功：《信息—财富—劳动力——再访美国著名未来学家托夫勒先生》，《人民日报》1988 年 10 月 23 日第 7 版。

② 〔美〕丹·席勒：《信息拜物教：批判与解构》，邢立军等译，北京，社会科学文献出版社，2008 年，第 16-17 页。

主要国家信息资本化导致的全球文化多元化的势衰，联合国教科文组织等倡议建立“国际信息新秩序”，但美国政府及其他国际组织开始采取反击措施：

> 美国贸易代表、美国商务部、私人贸易协会和个体公司施加一种造成公司自由投资的自由使用网络的强大压力。这种压力在关贸总协定和其后继者世界贸易组织那里取得了多边的表达形式。通过由世界银行和国际货币基金组织所监督的结构调整行为，数十个国家或者全部或者部分地私有化了本国的电信系统。为早已资本过剩的世界寻找资本出口，这股压力让网络领域淹没在了投资洪流之中。①

信息与数据都是资本主义历史阶段的环节。依据资本主义发展史，席勒指出，文化和信息领域的商品化与15世纪中期起源的资本主义同步，“文化和信息的商品化是一个连续的过程，尽管其中也有起伏和冲突，但它贯穿于资本主义发展的全过程”。这一商品化的过程必须按照同时代的农业资本家和失地工资劳动者之间的剥削关系来定位。②从历史性的视野看资本主义发展，信息、社群交往、审美等均可成为资本方式，进而在信息资本主义、数字资本主义、交往资本主义、审美资本主义、平台资本主义、数据资本主义等历史链条中，承接马克思主义唯物史观的认识论基础——数字资本主义是资本主义的一个历史发展阶段。

资本主义的过程是土地、劳动力、城乡空间、文化、知识、信息技术、用户数据等次第被资本收入囊中的过程。这一过程中，资本凌驾于技术——包括信息技术、数字技术、人工智能技术、虚拟技术等——之上，处于资本主义的逻辑核心，并力求效益最大化。数字化的文化也在这种结构性体系中生成、运行，并依附或疏离于或抵制着这种结构性力量。比如以流量为宗旨的网络剧的内容策划与营销，虚拟偶像的流量培育与养成系粉丝经济的“消费升级”；比如丧文化、“社畜”文化、佛系文化、宠物经济等包含的一定程度的社会疏离感；再如文化反堵(cultural jamming)运动对数字化消费主义的抵

---

①② 〔美〕丹·席勒：《信息拜物教：批判与解构》，邢立军等译，北京，社会科学文献出版社，2008年，第175页、第41页。

制等。

其次，从认识论的来源之一看，影响人工智能技术的控制论及信息论为信息传播的自由市场逻辑提供了基本思路。维纳的控制论强调信息的收集与及时反馈，这为信息操控与数据操控提供了可能，也为当下平台资本主义中的隐私红利——对大数据平台而言——提供了依据；另一方面，控制论中有关信息的去中心化理念也为信息市场的自由逻辑提供了认识论基础。控制论的反馈理念也为理解数字文化的不同走向提供了思路，一种由数据监测与流量操控支配的流量型数字文化——由数据支撑的文化产品成为数字资本主义的新路径，比如 netflix 利用用户大数据制作的《纸牌屋》，带动了文娱产品的跟风，以及由此而来的“信息茧房”“过滤气泡”“回音室”等文化及社会效果——这同样适用于文化与审美方面——即文化与审美的“茧房”化、文化与审美的单一化或自我循环化等。还有一种是关于非主流文化的存在，如黑客文化、极客文化、虚拟偶像文化等。但无论如何，一如维纳所担忧的——“机器自身不会兴风作浪，但可以被人利用，以此增强他们对其余人类的控制。”[①]计算机与互联网技术由一种政府的军事技术创新、计算机人员的技术探索、非主流文化的乌托邦畅想等的混合物，渐渐转变为浸润着资本逐利的全球产业化新体系，这一体系借由数字资源的多寡，而蕴含着资本权力的更新和社会文化权力的再分配。

再次，从社会关系的角度看，数字资本主义涉及马克思主义关于劳动、生产关系、社会关系等物质性概念，这在万物互联、增强现实、人工智能等技术创新背景下，更容易被忽视。2008 年全球金融危机带来的衰退“与数字技术和互联网经济的兴起，以及海量数据市场的出现，在时间上不谋而合”[②]。在劳动与就业领域，数字化技术及相应的人工智能、大数据、增强现实、虚拟现实等的科技创新，同时带来受教育程度较低阶层失业率的持续低迷。与此同时，民众通过在线痕迹制造的海量数据也使自身成为新的劳动力——数字劳动力。2020 年 9 月 12 日，创新工场董事长兼 CEO 李开复在公开活动中表示，曾帮助旷视科技公司找了包括美图和蚂蚁金服等合作伙伴拿到

---

① 〔美〕N. 维纳：《人有人的用处——控制论和社会》，陈步译，北京，商务印书馆，1989 年，第 148 页。

② 〔奥〕维克托・迈尔・舍恩伯格、〔德〕托马斯・拉姆什：《数据资本时代》，李晓霞、周涛译，北京，中信出版社，2018 年，第 182 页。

人脸数据，这一发言旋即引发热议，蚂蚁集团马上声明从未提供任何人脸数据给旷世科技，并重申数据安全和隐私保护是蚂蚁集团的生命线。对于普通用户来说，储存于服务器中的数据到底是否安全、时常体验的精准推送又是怎么回事、身体反馈技术的数据是否直接连接科技公司后台等数据黑箱现象，几乎是无解的，也几乎是难以避免的，除非真的去做个彻底的卢德分子。目前，已然成为生产性要素的数据采集、保留和转卖常常成为近年的舆论焦点，而产生数据的普通民众并不能掌握和支配自己的数据。其间，数据的资本化对大企业而言的确是另一种"石油"资源或金矿。

最后，从数字资本主义的构成要素看，互联网技术从助推商业信息传播以提高效率，到提供电子商务平台以聚拢交易，再到社会化赛博空间增强用户黏性以实施长尾效应，以及积聚用户数据进而获取数据剩余价值，再包括这个过程中的数字劳动现象——无论是消费者的浏览、搜索、点击、收藏、购买、支付等数据痕迹，还是高科技劳动者及外卖员工的超长工作时间（如"996"现象、"715"工作制的现象[①]），数字技术与大数据、数字劳动等作为生产力要素与剩余价值主要来源的数字资本主义现象已然显著。

数字资本主义除了把物质劳动与非物质劳动等数字化生产和流量数据收入囊中，还把控审美领域，这体现了资本主义不断捕获猎食对象的本性，马克思曾经强调："资本一方面确立它所特有的界限，另一方面又驱使生产超出任何界限，所以资本是一个活生生的矛盾。"[②]在社交文化领域，数字化技术使媒体的社交属性愈加突出，数字资本主义以交往资本主义(communicative capitalism)的形式渗透于普通民众日常交往之中，比如大型科技公司争先恐后地抢滩或布局 VR、体感衣、元宇宙技术、数字人等的表现。据艾媒咨询发布的《2024 年中国虚拟数字人产业发展白皮书》显示，2023 年中国虚拟人带动产业市场规模和核心市场规模分别为 3334.7 亿元和 205.2 亿元，预计 2025 年分别达到 6402.7 亿元和 480.6 亿元；数据显示，2023 年中国数字经济规模约为 56.1 万亿元，预计 2025 年将突破 70 万亿元。

乔蒂·狄恩(Jodi Dean) 提出的交往资本主义即指向数字化传播技术构

---

① "996"就是从上午 9 点工作到晚上 9 点，一周工作 6 天的工作制度；"715"工作制指每周工作 7 天，每天工作 15 小时。

② 《马克思恩格斯全集》(第 30 卷)，北京，人民出版社，1995 年，第 405 页。

成的资本主义新形式。数字化的社群经济令精准营销、参与式文化——或也可称为粉丝文化、网红经济蒸蒸日上。更进一步地，数字资本主义更是混合了审美资本主义的因子而蓬勃发展，因为“资本主义演变的特点在于捕捉例如美丽、娱乐、审美这些无实际用途的多余产物，并把它们转化成可以估价、可以买卖并能够覆盖社会生活的大部分领域的价值。这种演变是从文化进入经济中心开始的”[①]。数字资本主义与审美资本主义的边界混合，为审美趣味成为资本升级、资本创新、资本增殖的重要手段提供了强有力的支撑。

总之，借助于数字化技术，交往资本主义、审美资本主义、数据资本主义等为资本寻找新的拓展领域提供了更深入的支持。这当中，文化以审美、休闲、娱乐、日常生活的外形铸就着资本主义的新动能；对数字技术带动的数字文化、人机交互文化的理解不可脱离于数字资本主义的结构性影响。

二、基于全景分类的“点射”型数字文化

在数字资本主义这一主导性结构下，规模生产及土地资源、自然资源等逐渐被信息流通的灵活性、技术创新的快速性等代替，成为更加主导的资本主义运行新模式。依托数字技术达成的大数据全景分类(panoptic sort)即算法驱动，使数字文化成为一种更加精致的利益型或数字化的定制文化。

数字资本主义依托的形式之一是数字文化，数字文化既可以是数字化文化产品的内容生产与消费过程，也可以是数字技术本身蕴含的情感结构与价值取向，两者以其共有和内在的资本自由理念互为表里、互相促进，并且促发新的文化气质。这种基于数据和算法推送的文化，以趣味式圈层为文化空间，以趣味为黏合剂，在平台算法、公司营销推手、个人主动选择新的生活方式等三方联动之下，混合了流量经济与审美经济的因子，助推了自恋文化、青年亚文化、个人主义及数字资本主义等的运行；数据化全景分类也改写了数字时代下政治经济及社会文化的景观。

奥斯卡·甘地(Oscar H. Gandy)在他出版于1993年的《全景分类：个

① 〔法〕奥利维耶·阿苏利：《审美资本主义：品味的工业化》，黄琰译，上海，华东师范大学出版社，2013年，第9页。

人信息的政治经济学》(*The Panoptic Sort: A Political Economy of Personal Information*)一书中描绘了一种“全景分类”的现象。他认为“全景分类”是“政府,特别是公司的一套惯例,通过人们与商业系统的交易来收集他们的信息。然后这些信息被交换、整理、销售、比较,并进行大量的统计分析”[①]。正如甘地描述的:

> 全景分类是我分配给复杂技术的名称,包括收集、处理以及分享个人和团体的信息,这些信息由个人和团体作为公民、雇员、消费者的日常生活产生,用来协调和控制他们对商品和服务的访问,以定义现代资本主义经济生活。全景分类是一种广泛应用的纪律监督系统,但仍在继续扩大其覆盖范围。

全景分类是数字时代的全景敞视监狱及资本主义的经济生活形态,它建基于科技企业巨头的全产业链布局,比如Google公司在硬件、软件和系统及内容产业和平台渠道方面均有产业布局。硬件方面,Google公司有Google Cardboard的虚拟现实开源项目、AR头显Magic Leap、Project Tango的平板及全景摄像机Google Jump;软件和系统方面,Google公司有Google Daydream平台和Android N系统的VR模式;内容产业方面有Expeditions Pioneer的教育领域的应用;平台渠道方面有YouTube支持其全VR视频的展示。微软公司同样不甘落后,公司在硬件方面有深度传感器Kinect,及合成AR+VR技术的Hololens,还有支持VR的Xbox-Project Scorpio;软件及系统方面有基于WIN10的开放的Holographic系统及UWP通用应用平台;内容产业方面收购了Minecraft并推出Hololens/Oculus/GearVR的游戏版本……根据英国咨询公司CCS Insight称,到2021年,全球虚拟现实(VR)市场的价值将超过90亿美元。高盛公司(Goldman Sachs)预测,虚拟现实(VR)和增强现实(AR)对全球经济的综合影响到2025年将增至800亿美元。[②] 至2023年6月,生成ChatGPT的Open AI公司估值近300亿美元,融资总规模113亿美元。

---

① 以下“全景分类”的内容均出自〔美〕弗诺·文奇:《真名实姓》,李克勤、张弈译,北京,北京联合出版公司,2019年,第64页。

② 张建中、安吉洛·帕拉:《沉浸式新闻的伦理挑战》,《青年记者》2018年第28期。

由数字技术架构的全景分类可被应用于政治、经济、社会等全方位领域，其中，个人或团体对商品与服务的接触与访问不断制造着大量的数据流，这些数据流进而被收集、分析、归类，并据此向个人推送同类的商品、技术和服务。当然，技术亦有赋能于公共事业或公共领域的可能，在2018年伦敦举办的VR世界大会上，Facebook、葛兰素史克（Glaxo Smith Kline）等公司的行业专家等认为，VR/AR将在十个方面重塑世界，包括维护世界和平、消除贫困和流浪、终结孤独寂寞、消除痛苦、心灵传输成为现实、超真实亲密体验成为常态、全球知识与协作网络、不再需要屏幕时间、开车时间缩短和办公时间过时等。

以消除贫困和流浪为例，技术专家给出的解释是，VR技术将使人类能够站在他人的立场上考虑问题，因为虚拟体验可以在政策制定者和整个社会中产生同理心和同情心，这将有助于结束社会福利、移民和公民权利等领域存在的两极分化问题，因为每个人都将体验到不同立场的感受。比如由诺尼·彭娜（Nonny de la Pena）制作的《叙利亚项目》（*Project Syria*），可以使体验者在VR的临场感中"身临其境"地感受战火中的难民困境。诺尼·彭娜认为，在VR世界中，体验者与真实世界之间不再像电视屏幕那样被隔开，体验者可以在VR的协助下目睹面临战争蹂躏的难民生活及真正体会身处战火中的感受。在终结孤独寂寞方面，葛兰素史克的产品主管相信虚拟数字人的成长式陪伴甚至与逝去亲人的虚拟互动，都将终结人的寂寞。

这样的VR理念是否又是一个乌托邦般的"美丽新世界"？如果仔细分析会发现，VR视像有几个方面值得注意：一是制作成本与制作意图，包括时间成本和技术成本；二是拟真事实与真实事实更容易混淆。成本方面，VR内容包括VR新闻从前期到拍摄过程再到后期制作，比一般的视频作品耗时长花费大，比如《纽约时报》第一篇VR报道《流离失所》（The Displaced）需要前期的技术架构、中期的实景拍摄及由于360度视野的更大量的数据及后期人物形象的数字勾画等。《纽约时报》这样的传媒公司和其他科技巨头既要在新传播技术的市场布局中抢滩，又要面临技术开发的巨大成本，这更容易促使技术应用与市场营销、市场赞助、资本投入等的联手。第二个方面，就拟真事实与真实现实看，目击者的所谓"身临其境"之境是技术的"造境"。NPR新闻部的奥瑞斯克斯（Mike Oreskes）就《纽约时报》VR《流离失所》提出了批评，因为节目制作者使用计算机技术将事后在犯罪现场拍摄的照片和视频拼接起来，让观众以为自己亲临了犯罪现场。

更精准、更沉浸的个人体验的确容易使人产生技术重塑世界的感觉，就像技术专家们畅想的那样，沉浸式体验会激发体验者的感同身受等，但身处现场——哪怕是真正的现场而不是技术化的拟真现场，也并不必然就能推导出同理、同心，鲁迅批判过的“示众”场面即是明证。另外，更精准更沉浸的个人体验还为植入式广告提供了新的渠道，作为较早开始应用 VR 技术的《纽约时报》，其广告植入同样可以“身临其境”甚至无孔不入，如《纽约时报》与通用电器公司、GUCCI、三星公司等合作拍摄的 VR 植入片或植入品牌 logo 的沉浸式体验方式。因此，人机交互技术在激发体验者感官方面的确有其优势，但体验者的感同身受连接的往往是情感和情绪，而非理性思辨。

具身化技术手段是从身体出发的，而非从心灵出发的。2016 年，德国学者迈克尔·马德里（Michael Madary）和托马斯·梅辛格（Thomas K. Metzinger）联合发表了一篇名为《真实的虚拟性：伦理行为准则》的论文。他们指出，在心理和行为控制方面，虚拟现实是一种强大的控制形式，尤其是在商业、政治和宗教利益卷入虚拟现实的技术建构时……更重要的是，与其他媒介形式不同，VR 可以创造出一种状态，即用户身处的整个环境都由虚拟世界的创造者决定，这个过程甚至包括由技术引导出的社交幻觉（social hallucinations）。①

总之，所谓高科技手段可以维护世界和平、消除贫困和流浪、终结孤独寂寞等愿景，仍旧是天真的技术控们的理想情怀，或公司资本给民众画的又一个乌托邦大饼。

奥斯卡·甘地认为，全景分类的目的是使信息持有者能对被收集信息者的行为作出预测，其最终目标是能够对公司接触到的所有人按照信息类型予以分类，如这个与智能机器人对话的人有什么兴趣爱好？这个进入虚拟游戏世界的人是否愿意为置入的品牌 logo 买单？她或他对何种商品更为关注？这个人在她职业生涯的某个时候怀孕的可能性有多大？这个家庭有资格获得公司的某些优惠吗？总之，全景分类的基本要素是交易，基本后果是产生了大量的虚拟劳动力。出于这种分类目的，当某些交换被用于商品

---

① Michael Madary and Thomas K. Metzinger: “Real Virtuality: A Code of Ethical Conduct”, Recommendations for Good Scientific Practice and the Consumers of VR-Technology. (2016-02-19) [2023-10-05]. https://www.frontiersin.org/ articles/10.3389/ frobt.2016.00003/full.

或服务时，人们便只存在于离散的交互中，即以商品为中介的社会交往。甘地指出，全景分类的运作原理本质上也是如此：作为消费者和虚拟的数字劳动力，我们的生活随时随地都会被监管人员以一些秘而不宣的目的要求开放审查。在碳基与硅基的合成交互中，我们仍旧是原子化的单元——被当作无法采取集体行动的个体消费者。与此同时，用户与现实的关系被一层技术之网隔开，用户也被阻止去了解那些观察他们的公司；全景分类最容易出现的一个结果是个体的量化及精准营销的日益普遍。

全景分类的基本动力是更加便捷的资源获得及更为灵活的生产与交易过程。数字资本主义要想畅通无阻，其前提是汲取资源——此时的资源已经不是资本主义早期的土地资源，而是更加灵活的数据流通，这是数字资本主义利润最大化的必要手段，"它意味着巨大的资本主义商机"[①]。看似极具个性的生活方式与技术体验的用户画像，是建立在数据统计与数据分类的基础上的，它依托数据分类而形成阶层、代际等不同区隔群体的新特征。

从阶层角度讲，数字化形式使某些人可见、闪耀，而使另一些人不可见甚至消失；即使可见，也因数字对象的价值大小而有了更为精致化和利益性的阶层区分。直接把个体与技术连接起来的人机交互技术，其阶层属性更加隐蔽或不可见。这与大众媒介或社群经济背景下面向精英的奢侈品文化、面向准中产的轻侈文化、面向普通市民的娱乐文化和消费主义文化，以及面向城乡交界地带的土味文化等略有不同。

人机交互技术中的阶层问题因其科技创新中具有的极客(Geek)精神——冒险精神、不拘成规、智力优越、崇尚平等、藐视权威等，而更容易被忽视；更进一步地，以大数据为基础搭建起来的数字化平台，因其精准交易的目标而成为阶层进一步区隔及文化进一步圈层化的平台。尼克·斯尔尼塞克(Nick Srnicek)在他的《平台资本主义》一书中指出，在智能手机的时代，数字资本主义通过各种应用平台攫取着更精准的利润及权力。诸如亚马逊、推特、Airbnb 等既积聚了海量的数据，也滋生出平台的社区文化，这种社区文化往往显出阶层化与年龄化相结合的特征，即中产化与青年亚文化

---

① Fuchs, Christian: "Karl Marx in the Age of Big Data Capitalism" // David Chandler and Christian Fuchs, Eds, *Digital Objects, Digital Subjects: Interdisciplinary Perspectives on Capitalism, Labour and Politics in the Age of Big Data*. London: University of Westminster Press, 2019: 58.

的结合，例如以创意与情怀著称的 Airbnb，就以这一群体为目标用户群。

从受众到消费者再到体验式用户，这些关于信息接收者的称谓也对应着大众传媒、门户网站、社交化媒体、人机交互技术等媒介的演变，其身份实则变成了数据生产与数据消费的产消者（prosumer）。随着媒介的智能化、万物互联、人机交互等的进一步演化，体验式用户的目标性也会从“散射”进化到“点射”。相对于之前的信息“散射”，“点射”式信息推送、数据获得与感觉反馈，是由金融资本、技术资本与数据资本合力决定的，其前提是“社会矿场”的存在——即“随着数字技术向经济社会的渗透，整个社会变成了一个可以随处采集资源和生产资料的‘社会矿场’，这使得劳动者可以突破时空的限制，在互联网的组织下随时随地进行资源利用和劳作”[①]。人机交互技术更可以使技术、资本与个人进行联结，“点射”特征只会有增无减。

“点射”的精准自然是基于海量数据的收集以及成本收益率的计算，“点射”效果的好坏有赖于对私人化生活方式、身份认同等的价值浸染，它有着定制的特征，但这种定制对用户或消费者、体验者而言，是算法推送和数据反馈后的消极定制。这种看似个性化及强调用户情调、审美及主动性的“点射”，其实质意义是使数字文化的交易性及其与数字资本主义的关联更为隐蔽。同时，强调个性、自我的“点射”式信息传输与信息反馈貌似与阶级、阶层等的“硬”概念并无关联，它似乎不专注于信息的广度，而是心怀理解之情地与体验型用户进行身心的沟通，也似乎传达了“世间只有我懂你”的讯息——懂你，自然是来自体验式用户的数据反馈和“量化自我”的人机交互。但是，在资本方和平台看来，用户只是 0 与 1 的数据集合体，一些用户的数据因其相似性而被聚合，进而以“用户画像”的方式被描摹出来。“用户画像”是建立人机关系、消费者与商品匹配度的关键所在，它不是数字技术推广后的产物，但数字技术却使用户画像的清晰度更高，也使获取大数据的大公司在用户体验、消费者洞察方面更具优势。比如 ChatGPT 声称不会记住用户的任何信息，包括聊天内容，但与此同时，ChatGPT 与用户的对话数据可能存储于 OpenAI 的数据中心或云服务提供商的数据中心里。

这样一来，人机交互的文化在两个方面与之前的大众媒介文化不同，一

---

① 刘皓琰：《从“社会矿场”到“社会工厂”——论数字资本主义时代的“中心—散点”结构》，《经济学家》2020 年第 5 期。

是文化市场从标准化转向感知交互或趋于"量化自我"，并更加认可用户的个人主义消费趣味；二是大公司因占有大数据而成为人机交互文化的主要推手，并在人机交互的文化消费性与全球性方面特征逐步明显。

大众传媒时期的文化是标准化的，而人机交互的数据反馈更推崇技术的量身定制或数据的个人色彩。并且，从数字技术的接触群体推导出的"崇青文化"，因为更加注重精准营销与垂直体验，而与青年亚文化建立了良好的关系。这时，越来越全球化的青年亚文化与资本的跨国属性互相促进，蒂娜·贝斯利(A. C. Besley)认为，在晚期资本主义社会中，有两个特征影响了青年亚文化的成长与传播，一是被跨国公司而不是被单一国家影响和主导的消费社会，二是被信息技术、媒介和服务业赋予特征的全球化社会。[①] 跨国公司通过数据占有取得垄断地位，也通过培育和迎合相结合的方式为资本增殖创造更具黏性的数据型用户。虚拟现实技术的优先级将服从于经济与消费能力的优先级，比如沉浸式技术将优先赋予高阶层团队或个体跨越语言、地区等的束缚而进行更自由的协作；对普通的个体而言，需要面对除了经济与消费能力的准入限制，还对数字黑箱的操作机制及科技巨头的数据优先甚至数据垄断茫然无所知。

所谓市场"洞察"，不过是对用户大数据的收集与整理、分类甚至培植；所谓全景分类就是对能够促进交易的数据进行分类与资源利用。在数字资本主义的框架下，全景分类得以确立，数字文化的政治经济学得以深入。数字资本主义不仅是一个资本与技术结合的问题，也是一个政治、社会、文化、心理的问题，因为在信息与资本成为生产性要素之后，不仅政治与经济、社会、文化的界限日益模糊，而且生产与流通及心理需求的界限也日渐消弭。

在全景分类的技术支持下，有利可图成为数据收集、分类、挖掘与再利用的主要动能，其生产率与数据的再利用造就了数字文化的基本面，也使文化的封闭性与内循环不可避免。文化封闭于数字资本主义的成本收效率框架之下，文化内容的生产与流通、消费以自我界定与自我指涉的方式运行，这使数字文化对内而言自我封闭，对外而言割裂排斥，比如阶层、代际以及性别、地域等方面。人脸识别、可穿戴设备等既把一些人尤其是文化趣味与

---

① A. C. Besley: "Hybridized and Globalized: Youth Cultures in the Postmodern Era", *Review of Education. Pedagogy, and Cultural Studies*, 2003, Vol. 25(2).

技术中产网罗在圈层化的社会空间中，也把无商业价值的低端人群排除在圈层化社会空间以外。

算法推送推崇更加精致的利益型文化，也催生着新的生活方式。由数据来测算、推送及中介的个体处于数字化的网格之中，这些由相似数据组成的网格或大或小；这些网格可以同时分属不同文化商品种类，其数据不显示个体的真情实感，只显示一组组由刷脸、指纹、动作、触碰等生成的数据特征。在数字资本的框架中，人是数据化的人，处于网络中的数据人与数据人之间经由数据而互动，进而生成新的数据，数据人为数据的可供性和可延展性提供了条件。“只有经过数字化的界面，存在物（个体）才能在既定的区域中找到自己对应的位置，才能有序地依照机器母体的节奏依次前进，而他们的每一次运动，每一次行为，甚至生老病死的环节，都被还原为计数和计算问题，而数据计算本身架构了对当代资本主义的理解。”①人机交互使人置身于数字技术的网格中，并以各自的数字节点织出数据资本主义之网。

算法看似理性、客观、公允，但算法又是怎样产生的呢？帕里泽（Pariser，2011）关于“过滤气泡”的说法虽然来自对互联网搜索引擎的观察，但技术与过滤性的关系，比如剔除异质化的内容、筛选相似性的信息等现象，也适用于人机技术的应用。在人工智能的数据偏见方面，人类的偏见依旧，或者说更为隐蔽。算法本身的客观、理性，并不排除算法规则的人为介入，当人对机器进行语料“投喂”时，人从语料框里拿出什么样的东西就不是由机器和算法所能决定的了。同样，人与智能语音进行对话，本质上是与隐藏于机器背后的算法和机构对话，而“点射”型数字文化的本质也是文化市场依托技术而精准定位的结果。

因而，看似“点射”，实则是更为隐蔽的集中——是平台、技术、资源、资本、人员等的集中。现实世界的资源集中与技术分配仍旧会在人机交互的信息资源分配、内容布设、渠道平台分布等领域体现出来，只不过这个过程更容易在高科技的迷思中被虚拟的幻象给遮住。

---

① 蓝江：《数字异化与一般数据：数字资本主义批判序曲》，《山东社会科学》2017年第8期。

三、“海妖服务器”

人机交互技术为直接基于感知信息而回应或诱导用户需求提供了基本的条件，这使数字赛博文化既像魅惑的海妖塞壬，又像文化保姆般体贴周到。杰伦·拉尼尔在其《谁拥有未来》一书中，将巨大的数据中心称为“海妖服务器”(Siren Server)。在希腊神话中，海妖赛壬用她魅惑迷人的歌喉，吸引水手们迷失方向，进而丧失意志以致航船触礁。杰伦·拉尼尔认为，技术海妖们以收集到的数据创造了令人迷失的“动人歌声”，这些技术海妖们是掌握了大数据的巨头公司，例如 Statcounter 的数据显示[①]，2023 年 10 月至 2024 年 10 月，全球浏览器市场份额中，Chrome、Safari、Edge 稳居前三，占总比 9 成；全球搜索引擎市场份额中，Google 一家就占总比近 9 成。

全球虚拟现实技术市场方面，Oculus、SONY、HTC、Valve、SAMSUNG、Microsoft 等是主要公司。根据全球市场研究公司 Counterpoint Research 的全球 XR 市场份额季度报告显示，Meta AR/VR 设备全球市场份额优势明显，以 2023 年第四季度为例，Oculus 母公司 Meta、SONY 和 Pico 位列 AR/VR 头显设备全球市场份额前三，占比分别为 72%、15%、4%。

传感器市场。目前全球传感器市场主要由美国、德国、日本等几家大型公司把控，其中，德国的博世、西门子，日本的索尼，美国的通用、霍尼韦尔、德州仪器、艾默生等，雄踞产业榜首；欧洲、美国和日本的智能传感器全球产业份额占比近 9 成。

“海妖服务器”的影响力由强大的资本力、技术力和算力支撑，它是人机交互传播与人机交互文化的决定性力量，这也是拥有和控制数据者与没有贡献数据者[②]之间技术分化、数字分化的原因所在。

数字分化同样建基于控制论原理。控制论的要素是信息、反馈和运算，信息是机器与机器、人与机器、人与人建立联系的基本要素；反馈是信息得

---

① https://gs.statcounter.com/.

② Andrejevic, Mark: “The Big Data Divide”, *International Journal of Communication*, 2014 (8): 673-689.

以循环往复的基本条件;运算是在反馈基础上调整信息达到控制的基本手段。信息与运算均建立于反馈的基础上,数字资本与算法推送为反馈提供了更大的便利;反馈重在建立一种预期,如同维纳当年提出控制论时一样,以便导弹系统在发射之后及时调整方向以击中目标。目标导向主导了信息、反馈与运算的过程,这是"海妖服务器"唱出魅惑歌声的基本前提,也是赛壬控制水手们的终极法宝。

按照德勒兹关于控制社会的观察,"海妖服务器"就是控制社会的机器了。德勒兹在20世纪末已预言:"我们正在进入控制社会,这样的社会已不再通过禁锢运作,而是通过持续的控制和即时的信息传播来运作。"[①]德勒兹把社会形态分为三种:君权社会、规训社会与控制社会。君权社会通过控制死亡来管理人类,规训社会则通过控制空间管理人类的身体与生活,控制社会则通过访问权达到控制。在控制社会里,条条框框的规训机制被流动性代替,个体成为"分体"(dividual)——个体连接了不同的信息来源和不同的技术系统,个体由不同的信息流构成,"海妖服务器"就成为个体连接不同信息系统的数字代理。经由"海妖服务器",个体与整个信息系统建立了联结,这或者是一个银行系统的数据节点,或者是一个娱乐生产商的数据节点,或者是一个虚拟现实开发产品的数据节点等,这些数据节点又影响和决定了"分体"是否可以有更多机会获取其他数据流,比如是否可以买到更好的保险,是否可以获得更多教育资源和数据访问权限等。

"分体"是经由"海妖服务器"而生成的各式各样的数据节点,这就是发达资本主义更为常见的制度类型。德勒兹和瓜塔里认为机器不是一种具体的物质,而是一个过程,它们促成信息的输入输出,并且还对此进行区分。比如人类身体就是一个处理传感器,在人机技术的背景下可以组织起对信息的输入输出,这时,以身体连接信息的个体就变成了一个数据节点,或者说是"无身体的器官"。这种状态下,身体由可穿戴式设备等数据化工具来标识,身体变成一堆数据流。与规训社会不同,"分体"不再是自我管理(self regulate),而是数据的自动管理(auto regulated),但问题是,量化的自我还是自我吗?依照德勒兹的看法,控制是一种调制(modulation),像一个连续

① 〔法〕吉尔·德勒兹:《哲学与权力的谈判:德勒兹访谈录》,刘汉全译,北京,商务印书馆,2000年,199页。

的、不断变化的、自我塑形的铸造物，数据与服务器这样的系统在自动调节个体，如同变频空调，它适时地进行信息的输入、反馈和输出，个体在“海妖服务器”持续不断的自动化引导下行事，这正是控制论的含义所在。

从算法与“分体”在数据信息系统中的位置理解人机关系，是抓住了理解人机关系和技术与文化关系的秘钥。在文化与资本市场，经由运算会产生由数字中介的可见性与不可见性。从人的方面讲，是否具有数字价值成为数字资本主义介入文化与社会重组的评判标准，有数据价值的人容易可见，没有数据价值的人容易不可见。如果有必要，人的身体及其感知也可以与“海妖服务器”进行联结，从而在这一机制的引导及筛选下制造社会性的可见度或不可见，即某些群体的可见性或不可见性。

由比特而不是活生生的人组织的数字系统，并不意味着乌托邦找到了新的寄存空间。在鲍德里亚看来，在内爆了的虚拟现实世界，社会控制与权力运行更加抽象；这个过程中，社会控制通过代码进行管理，它是一种控制论的新资本主义秩序。[①] 看似简单的代码，却使控制论资本主义秩序在文化领域更加隐蔽也更加有效——不论是人机交互的信息传播过程还是其间的情感与价值取向，控制论的信息、反馈与运算均参与了生产、流通与消费的过程。

海妖赛壬的歌喉的确魅惑诱人。在数字技术的支持下，数字文化的双轨收益更为明显，一是数字产品的收益，其沉浸性、个体性与全身心的体验如同赛壬的歌声一般更容易吸引人；二是数据的收益，用户使用产品的过程源源不断地转化为数据流，尤其是人机交互的过程，数据反馈已成为控制论人机交互平滑进行的润滑剂。在人机交互技术的支撑下，控制论的信息与反馈、运算一气呵成，呈现在外的则是娱乐与各式青年亚文化的喧嚣与热闹，因而，对数字资本主义进行批判的学者把创造数据流的人也归到数字劳工的行列中，即享乐的时间同时也转化为劳动的时间，日常生活与劳动时间的界限逐渐变得模糊。

以“玩工”(playbour)为例，尤里安・库克里奇(Julian Kücklich)认为“玩工”是在闲暇的时间通过玩耍创造价值的人。玩工们除了花在游戏中的时间，还自己开发各种游戏工具。他们既消费了游戏，也创造了游戏和游戏数

---

① 〔法〕让・鲍德里亚：《象征交换与死亡》，车槿山译，南京，译林出版社，2006年，第84页。

据，并成为游戏营销的一环，他们因此为大公司的研发与营销节约了成本，从而成为无偿的劳动者。[①] 非工厂化和非物质的劳动成为数字世界的普遍现象，但却包裹上玩乐的形式。哈特和奈格里也指出，非物质生产劳动主要是生产知识、信息、关系以及情感反应的劳动，它包括“信息化大生产”“创造性和日常象征性的劳动”以及“生产和控制情感的劳动”[②]等。数字依赖及人机交互使得数字资本主义的理念更深地介入感知与情感的层面了。

在数字文化的双轨收益之外，人机交互还以更抽象的方式传递科技主导的意识形态观念。哈贝马斯在纪念马尔库塞诞辰70周年而作的《作为“意识形态”的技术与科学》中，就认为科学技术在晚期资本主义社会已经成为一种意识形态，比如在资本化的文化生产与文化消费过程中，生产与消费的界限消融，工作与生活的界限消融；空间被打通，时间被穿越；以及真实与虚拟、人与机器的界限模糊等。时间感知方面，资本化的人机交互还体现为人们的日常感受与情感结构的快、更快、不分昼夜地快，时间的紧迫感得自数字连接即时互通的特点。按照朱迪·瓦克曼(Judy Wajcman)的观点，先进的数字技术没有能减少人类的工作时间，而是让整个社会成为社会工厂(social factory)，人们丧失了时间的主权(temporal sovereignty)，但这并不能归罪于数字技术，而是其所处的严酷的社会与经济环境。[③] 所有时间与所有空间的即时连接才能增强数据产能，与之相对的是，“996”与“715”工作制的话题，以及慢生活的呼吁与佛系文化、丧文化、社畜文化、“躺平”等的文化应激反应。社会心理的问题是数字资本主义可以轻慢，而网众却无法通过虚拟世界完全治愈的问题。

海妖赛壬原本非常丑陋，以致人们不敢接近海岸，后来进化出美丽的相貌之后，就可以美丽魅惑的歌声吸引猎物近前。如果把数字资本主义比作海妖赛壬的话，同原本丑陋的海妖赛壬一样，冷战时期计算机技术的军事功能的确是技术的丑陋之处；在魅惑性这一点上，资本化的人机交互、数字平台、数字连接进化出魅惑人心令人欲罢不能无法抵制的魅力。数字资本主

---

① 尤里安·库克里奇、姚建华、倪安妮:《不稳定的玩工:游戏模组爱好者和数字游戏产业》,《开放时代》2018年第6期。

② 〔美〕迈克尔·哈特、〔意〕安东尼奥·奈格里:《帝国——全球化的政治秩序》,南京,江苏人民出版社,2003年,第30页。

③ Judy Wajcman: *Pressed for Time: The Acceleration of Life in Digital Capitalism*, Chicago, The University of Chicago Press, 2015: 14.

义的技术和文化世界里有令人眼花缭乱的影像与美好，用户甚至可以以虚拟数字人、数字替身、身体感知等方式“摒弃”现世烦恼，在虚拟的游戏世界、情感世界里“自由”畅游。这是一个美丽新世界，连数字资本主义这样的称呼似乎都不合时宜，刺眼刺耳了，它呈现出“无摩擦的”[①]和“透明”[②]的特征，正如齐泽克对数字资本主义的批判：“关于彻底透明、虚幻的交换媒介的幻想，在其中，物质惯性的最后痕迹都消失了。”[③]

然而，海妖赛壬的歌声也会消散于空旷的海面——信息是存在不确定性的。在资本化的数字世界里，活生生的个体毕竟不是完全可以由数字的 0 和 1 代替的，传感器技术也只是局部地传递技术赋予人的感知力。在数字资本主义的基本底色之上，信息的可离散性、个体与群体爱好的多样性、情感的复杂性以及权利与尊严等，都会使数字资本有一定程度的算法失灵，“只要是平台，就有被挪用甚至被劫持的偶然性，而难以完全由资方掌控”[④]。数字技术与社会变革的意愿并没有因为数字资本主义的攻城掠地而中断，比如计算机与数字技术的发展史，不仅与冷战时期的军事对抗军事防御有关，更与当时在欧美国家兴起的激进主义“反主流文化”有关。

在计算机技术的初创期，就存在一种理想主义的反主流文化的潜流，比如试图摆脱官僚体系的公社化运动——协作、平等、崇尚技术，对传统政治的不信任——控制论和系统论提供了一种意识形态选择。[⑤] 控制论的拉平——人、机、物之间的信息连接是去中心化的，这种信息技术的想象也被施用于社会系统之中，关于这一点，创办《全球概览》的斯图尔特·布兰德在《时代》周刊一期名为“欢迎来到赛博空间”的特刊中，已非常明确地指认过了。他认为，个人计算机革命和互联网的发展直接发源于反主流文化运动……20 世纪 60 年代的真正遗产是计算机革命。至今，极客文化、黑客现象、开源运动、区块链等一直与西方反主流文化及数字乌托邦保持着文化与价值理念方面的意义互涉。

---

① 〔美〕比尔·盖茨等：《未来之路》，辜正坤主译，北京，北京大学出版社，1996 年，第 200 页。

② 〔德〕韩炳哲：《透明社会》，吴琼译，北京，中信出版社，2019 年，第 3 页。

③ 〔斯洛文尼亚〕斯拉沃热·齐泽克：《幻想的瘟疫》，胡雨谭等译，南京，江苏人民出版社，2006 年，第 196 页。

④ 杨国斌：《转向数字文化研究》，《国际新闻界》2018 年第 2 期。

⑤ 〔美〕弗雷德·特纳：《数字乌托邦：从反主流文化到赛博文化》，张行舟等译，北京，电子工业出版社，2013 年，第 30 页。

在数字乌托邦的向往中，包含了人类永久的对平等的追求以及重新发现人类潜能、去中心化等反主流文化和技术乌托邦的主调，因而“硅谷最大的奥秘是将‘反主流文化’的，希望‘改变这个世界’的思维（这种思维一直都反对政府和大公司拥有的技术）与目前最新的技术结合起来。其结果是，硅谷的创业者往往将最新的技术用于完全让人意想不到的新用途，并带有鲜明的理想主义色彩”①。数字资本主义的存在是确定无疑的，但如果说大公司的技术创新都基于或者走向了数字资本主义也是有些武断的。技术创新依然包裹着人们突破自身局限的技术理想，这也是数字文化去中心化、去结构化的另一个原因。

迄今为止，与数字资本主义相伴相随的技术开源、数字共享、数字共产主义等倡议，也为数字资本主义的主调涂抹了更多样的色彩。更有学者认为，如今的区块链技术作为一个链式数据结构，自身带有的分布式数据、点对点传输、加密算法的特性，使得物联网的生产关系更具社会主义的表征。②那么，共产主义、人文主义理想的人机交互又如何抵御海妖赛壬持续不断的魅惑歌声呢？在反主流文化与技术乌托邦的理想主义畅想中，确认数字资本主义的结构性权力，去除过于理想的技术乌托邦，是树立人文主义人机交互理念的第一步；利用数字技术做到公共信息交往、文化共享、数字共享等，是可操作的、理想的人机交互文化样态。

总之，数字资本主义与人机交互的文化关系并不是单纯的技术与文化的问题，20 世纪 80 年代起关于“第三次浪潮”的乌托邦向往，在现下仍有一定的市场，这需要从社会结构与资本层面理解数字资本主义与文化的关系，也需要在资本的关系层面对技术与文化寄予希望，正如马克思、恩格斯所说的：“资本不可遏止地追求的普遍性，在资本本身的性质上遇到了限制，这些限制在资本发展到一定时段时，会使人们认识到资本本身就是这种趋势的最大限制，因而驱使人们利用资本本身来消灭资本。”③能否利用数字资本来消灭数字资本，能否在现在的数字资本主义、定制型“点射”文化之外生长出更加理想、民主、共享的技术文化关系，似乎也多少承接了一点乌托邦的理想。

---

① 〔美〕皮埃罗·斯加鲁菲、牛金霞、闫景立：《人类 2.0：在硅谷探索科技未来》，北京，中信出版社，2017 年，第 282 页。

② 尉峰：《论数字经济的社会主义属性》，《北方工业大学学报》2019 年第 31 卷第 4 期。

③ 《马克思恩格斯文集（第 8 卷）》，北京，人民出版社，2009 年，第 91 页。

第九章　控制与“失控”:赛博无政府主义

当时的编程是伊甸园,而今天的编程则是一个拥挤的官僚机构。代码就是通过云中无限层次的已有结构,协调你想要做的事情。[①]

——杰伦·拉尼尔(Jaron Lanier)

与杰伦·拉尼尔对政府机构的态度相似,写出赛博朋克小说并首次提出元宇宙概念的尼尔·史蒂芬森也在他的《雪崩》中这样说:“从传统上说,黑客们向来瞧不起政府的编程血汗工厂,恨不得忘记世上居然存在这种狗屎玩意儿。”人机技术还包含着一种对现实世界的态度——它可以是一种相对于现实政府的避风港,也可以是一座通向与上帝对话的巴别塔,这是赛博无政府主义的价值指向。与赛博无政府主义有关的术语、现象较为多见,如数字乌托邦、黑客、骇客、极客、卢德分子、比特币、狗狗币、电子边疆等;还有一些与赛博无政府主义相关的“宣言”也在计算机、互联网及虚拟空间的技术发展史上占有一席之地,如“赛博无政府主义宣言”“密码无政府主义宣言”“赛博空间独立宣言”“赛博格宣言”等。然而,赛博无政府主义的倡导者们依旧无法摆脱至少由肉身存在决定的与现实世界的关联。

一、数字技术的无政府主义源流

在传统无政府主义之外,追踪赛博无政府主义的有关术语、现象及宣言,或多或少都与维纳的控制论有关,也与“二战”之后的信息技术有直接联系。维纳的控制论,包含了一些关于计算机及虚拟现实的隐喻或意识形态

① 〔美〕杰伦·拉尼尔:《虚拟现实:万象的新开端》,赛迪研究院专家组译,北京,中信出版社,2018年,141页。

指向。信息的广泛连接、去中心化及实时反馈，是维纳控制论的基本内涵，这一内涵包含了信息的平级流动及点对点的即时连接，这与反馈、控制的理念一起为社会组织的理想状态提供了思路。弗雷德·特纳在他的《数字乌托邦：从反主流文化到赛博文化》中，详细讲述了控制论与反主流文化的源流。特纳认为："正是在这样的过程和这样的机构环境中，才诞生了计算机隐喻和新的技术哲学，而诺伯特·维纳的控制论也第一次出现在世人面前。"[①]控制论意识形态也为横空出世、不认天王老子的孙悟空式的技术无政府主义提供了理念基础。

那么，是什么样的过程和什么样的机构环境促生了计算机的以上隐喻呢？

弗雷德·特纳是从第二次世界大战的结束和原子时代的到来讲起的。那时，西方政治领袖和普通民众开始担心共产主义模糊不明却又无处不在的威胁。在华盛顿，政策规划者们用计算机模拟核浩劫可能导致的后果——计算机把地球变成了一个信息系统，以实现军事指挥和军事控制。"二战"之后，科学和科学家不问政治的情况也得以改变，"军工学"协作机制一直延续至今，如麻省理工学院、加州理工学院及哈佛大学等得到了大量的科研经费；那些研发科技的实验室也见证了非层级制、跨行业协作的蓬勃兴起。

正是在这样的过程和这样的机构环境中，诞生了计算机隐喻和新的技术哲学。"二战"之后，维纳的控制论逐渐受到关注。在维纳看来，控制论系统的自我控制、自成体系理念也可以延伸至对社会组织的观察与期待中。使控制论的自我控制、自成体系理念得以广泛传播的相当大的原因在于梅西会议。在关于信息和系统作为隐喻的知识范式方面，弗雷德·特纳认为从20世纪40年代末到50年代初的梅西大会，把控制论变成了"二战"之后最重要的知识范式之一，这体现在60年代兴起的以反对传统机构为主的全国性青年运动中，控制论（关于人人平等、后结构主义点对点的市场理念）在其中扮演了通用语言的角色。其中的新公社主义者不仅对传统政客不信任，而且对任何形式的约束都觉得不适。在他们看来，控制论和系统论提供

① 〔美〕弗雷德·特纳：《数字乌托邦：从反主流文化到赛博文化》，张行舟等译，北京，电子工业出版社，2013年，第11页。

了一种意识形态选择，因为，控制论的世界观不是基于垂直的层级体系和自上而下的权力流向，而是围绕能量与信息的循环往复而建立的。[①]

控制论本身包含着一种看似矛盾的“控制”：信息的自我调节与自我控制以及随之而来的“失控”。凯文·凯利在关于“失控”的理念中这样讲：“人造世界就像天然世界一样，很快就会具有自治力、适应力以及创造力，也随之失去我们的控制。但在我看来，这却是个最美妙的结局。”凯文·凯利认为，“要想获得有智能的控制，唯一的办法就是机器自由”。在凯利看来，机器自由隐喻的是一种蜂巢文化，一种去中心、分布式、相互联结的文化，而网络无政府主义的加密技术可以在一定程度上驯服这种无限制的相互联结，“加密技术允许蜂巢文化所渴求的必要的失控，以在向不断深化的缠结演变中保持灵活和敏捷”。可以看出，凯文·凯利关于“失控”的理念，是控制论理念的延伸，是以技术解决一切问题的思路，他甚至把失控看作人类进化必须付出的代价。[②] 在应对这种代价时，技术无政府主义或技术万能论就顺理成章了——这当然是赛博无政府主义一厢情愿的迷思。

在理查德·巴布鲁克（Richard Barbrook）和安迪·卡梅隆（Andy Cameron）看来，由 20 世纪 60 年代开始的新左派反主流文化运动，与七八十年代个人计算机和互联网的发展有极大的关系，他们中的许多人主导了当时的这种技术发展。到了 90 年代，这些前嬉皮士中的一些人甚至成为高科技公司的所有者和管理者。理查德·巴布鲁克和安迪·卡梅隆称之为“加州意识形态”[③]现象——即在加州湾区（即现在的硅谷），早期计算机去中心化的信息分配带来超越现实结构体系的理想情怀，具体讲就是计算机技术可以通达自由与平等，从而改变社会体系的不平等。加州意识形态尤其受年轻学生、嬉皮士、艺术家、黑客和作家们追捧，他们畅想着由科技带来的超越与浪漫，他们也践行着去中心化的技术延伸出来的不羁与自由。在新公社主义、迷幻药、音乐节及多媒体技术迷当中，“感恩而死（Grateful Dead）”乐队也参与到这一行列中，而于 1996 年发出“赛博空间独立宣言”的约翰·佩

① 〔美〕弗雷德·特纳：《数字乌托邦：从反主流文化到赛博文化》，张行舟等译，北京，电子工业出版社，2013 年，第 2-31 页。

② 〔美〕凯文·凯利：《失控：机器、社会系统与经济世界的新生物学》，东西文库译，北京，新星出版社，2010 年，第 477 页。

③ Richard Barbrook, Andy Cameron: "Californian Ideology"//Peter Ludlow, Crypto Anarchy: *Cyber States and Priate Utopias*, Cambridge, MA: MIT Press, 2001.

里·巴洛正是这个乐队的词作者，他也是电子边疆基金会（Electronic Frontier Foundation，EFF）的创立者之一。在以《全球概览》的创办者斯图亚特·布兰德为主的迷幻之旅活动中，“他们避开等级制度，崇尚无政府主义带来的归属感；他们远离没有情感的客观意识，奔向一个令人愉悦的具体的魔幻体验”[①]。布兰德为他的《全球概览》定下如此宗旨：

> 我们就像神一样，并且可能做得很好。到目前为止，从政府、大企业、正规教育，还有教会获得的如此之少的权势和荣耀，也只不过证明了：实际的收益都被明显的错误掩盖了。为了应对这一困境，为了回应这些收益，一种私人的、个人的力量正在发展……能促进这一过程的工具，正是《全球概览》所寻找和推广的。[②]

《全球概览》的许多封面是一张从太空拍摄的地球照片，这种放眼全球的对技术型社会的向往，包含了自由主义者对政府功能的有意弱化，也与日后赛博无政府主义者的宣言有相同的价值取向。其后，斯图亚特·布兰德等人还创办了第一个开放在线社群 THE WELL。20 世纪 90 年代，约翰·佩里·巴洛的“赛博空间独立宣言”则缘于美国国会于 1996 年 2 月通过了《电信法案》（Telecommunications Act）及其连带法案《通信规范法案》（Communications Decency Act，简称 CDA）[②]——该法案主要用以限制互联网色情内容。由于担心《通信规范法案》可能会侵蚀言论自由，巴洛愤而写下反对政府管制的宣言。可以看出，关于赛博空间的“独立”明显来自相对于政府的独立：

---

①② 〔美〕弗雷德·特纳：《数字乌托邦：从反主流文化到赛博文化》，张行舟等译，北京，电子工业出版社，2013 年，第 63 页、第 80-81 页。

② 也被译为《通信规范法》或《传播净化法》。该法案禁止在互联网上 18 岁以下青少年可以接触的位置放送猥亵内容，但经克林顿总统签署生效后，该法掀起轩然大波，一年之后，美国最高法院以全票裁定其违反宪法言论自由的原则，判决 CDA 违宪。但只有一项条款得以留存，即第 230 条法令（后简称 CDA230）。CDA 230 指出，互联网服务不必为其用户的行为负责，其正文是：No provider or user of an interactive computer service shall be treated as the publisher or speaker of any information provided by another information content provider. 即交互式计算机服务的提供者或使用者，无须为他人提供的信息而承担出版者或言说者的责任。CDA 230 为日后的互联网议论自由及其包含的数字乌托邦、赛博无政府主义等提供了条件。

工业世界的政府们，你们这些令人生厌的铁血巨人们，我来自网络世界——一个崭新的心灵家园。作为未来的代言人，我代表未来，要求过去的你们别管我们。在我们这里，你们并不受欢迎。在我们聚集的地方，你们没有主权。

我们没有选举产生的政府，也不可能有这样的政府。所以，我们并无多于自由的权威对你们发话。我们宣布，我们正在建造的全球社会空间，将自然独立于你们试图强加给我们的专制。你们没有道德上的权力来统治我们，你们也没有任何强制措施令我们有真正的理由感到恐惧。

政府的正当权力来自被统治者的同意。你们既没有征求我们的同意，也没有得到我们的同意。我们不会邀请你们。你们不了解我们，也不了解我们的世界。网络世界并不处于你们的领地之内。不要把它想成一个公共建设项目，认为你们可以建造它。你们不能！它是一个自然之举，于我们集体的行动中成长。

……

巴洛的宣言为虚拟世界到底是不是独立于现实世界这一长久的争议提供了重要素材。从巴洛的文本看，他提及的赛博空间是受了科幻小说家吉布森的《神经漫游者》启发，而《神经漫游者》的确是叙述了一个完全独立于现实世界的虚拟世界。在《神经漫游者》的世界里，人类通过脑机相连就可以在虚拟时空自由穿行，这是一个借助技术而似乎自成一体的“独立”空间。这里，地下交易市场，毒品、人体器官、高科技犯罪装备一应俱全，各种交易非常自由。但小说还是充斥着各式各样的冷战色彩——即使在这样一个科学幻想的虚拟世界里也有现实世界的冰冷刻痕，比如超级黑客凯斯获悉雇佣他执行神秘任务的阿米塔奇，是曾经率领特种兵杀入苏联又被美国政府出卖的军官；在虚拟的世界里，政府虽然没落，但跨国公司泰西尔—艾西普尔家族企业却控制着世界；凯斯因偷了雇主的东西而被他们用战争时期一种俄罗斯真菌毒素破坏了神经系统……

自由游走于数字空间的凯斯，可以感官同步，可以随意切换到他人的感觉中枢之中，但却需要四处躲避图灵警察，更加不好应对的是他难以清除被注入身体的毒素。凯斯依旧不能摆脱警察体系及技术体系的控制，这如同以《全球概览》宣扬个体自由与享受无政府主义归属感的布兰德本人——他也受制于现实世界的利益关系。弗雷德·特纳在他关于"数字乌托邦"的分析中毫不留情地指出，布兰德给所有为《全球概览》工作的人发同样的时薪，而在另一个层面，超验主义管理的话语风格也掩盖了布兰德的个人利益和他在《全球概览》中的地位这两者间的物质区别，也掩饰了他的个人利益和那些为他工作的人的利益区别。从《全球概览》的传播功能看，这是一个男性的、企业家的、受过良好教育的白种人的世界。[①] 正如理查德·巴布鲁克和安迪·卡梅隆对"加州意识形态"的批评："在数字乌托邦中，每个人都嬉皮又富有。并不令人意外的是，美国的计算机痴迷者、懒散的学生、具有创新意识的资本家、社会活动家、追逐热词的学者们、未来派的官僚和投机政治家们，都热情地拥抱了这种乐观的未来图景。"[②]如同孙悟空大闹蟠桃宴，这种挑战权威的快感的确极有感染力。

梅洛-庞蒂的身体现象学主张身体是人与世界之间"活的"联系，这在赛博无政府主义这里呈现出有趣、矛盾的表现。赛博无政府主义一方面匿名匿身体地藐视着政府权力，另一方面又控制不住自己的身体欲望与身体权力。研究"暗网"(The Dark Net)的杰米·巴特利特(Jamie Bartlett)通过自己潜伏于互联网暗处的经历，指出具有无政府主义倾向、使用比特币交易的某些现状，如暗网中存在的儿童色情业："几乎所有受众都是男性，而且通常都有良好的教育背景。"同时，暗网中存在的色情表演虽然"不乏男性、跨性别者及情侣的身影，不过这个行业的表演者还是以年龄 20 到 30 岁的女主播为主"[③]。

数字化传播技术——不论是所谓正大光明的赛博空间还是隐身暗处的"暗网"，不论是以公共领域命名还是以赛博无政府主义自称，如果从性别、

① 〔美〕弗雷德·特纳：《数字乌托邦：从反主流文化到赛博文化》，张行舟等译，北京，电子工业出版社，2013 年，第 89 页，第 96 页。

② Richard Barbrook, Andy Cameron: "Californian Ideology" //Peter Ludlow, Crypto Anarchy, *Cyber States and Priate Utopias*, Cambridge, MA: MIT Press, 2001.

③ 〔英〕杰米·巴特利特：《暗网》，刘丹丹译，北京，北京时代华文书局，2018 年，第 189 页。

阶层等视角观察,总是如哈贝马斯关于理想的公共领域的设想一样,由于其不自觉的男性的、受过良好教育的白种人的价值立场而受质疑,比如发布加密无政府主义的蒂姆·梅(Tim May)就体现出浓厚的技术精英倾向。梅洛-庞蒂的身体现象学所强调的身体是人与世界的关系这一点,对于理解赛博无政府主义的矛盾极为有利,这同样适用于对加密无政府主义的理解。

二、加密无政府主义及黑客文化

促使赛博无政府主义产生的主要原因离不开计算机及互联网技术的发展,继之而起的是商业与政府管制的强化。赛博无政府主义或之后的加密无政府主义及黑客文化,均有一个共同的理念:以技术手段竖起一道壁垒以抵制政府对技术世界的介入。

关于赛博无政府主义的宣言,比约翰·佩里·巴洛1996年的“赛博空间独立宣言”更早也更为直接的是蒂姆·梅的“加密无政府主义宣言”(The Crypto-Anarchist Manifesto)。加密无政府主义更依赖于数字技术的加持,如数字货币、强加密、不可追踪的电子邮件、数字签名、公钥加密等。

加密无政府主义来自1988年的加密会议(Crypto'88 conference),它始于20世纪80年代末的密码朋克(Cypherpunk)运动,蒂姆·梅在《加密无政府主义宣言》中表示:

> 计算机让个人、团体之间完全匿名的交流和互动逐渐成为可能。两个人可以在完全不知道对方真名实姓和合法身份的情况下交换信息,开展业务,进行电子合同谈判。

> 这场革命的技术——无论是社会革命还是经济革命……加密无政府状态将允许国家机密自由交易,并允许非法和被盗材料进行交易。一个匿名的计算机化市场甚至会使暗杀和勒索的市场成为可能。各种犯罪和外国元素将成为Cryp to Net的活跃用户。但这不会阻止加密无政府状态的蔓延。

> 正如印刷技术改变并削弱了中世纪行会和社会权力结构的力量一样，密码学方法也会从根本上改变企业的性质和政府对经济交易的干预。加上新兴的信息市场，加密无政府状态将为任何和所有可以用于文字和图片的材料创造一个流动的市场。

在《加密无政府主义宣言》发布之后，蒂姆·梅继续解释加密无政府主义的理念"网络是一种无政府状态"，这是加密无政府主义的核心。没有中央控制，没有统治者，没有领袖，没有法律，没有哪个国家控制网络，没有行政机关制定政策……无政府状态是没有统治者告诉人们该怎么做的状态，它在生活的许多方面都很常见……无政府状态并不意味着完全的自由……但它的确意味着一种不受外部强迫的自由……这样的无政府状态不是大众观念中的无政府状态——目无法纪、无序、混乱……这里所说的无政府状态是"没有政府参与"的无政府状态。它与"无政府资本主义"一样，是自由主义市场意识形态，它促进自愿的经济运作。总之，"加密无政府主义"是密码学上的双关语，含义为"隐藏"，将"加密"与政治学观点相结合使用，正是因为加密术使得这种形式的无政府状态成为可能。①

蒂姆·梅的以上阐述明确了无政府特征的数字经济新模式，特别是"自由主义的自由市场意识形态"，这暗合了当下数字资本主义、比特币的去政府化等理念。当然，在蒂姆·梅看来，加密无政府主义也可以由加密的数字经济延伸至社会政治领域，"强加密提供了一种技术手段，确保人们可以自由地阅读并写下自己所期望的东西……当然，如果言论是自由的，那么许多类型的经济互动本质上都与言论自由有关"。因此，"'无政府状态'与生活中看到的很多方面的无政府状态一样：阅读选择、饮食选择、网络论坛，等等"②。加密技术提供的去组织化与去中心化明确指向了去政府化的目标，问题在于，政府是否就是中心化、组织化的唯一代言体呢？关于这一点，蒂姆·梅并没有说明。加密无政府主义主张针对政府的中心化管控，但这并不意味着在赛博世界和加密无政府主义世界里，中心化的不存在，比如大型科技公司的中心化，以及加密技术领域技术精英的个人英雄主义式的中心化。

---

①② 〔美〕蒂莫西·C. 梅：《真实的假名和加密无政府状态》，载〔美〕弗诺·文奇：《真名实姓》，李克勤、张弈译，北京，北京联合出版公司，2019年，第37页、第49页。

在其他人眼里，如杰米·巴特利特在关于“暗网”的讨论中认为，蒂姆·梅并不在意比特币及数字匿名制是否会削弱大众的基本需求，或将美国现行的政治议程推向强硬派的激进自由主义，“‘放心，兄弟，’他兴奋地说，“这些就足够把‘老大哥’赶跑了！”蒂姆·梅预计在接下来的十年中，人人熟知的政府将会分崩离析，取而代之的将会是一个数字“峡谷”，他称之为“网络之地”。在那里没有政府的统治，公民可以自由地成立利益共同体，可以一对一直接交流。当然，蒂姆·梅的这种热切也不无技术精英的态度：“我们将见证乌合之众的毁灭。”他半开玩笑地说道：“地球上大约有四五百万人的命运是悲惨的，加密技术只能保护这个世界1%的人的安全。”他认为，短期内人们的生活会很煎熬。只有丢掉辅助双腿的拐杖——条例、法律、社会福利——人类才能发挥潜能并获得成长。①

蒂姆·梅丢掉条例、法律与社会福利等政府拐杖的设想，具有一定的无政府主义煽动性，而他关于“公民可以自由地成立利益共同体”的设想，又一次如哈贝马斯关于“公民社会”的设想一样，需要我们首先追问“谁是公民”的问题。显然，蒂姆·梅毫不掩饰其技术精英取向，“我们将见证乌合之众的毁灭”“加密技术只能保护这个世界1%的人的安全”……如此的加密无政府主义愿景的确如杰米·巴特利特说，会将现行的政治议程推向激进自由主义的路径中：

> 如果人人都使用比特币，政府的税收功能便会大大削弱，这样一来，用于医疗教育及社保的各项财政支出便会受影响。这些都是民主社会中大众的基本需求。社会的运作机制并不像计算机代码一样，出了错，修修补补即可；它们也不会遵循既定的数学规则运行。假设匿名制的交流方式成为常态，那这个模式不可避免地将会被犯罪分子所利用。一些高呼数字匿名制的进步团体和个人只看到了这件事积极的一面，然而他们没有意识到的是，这些做法也将现行的政治议程推向源于加利福尼亚州的政治主张：强硬派的激进自由主义。②

①② 〔英〕杰米·巴特利特：《暗网》，刘丹丹译，北京，北京时代华文书局，2018年，第122页、第121页。

在暗网世界，去身体化的交互其实还是带有明显的社会烙印的。除了上面的技术精英倾向外，性别排斥与性别贬低也并不鲜见，“这里女性用户少得可怜，且习惯性地被人忽视和侮辱，除非她们上传自己的照片，或者像萨拉一样当个‘女主播’。”萨拉是在暗网讨论区半裸直播的女性，暗网用户可以直言不讳地向萨拉提各种色情要求，比如表演、拍照上传等。因为，在这样的空间里没有自我节制，几乎每个人都是匿名发帖。这也是极端自由主义者们的理想：在 1992 年底，被称为“解密高手”的加利福尼亚州极端自由主义者们通过发送电子邮件名单的方式，宣扬并探讨如何利用网络空间保障个人自由、隐私和匿名性。但匿名的权利却往往掌握在技术精英手中，在萨拉的事例中，她在虚拟空间里的行为使暗网里的一些人定位到她的大学地址、真实姓名、住址以及电话，接着，他们又搜索到萨拉在 Facebook 和 Twitter 的账号，“萨拉在电脑屏幕前，呆滞又无助地看着这一切发生。”①

在无政府主义的赛博世界里充斥着男尊女卑甚至厌女的两性准则，提出“黑客准则”的史蒂夫·莱维(Steven Levy)貌似疑惑地发问：“从来就没有一个明星级的女黑客。没人知道为什么。”但是他似乎又给出了答案，“你进行黑客活动，你的生活遵循黑客伦理，你也知道，女人会做很多极其低效和浪费的事情，比如浪费太多周期、占用太多内存等”。② 这容易令人想起梅西会议上被错记为弗洛伊德的会务秘书弗雷德(见第一章第一节有关“梅西会议”的部分内容)，在男性主导话语权的工作领域，女性的工作常常被视而不见，尽管世界第一台全功能数字计算机 ENIAC 于 1946 年亮相时是由 6 名女性编程的。

除了性别偏见，还有数据隐私的问题。现下，诸如智能音箱设备、社交机器人设备充斥于汽车及一些家庭的客厅、浴室、卧室甚至床头。智能语音技术公司不同程度地通过收集用户与设备的对话以达到持续改进交互功能的目的。譬如 2019 年 4 月，亚马逊语音助手 Alexa 被曝出私自录取用户个人信息；同年 7 月，英国《卫报》曝出苹果公司的 Siri 会自动录音并将包含用户隐私的录音发送到服务器上再交给承包商进行分析，这些涉及隐私的信息包括用户的医疗信息和性关系等内容。2019 年 8 月 28 日，苹果公司在其

---

① 〔英〕杰米·巴特利特：《暗网》，刘丹丹译，北京，北京时代华文书局，2018 年，第 17 页。

② 〔英〕卡罗琳·克里亚多·佩雷斯：《看不见的女性》，詹涓译，北京，新星出版社，2022 年，第 106 页。

官网就人工审查语音助手Siri语音指令的计划道歉：“我们意识到还没有完全实践我们的崇高理想，我们为此道歉！”2023年3月25日，OpenAI发文证实，部分ChatGPT用户可能会看到其他用户的姓名、电子邮件地址、支付地址、信用卡信息。2023年6月中旬，欧洲议会通过了《AI法案》的法律草案，该草案包括严格限制人脸识别软件的使用和信息可追溯及像ChatGPT这样的生成基础模型必须遵守的额外透明度的要求等。

当各大科技公司把人机交互产品送到我们的卧室、客厅、书房和汽车里时，用户会把它们当作私密空间的一个成员来看待，但是在这些或亲切、或迷人的声音和类人形象的对话或机器装置背后，还有大科技公司对语音数据的极大兴趣。在这样的信息场景中，人机传播与大众传播的不同之处就在于我们向人机技术敞开了自己的私密信息和私密空间，这个敞开从家门、客厅一直延伸到床头。在VR等可穿戴设备方面同样存在类似问题，因为我们直接把身体的一些节点与技术联结在了一起，用户是靠技术及技术公司来量化自我的。表面看，人机技术是相对私密性的信息传播与虚拟交往，但是，从人工智能语音及其背后的大公司看，收集聊天数据改进互动功能，似乎成为一个左右为难的举措。一方面，它势必侵犯用户的个人隐私，另一方面，科技公司对人机互动性的提升又需要大量实时、生活化的对话来“投喂”机器，以使机器更像人类，或更具人性化。因此，人机技术的伦理问题、隐私权问题比大众传播及互联网时期更为突出。

这是科技公司负责人和技术专家始终无法回避的问题——因为，科技创新虽然是激励他们超越自我、改进技术的动力，但赢得巨大利润到底还是科技创新的另一主要动机。在掌握技术便掌握世界的加密无政府主义者眼里，权力是有分别的，他们在尽力去除肉身世界的秩序感，但也在虚拟和匿名世界建立起一种新秩序，或者说，复制了另一种社会秩序，比如在萨拉的例子里的性别秩序。隐身，只是一种理想，即令是技术为我们提供了足以替换的数字之身时，这就像七十二变的孙悟空一样，怎么变也还是要遭遇各路妖魔鬼怪并且要求助于天庭大佬才能修成所谓的正果并被封以名号。

人类社会并不是数字代码那么简单的数学问题，同样也不是大数据那样的量化问题。加密无政府主义以对政府的对立与失望而消解了组织化政府的正向功能，同时又强化了数字匿名制的微观政治功能。赛博无政府主义的主张涉及虚拟身份与个人现实身份的完全脱钩，这也是蒂姆·梅关于无政府主义主张中明确提及的:“个人名声远比今日的信用等级要重要。DPR创立的‘丝路’最为成功的一点就是市场本身的良好声誉,这是他花费两年时间通过一笔笔成功的交易数字所换取来的,而此面具背后的人究竟是谁,这根本不重要。”蒂姆·梅所说的DPR,是英文Dread Pirate Roberts的缩写,是“暗网”中提供毒品交易的“丝路”平台的总监名。DPR在2012年6月曾写下:“我们不是一群该被税务和政府监控握在掌心的禽兽,人类精神的未来该是无拘无束、狂放不羁的!”[①]赛博无政府主义以个人现实身份的隐匿与虚拟身份的自由,来反对政府介入个人生活及组织管理大众的功能,但这样的理念同时也为在线毒品交易、网络恐怖主义、性别及种族歧视等提供了机会。同时,赛博空间里个人身份与名声的重要性,以及赛博社群文化的无拘无束、狂放不羁,也使赛博无政府主义与极端的个人主义建立了关系。

的确,赛博无政府主义只是一个相对宽泛的称呼,它没有明确的界定,似乎一切维护言论及其他自由的表现,加上反对政府管制的理念都可归于赛博无政府主义名下。而加密无政府主义则是借助于数字技术而在一定程度上达成自由——不论是观看色情视频的自由还是买卖毒品的自由——加密无政府主义也因此与犯罪及蔑视道德伦理等建立了关系。或许正因为这种关系,赛博无政府主义与传统无政府主义包含的更广泛的价值取向——比如对权威与等级的蔑视、对群体合作的信任等现象则容易受到忽视。

传统无政府主义是赛博无政府主义的思想内核,两者都认为凡是具有等级意义的权威集团或个人,都会对以言论自由为代表的个人自由产生巨大危害,因此毫无存在的必要。这种社会思潮在网络世界中表现为:蔑视等级意义的权威,把其当作自由的破坏者而加以极端否定;将政府视为导致社会不公的根源而加以拒绝;主张虚拟空间的独立性,抵制政府对网络的监管和治理,推崇虚拟社区内部的自发合作与密谋性活动。[②] 赛博无政府主义在传统无政府主义基础上,把计算机、互联网、数字技术、加密技术等当作一种政治叛逆,并凭借技术手段而实现一些价值理念。因而,赛博无政府主义便与自由主义、个人主义、黑客伦理等诸多现象和概念犬牙交错。比如在1984年第一届黑客大会上,史蒂夫·莱维就认为,不论哪一阶段的黑客,都遵循

---

① 〔英〕杰米·巴特利特:《暗网》,刘丹丹译,北京,北京时代华文书局,2018年,第156页。

② 刘力波:《网络无政府主义的意涵及发生探源》,《思想战线》2017年第1期。

六条“黑客准则”，其中几条即含有无政府主义、个人主义、自由主义的色彩，如计算机及所有有助于了解世界本质的事物应该完全开放、不受任何限制；所有信息都应该免费（或自由）；不信任权威，提倡去中心化[①]……

黑客（hacking 或 hacker）及黑客文化（Hacker culture）对政府、企业等的不信任使之与赛博无政府主义有千丝万缕的联系，尤其是在信息开放、信息共享、自由访问等方面，两者的共性最为突出。但黑客文化也强调以技术能力进行评价、追求真实与美好（如史蒂夫·莱维提出的“黑客准则”第 5 条：You can create truth and beauty on a computer）等准则。到了 20 世纪八九十年代新一代黑客大量出现之后，斯蒂文·米苏（Steven Mizrach）又提出新的黑客伦理，其中首要一条是不作恶不使坏（Above all else，do no harm），这与赛博无政府主义有了些许不同。另外，黑客文化中也多了些游戏与挑战自我的意味。据《游戏改变世界》的作者简·麦戈尼格尔（Jane McGonigal）介绍，黑客一词起源于 20 世纪 50 年代，麻省理工学院的学生将“黑客”定义为：“创造性地摆弄技术。”“当时，黑客们摆弄的主要是收音机……他们自豪地向任何注意到自己的人炫耀最出色的黑客活动。今天，我们大多认为黑客活动主要局限在计算机范畴。你可能会把‘黑客’这个词跟恶意或非法的电脑活动联系在一起，但在高科技社群，它更多地指聪明、创造性的编程。”[②]因而可以这么说，在客观效果上，黑客行为与无政府主义的关系相对紧密；在主观取向上，基于个人炫技动机及对信息掌控权的黑客行为，与其说是无政府主义的价值取向，不如说是个人主义、自由主义的色彩更为浓厚一些。如同受黑客文化兴起的免费软件运动或自由软件运动（Free Software Movement）[③]——理查德·马修·斯托曼（Richard Matthew Stallman）1984 年发起了免费软件运动，同时建立了名为 GNU 的免费操作系统；1995 年，斯托曼等人又创立了免费软件基金会，并发出了 4 条自由宣言：

> 无论出于何种目的，运行程序都是自由的。学习软件的工作原理

① 〔美〕弗雷德·特纳：《数字乌托邦：从反主流文化到赛博文化》，张行舟等译，北京，电子工业出版社，2013 年，第 139-140 页。

② 〔美〕简·麦戈尼格尔：《游戏改变世界》，闾佳译，杭州，浙江人民出版社，2012 年，第 183-184 页。

③ 关于“免费软件运动”或“自由软件运动”，都称为 Free Software Movement free，其中，free 既有“自由”也有“免费”之意。

> 应是自由的，出于个人意愿和计算目的修改软件的工作方式应是自由的……为帮助身边人而分发软件副本应是自由的。（而且）分发修改过的软件版本，并将其拷贝给他人应是自由的。这样，整个社会都有机会从你对软件所作的修改中获益。[①]

理查德·马修·斯托曼本人就是著名黑客，他确立了反版权（也有译为版权共享，copyleft）的版权规则，即开源软件作者可以自由决定是否以及如何与他人分享自己的作品。奠定黑客文化和开源主张的文化理论基础的雷蒙德在他的《大教堂与集市》中认为自由、非中心化成就了开源社区的意义所在——一个自由开放的开源社区的优势就在于非中心化的同行评审[②]；他也不无欣赏地罗列了黑客文化的几个特征：

> 1. 这个世界充满了迷人的问题等待人们去解决。
> 2. 不要解决一个问题两次。
> 3. 无聊和乏味是有害的。
> 4. 自由是好事。
> 5. 态度不能代表能力。[③]

被称为虚拟现实之父的杰伦·拉尼尔也是一位黑客，他自豪地说："黑客和牛仔一样，本来就应该通过特别的能力和专业知识在原野里享受自由。我们尽情驰骋，为他人创造现实。当我们在他们的新世界里光芒四射时，普通人只能无助地等待。"[④]有趣、创新、自由、为技术发狂，成为黑客文化的核心，无政府主义则差不多算是黑客文化的"副产品"了。一切阻碍黑客认为的有趣、创新、自由、为技术发狂的，便是要反对的，政府管制因而成为黑客文化的反对对象。用互联网首席协议设计师大卫·克拉克（David Clark）的话说："我们拒绝国王、总统和投票。我们相信的东西只有两样：大致的共识

---

① 〔美〕杰里米·里夫金：《零边际成本社会：一个物联网、合作共赢的新经济时代》，赛迪研究院专家组译，北京，中信出版社，2014 年、第 178 页。

②③ 〔美〕Eric S-Raymond：《大教堂与集市》，卫剑钒译，北京，机械工业出版社，2014 年，第 53 页、第 158 页。

④ 〔美〕杰伦·拉尼尔：《虚拟现实：万象的新开端》，赛迪研究院专家组译，北京，中信出版社，2018 年，第 114 页。

和运行的代码。”[①]杰伦·拉尼尔引用朋友的话说，硅谷“主要有两种人，一种是黑客，另一种是穿西装的。别相信穿西装的人”。因为“穿西装的人只会为了钱做无聊的事情，而聪明人根本无法忍受这种工作”[②]。黑客文化中混杂了对技术的痴迷、工作好玩有趣、掌握更多信息的权力感等多重元素，这也成为当下极客文化的主要构成。然而，赛博无政府主义与黑客文化也为在线犯罪、自由市场甚至是垄断化市场打开了秘密通道。

因而，人机技术造出的“元宇宙”或“美丽新世界”，不仅依旧存在虚拟空间私人化和政治化的现象，而且也容易重复技术非政治化及再政治化的老路径，加密无政府主义和黑客文化就是以技术介入权力体系并再造新的权力体系的体现。

人机交互传播是个“新瓶子”——它可以兑现一些新的东西，比如新的传播容器，新的传声渠道，新的传播形态；但从技术与文化的关系看，人机交互还可以“勾兑”一些“旧酒”，“新瓶装旧酒”的人机交互依旧是一个开放性且可供讨论的议题。其实，人机技术超越现实世界与权力关系的离心力中，始终存在着一种向心力，即更加隐蔽的私人化和政治化特征。

三、有关“1984”的争议或分歧

在计算机、互联网、赛博世界与无政府主义、人类自由等关系图谱中，大致可用“1984”作为谱系两端的分隔线。巧合的是，“1984”既是乔治·奥威尔的小说《1984》独裁政府的象征性指称，也是第一届黑客大会（Hacker Conference）的召开年份。被称为赛博朋克真正奠基人的弗诺·文奇认为：

> 在个人计算机出现之前，奥威尔“技术是暴政的推动者”的观点一直占据主流地位。但到了20世纪80年代（具有讽刺意味的是始于1984年），个人计算机用户才开始意识到，计算机可能会终结暴政，终结国家政府机构……到了20世纪90年代，出现了各种方案来控制加密，

---

① 〔英〕尼尔·弗格森：《广场与高塔》，周逵、颜冰璇译，北京，中信出版社，2020年，第315页。

② 〔美〕杰伦·拉尼尔：《虚拟现实：万象的新开端》，赛迪研究院专家组译，北京，中信出版社，2018年，第113页。

甚至使用分布式自动化来实现前所未有的严密控制。在我看来，计算机和网络是会推动人类自由，还是会损害人类自由，仍然是一个悬而未决的问题。①

从20世纪六七十年代开始，有关自由与管控的争议，便集中于"1984"、开源、隐私等话题中。自奥威尔之后，"1984"就成为独裁与反独裁的象征。以"1984"为隐喻，日后涌现的去中心化的无政府主义、个人主义及自由主义赛博文化的意识形态始终站于"1984"对立面。这种意识形态对立也被敏感的广告人加以利用和呈现，在1984年苹果公司的麦金塔电脑广告中，视频里一个类似奥威尔《1984》里的老大哥出现在观众面对的大屏幕上，这个独裁者正对着规规矩矩的观众大声演讲，这时，一个身穿白色苹果T恤的女子不顾后面几人的拦截冲进会场，奋力用铁锤砸碎了大屏幕上的"老大哥"，同步画外音是："1月24日，苹果电脑公司将会发布麦金塔电脑，而你也将明白，为什么1984不会成为《1984》。"

1984年在旧金山召开的第一届黑客大会上，《全球概览》的创始人斯图尔特·布兰德说出了"信息渴望自由"那句后来成为黑客信条的名句。信息，成为通往自由之路的钥匙，信息渴望突破阻碍而自由流通，这一表达依旧暗藏了维纳关于控制论的身影——自由流通、及时反馈、内部相对闭环。也是在这次大会上，史蒂夫·莱维正式把他这一年出版的《黑客：计算机革命的英雄》书介绍给参会的150位权威程序员和技术精英。但在说到麻省理工学院人工智能实验室的黑客们时，史蒂夫·莱维也客观地认为："这个实验室所有的活动，甚至包括黑客道德的最为荒唐或最体现无政府主义的现象，都是由美国国防部资助的。"②从军方和政府与计算机及互联网的生成关系看，计算机、互联网、赛博无政府主义、人类自由等价值谱系从开始起就不是泾渭分明的。

起初，网络技术的创新是为了加强国家安全，但在军方、学者及计算机工程师的合作中，也渐渐滋生了利益不一与价值分歧，即由官方、军方主导或个人、社群主导的分歧。苹果公司1984年的产品广告以粉碎官僚主义的

---

① 〔美〕弗诺·文奇：《真名实姓》，李克勤、张弈译，北京，北京联合出版公司，2019年，序言，第Ⅸ页。

② 〔美〕Steven Levy：《黑客》，赵俐、刁海鹏、田俊静译，北京，机械工业出版社，2011年，第97页。

主题打响了针对IBM的市场份额之战;其时,硅谷、加州已成为反对“1984”独裁政治的“圣地”。然而,正如英国历史学家尼尔·弗格森(Niall Ferguson)所说:“在创新和创造性无政府状态之后,商业化和监管会随之出现……随着对行政国家干预的成功抵御,越来越多的垄断和双寡头形式出现了,由此,开源者的梦想破灭了。在软件市场,微软和苹果就建立了一种类似双寡头的关系。”[①]这一时节软件技术双寡头的形成正与20世纪七八十年代新自由主义成为西方政治经济的主调相匹配。

以自由市场、自由贸易为特征的制度框架,是新自由主义的主要意图,这与“信息渴望自由”的技术自由主义理念相同。大卫·哈维在其《新自由主义简史》中认为所谓自由只是个代名词:

> 我们可以将新自由主义化解释为一项乌托邦计划——旨在实现国际资本主义重组的理论规划,或将其解释为一项政治计划——旨在重建资本积累的条件并恢复经济精英的权力。后一方面实际上占据主导。在新自由主义原则与恢复或维持精英权力相冲突的时候,这些原则就会被抛弃或歪曲至不被承认的地步。[②]

对经济精英而言,新自由主义是对其自身阶级地位的重塑或恢复;对民众而言,新自由主义是对自由个体的喜好的讨好,包括“一切与‘自由’相关的实践、表达,比如情感、游戏、交流等”,这时,“每个人作为自由建构的客体,能够进行无限自我生产的错觉正在盛行”,究其实质,“新自由主义就是‘讨我欢心’的资本主义。它本质上与19世纪那种依靠规训强制和令行禁止方式来运行的资本主义截然不同”[③]。人机交互与虚拟现实的游戏式体验在更大程度上是“讨我欢心”式的交互体验,这种满足个体匿名隐身、人机自由交互的技术,亦是新自由主义的权力表现。

把“1984”与政府管制并置带来的是更大程度的市场自由和贸易自由,以及恢复经济精英的权力,这种恢复甚至会带来经济或技术如互联网技术

---

① 〔英〕尼尔·弗格森:《广场与高塔》,周逵、颜冰璇译,北京,中信出版社,2020年,第365页。

② 〔美〕大卫·哈维:《新自由主义简史》,王钦译,上海,上海译文出版社,2010年,第22页。

③ 〔德〕韩炳哲:《精神政治学:新自由主义与新权力技术》,关玉红译,北京,中信出版社,2019年,第4页,第8页,第22页。

的垄断地位。赛博无政府主义者、开源运动的支持者和黑客们奉行的对"1984"的抵触,与大型互联网公司的垄断化趋势越来越成为一种矛盾:

> 谷歌本质上是一个庞大的全球图书馆,我们可以在上面进行各种搜索和查询。亚马逊则是一个巨大的全球集市,越来越多的人都在那里购物。而脸书就是一个庞大的全球俱乐部。这些公司执行的各种联网功能并不新鲜,只是技术扩大了网络的规模,推进了网络的速度。然而,其中有一种值得注意的区别:在过去,图书馆和社交俱乐部没有从广告中赚钱,它们是非营利性的,资金收入大多来自捐赠、订阅或税收。真正革命性的现实是,如今的"全球图书馆"和"全球俱乐部"都挂满了广告牌,我们在其中越展现自己,它们的广告就越有效,我们就越来越频繁地流连于贝佐斯创立的"全球集市"。[①]

发布"赛博空间独立宣言"的约翰·佩里·巴洛曾说:"我居住的地方是barlow@eff.org,它是我的家。"[②]然而,在谷歌、亚马逊、Facebook的世界里,注意力经济、广告、大数据、体验值等已经充斥于曾被许多人视为家和乌托邦的地方。比如2006年,微软公司向美国专利商标局提交了一种新式监控系统的专利申请,这一系统可记录并实时分析电脑使用者用过的词汇、数字和浏览过的网站,它还可以监控使用者的心率、呼吸、体温、面部表情和血压。正如专利申请中所写的:通过无线传感器,这一系统可自动监测出使用者心理和情感上存在的焦虑与压力,据此提供相应帮助。[③] 人机交互技术使个体成为数据节点已是不争的事实,如电影《少数派报告》(*Minority Report*, 2002)展示的,在虹膜扫描仪无处不在的世界里,任是本事再大,也很难逃出由数据终端织就的追逃之网。只有人的身体与身份成为信息终端才能实现的人机连接,这必将置隐私于不顾,人的无处藏身终将是人机连接最大的挑战。

---

① 〔英〕尼尔·弗格森:《广场与高塔》,周逵、颜冰璇译,北京,中信出版社,2020年,第372页。

② 〔美〕弗雷德·特纳:《数字乌托邦:从反主流文化到赛博文化》,张行舟等译,北京,电子工业出版社,2013年,第6页。

③ 〔德〕弗兰克·施尔玛赫:《网络至死:如何在喧嚣的互联网时代重获我们的创造力和思维力》,邱袁炜译,北京,龙门书局,2011年,第48页。

人机交互的空间曾是许多计算机工作者和程序编码者的应许之地（The Promised Land），它的闭环式控制论体系的确有不同程度的无政府主义色彩，尼葛洛庞帝也在其《数字化生存》中热切谈论了这一空间的四个强有力特质，即分散权力、全球化、追求和谐和赋予权力。[①] 渐渐地，反“1984”的价值理念使黑客和赛博无政府主义者更加潜沉于赛博空间的深处；而另一方面，一些昔日的黑客们则破壁出圈，乔布斯、扎克伯格们因科技创新而成为新的经济精英。

有意思的是，1948 年乔治·奥威尔写出反乌托邦经典之作《1984》时，那一年恰好也是维纳正式出版《控制论》的时候。控制论的核心理念是宇宙的基石不是能源而是信息——这为计算机及人工智能等技术种下了无政府主义的芽苗，也为由人机信息反馈产生的大数据监控提供了便利——这是一个新的监控社会的开端。自此以来，计算机及人工智能技术的意识形态便包含三个方面的问题：一是“二战”以来控制论价值取向的深远影响；二是“1984”作为一个隐喻自 20 世纪中期以来的深远影响；三是互联网及人工智能技术与资本缔结的新关系。

控制论的认识论与价值观本身就包含了去政府管制的因子，信息化、数字化及人工智能技术，都是在信息连接、反馈的基础上持续发展的。“二战”以来“1984”的反乌托邦隐喻也与法西斯主义独裁统治带给人们的创伤记忆有关，大众对无所不在的“老大哥”继续借用技术对人类实施操控更加警惕。这两者都为赛博无政府主义及黑客文化提供了文化基因。然而，轰轰烈烈的互联网技术包括黑客技术、互联网版权、数据加密、区块链技术等，也渐与资本新形式及技术垄断有了越来越多的结合，这也使赛博技术、赛博无政府主义与资本的关系呈现更为复杂的特点，其间，技术巨头与财富巨头的关系也愈加紧密。比如谷歌最初就声明，其使命是“组织全世界的信息并让其对全球可及并有用”……但 1999 年后，对其运营模式更准确的描述则是：“从广告中赚大钱，然后大胆投资。”[②]因而，呼吁“夺回互联网”的知名密码学专家布鲁斯·施奈尔（Bruce Schneier）就批评政府和产业背叛了互联网。另外，消弭于 0 与 1 的数字世界实则是现实世界的虚拟内爆，用鲍德里亚关于内爆

---

① 〔美〕尼古拉·尼葛洛庞帝：《数字化生存》，胡泳、范海燕译，海口，海南出版社，1997 年，第 269 页。

② 〔英〕尼尔·弗格森：《广场与高塔》，周逵、颜冰璇译，北京，中信出版社，2020 年，第 367 页。

的观点看，在这个虚拟内爆的世界里，社会控制与权力运行更加抽象；这个过程中，社会控制通过代码进行管理，从而形成一种控制论的新资本主义秩序。①

赛博无政府主义中的隐私加密是否会抵消大数据的“全景分类”不得而知，但大型互联网公司利用加密技术赢取更大的市场占有率也是客观事实！而涉及信息加密、密钥开发、破解密码、数据加密标准(DES)、国际数据加密算法(IDEA)等的争议，也在大科技公司、政府司法管制及用户体验等几个方面形成更为复杂的图景。但总体上，大型科技公司利用加密技术与政府之间形成一定程度的博弈，与其维护资本利益及用户的个体自由(一定程度的)紧密相关，如苹果公司因不愿协助警方破解恐怖分子 iPhone 手机的加密数据而引发舆论风波，其时，美国科技行业集体声援苹果公司，并纷纷升级数据加密技术。随着人工智能技术的广泛应用，加密货币与 AI 的联动也涉及生物信息的加密问题，如 WorldCoin 创建的 World ID 验证程序，就是通过眼部虹膜扫描作为身份证明。个人隐私包括生物信息与资本权力扩张这对矛盾，是一时半会难以解决的问题。

从技术和社会隐喻的关系看，《1984》关注大洋国对个人自由的剥夺和对民众思想的钳制，20 世纪七八十年代兴起的新自由主义似乎是一味针对“1984”的解毒药，它对自由进行了充分利用。也是从这一时期开始，个人消费自由及当下的游戏自由、人机交互自由、加密自由等则期待在一个相对闭环的虚拟空间重建自由秩序。然而，赛博无政府主义与阶级、性别、种族的问题等依旧不容忽视，技术精英主义、比特币犯罪、男性主导的性窥探、性剥削等并不处在现实秩序之外。在赛博无政府主义的大旗下，奉行技术自由、加密自由、个人自由、言论自由的技术精英们，依旧操演着直男式的技术狂欢。

维纳在《人有人的用处》这本对控制论补充陈述的书里，提醒人们留意以技术解决社会问题的天真：

> 瓶装妖魔型的机器虽然能够学习，能够在学习的基础上作出决策，但它无论如何也不会遵照我们的意图去作出我们应该作出的或是我们

① 〔法〕让·鲍德里亚：《象征交换与死亡》，车槿山译，南京，译林出版社，2006 年，第 84 页。

> 可以接受的决策的。不了解这一点而把自己责任推卸给机器的人，不论该机器能够学习与否，都意味着他把自己的责任交给天风，任其吹逝，然后发现，它骑在旋风的背上又回到了自己的身边。①

技术加密与技术无政府主义就是把问题交给技术或机器去解决，这既是以技术赋权精英的意识形态取向，也是以技术投喂个体并使之沉浸于相对闭环的虚拟世界并以此再造资本新形式的手段。总之，在有关“1984”的争议中，赛博无政府主义取向似乎是为自由发声，但在阶层或性别平等方面却面目模糊；同时，赛博无政府主义与新自由主义的关系也错综复杂。不同于原子(atomic)式存在方式的赛博(cyber)存在，其“遁世”、具身的属性更是把人交付于技术与数据之中了，这是把人当作技术态的身体在看待，即唐·伊德的“身体三”，这样的人成了技术还原论中的人。但是，人的意愿、生命意义的充盈，到底不是技术即令是人工智能技术所能比肩的。如果再把时间推回到1966年，那一年，世界上第一台聊天机器人伊丽莎问世，这个与人互动的语言程序，伊丽莎并非真正理解人类，而是通过已有数据获知人类偏好，大数据其实是难以真正复刻人类情感与意志的。技术发展至今，这个原理并无变化，就是说，人机交互的最大公约数依旧是0与1的数据量与参数匹配度；数据量与参数值又离不开物质性的基础设施、劳动及资本与劳动的新型关系等。

作为警世标签的“1984”对于人机交互时代的到来依旧有其启示性，即在技术与其他权力关系交织的体系中，人之为人的原点命题、数据隐私与技术伦理都更为迫切。

---

① 〔美〕N. 维纳：《人有人的用处——控制论和社会》，陈步译，北京，商务印书馆，1989年，第152-153页。

终章　人机交互传播与“后人类”命题

哲学最终可能只不过是媒介理论而已。

——格拉汉姆·哈曼(Graham Harman)[①]

人机交互的信息连接既是一个信息跨物种的流动过程;也是传播渠道获得历史性突破的过程,人机协同成为媒介渠道,也改写了现有的传播学理论边界;而人机交互传播现象的发生则直接来源于数字智能技术的驱动。同时,人机交互的过程也是技术对文化的重组过程,而人机交互技术对人的边界突破,又使人机交互同时具备了哲学的气质;从人机交互传播开始,后人类转型也为人类学的未来奠定了基础。

这一部分先从麦克卢汉“媒介是人的延伸”讲起,再进入人机交互的传播新形态的分析,然后是有关人机关系的“后人类”思考。

一、人是媒介的延伸

麦克卢汉认为媒介是人的延伸,这个结论包含了人类中心主义的视野。他认为主要有两类媒介延伸了人,一是电子媒介对中枢神经系统的延伸,二是其他媒介对身体器官的延伸,总之,人类每一项媒介技术的发明,均意味着一种人类感观的延伸。[②] 在有限的物理空间与时间范畴中,人借助传播技术拓展感知经验,由此,麦克卢汉还得出“媒介即信息”的观点:任何媒介(即人的任何延伸)对个人和社会的任何影响,都是由于新的尺度产生的:我们的任何一种延伸(或曰任何一种新的技术),都要在我们的事务中引进一种

---

① 〔美〕格拉汉姆·哈曼:《铃与哨:更思辨的实在论》,黄芙蓉译,重庆,西南师范大学出版社,2018年,第219页。

② 王刚:《麦克卢汉媒介技术观探究》,天津,天津大学,2013年学位论文,第12-13页。

新的尺度。[①] 所谓新的尺度，即是人类新的知觉与经验，它经由技术而变化，这与知觉现象学关于经由知觉与身体经验世界是一致的。

梅洛-庞蒂认为，知觉、身体的经验勾连了人与世界的关系——这不同于大众传媒时代蕴含的人与媒介二分、经验与身体二分的理念。在人机交互技术下，人与媒介共在，于此，“媒介是人的延伸”与“人是媒介的延伸”便互为表里。

人是媒介的延伸，与媒介是人的延伸落脚点不同。前者以媒介为落脚点，后者以人为落脚点；两者的出发点与最终功效也不同；但两者在思维模式上又有相同之处——都存在中心与边缘的关系，不论是以人为中心——媒介对人进行持续的延伸，还是以媒介为中心——人成为媒介的一种，并延展了媒介的触角，这两者都预设了人与媒介二分的前提。然而，作为第三持存的媒介，本身就与人的持存是二而一的关系。再就技术现象学的角度看，人机交互技术使人通过身体和技术与世界建立关联，如唐·伊德所论的借由技术的身体体验，这时，技术与人的关系是诠释学的关系。总之，人是媒介的延伸，并不否认媒介是人的延伸，而只是更强调人机交互技术对人与世界关系的介入。

人是媒介的延伸，会在传播形态与人的内涵两个方面引发新现象与新问题。

首先，传播形态方面，人是媒介的延伸，使人与媒介的主客体分离关系发生变化，这时，媒介形态更加多元，传播模式随之改变。在人机交互技术之前，媒介是人的延伸这一点十分明显，如锤子、拐杖、眼镜、耳机等；在报纸、杂志、广播、电视、通信卫星、射电望远镜等次第出现之后，“人在家中坐，便知天下事”直接诠释了媒介是人的延伸这一看法。然而，媒介的这种延伸性也容易掩盖它与人相互作用的关系。人机交互技术逐步面世后，技术人工物进入人们的身体经验中，并参与人类感知觉的过程。

唐·伊德在他关于技术与生活世界的论述中，借用海德格尔关于“锤子”的看法，强调工具、技术依赖于一定情境的特点，即锤子指向了钉子，指向了规划的任务，同样也指向了使用者。技术延伸了人类的知觉经验，锤子

---

① 〔加〕埃里克·麦克卢汉，弗兰克·秦格龙：《麦克卢汉精粹》，何道宽译，南京，南京大学出版社，2000年，第27页。

成为人类扩展自我的媒介。唐·伊德也借梅洛-庞蒂关于妇女帽子上的羽饰，指出人类能够借助人工物得以自我“扩展”：

> 一名妇女不需要计算就能在她的帽子上的羽饰和可能碰坏羽饰的物体之间保持一段安全距离……如果我有驾驶汽车的习惯，我把车子开到一个狭窄的空地上，我不需要比较空地的宽度和车身的宽度就能知道我能“通过”，就像我通过房门时不用核实房门的宽度和我的身体的宽度一样。①

媒介是人的延伸并不等同于媒介是人的客体，或者说，并不意味着有一个完全物质性的媒介与完全主体性的人。自人立身于地球，为生存计，就以火、工具等使人之为人，正如马克思所言，正是由于制造和使用工具，人类才区别于动物。人机交互技术背景下，人—机—物的互联互通，使人不再是信息的唯一发出者和接收者，而是人—机—物共同成为信息的发送方、流通方与接受方。

可以这么说，人是媒介的延伸，物是媒介的延伸，技术之物也是媒介的延伸；同理，也可以这么说，媒介是人的延伸，物是人的延伸，技术之物也是人的延伸；甚至还可以这么说，人是物的延伸，媒介是物的延伸，技术之物也是物的延伸。数字技术使万物互联的结果，必然会带来万物皆媒介、万媒皆人化的现象。于是，人是媒介的延伸便自然而然了。

因而，在传播形态方面，借助人机交互的智能技术，人与自身的人内传播、人与人的点对点人际传播，以及原本在大众传媒时代常见的多对一（多种大众传媒针对个体的）的传播，还有个体主动发出的一对多的自传播或参与式传播，便叠加式地存在着（见图 12）。

最能体现人机交互传播之新形态的是人内传播——“无论我在哪里上网，总会在空间内偶然遇到我自己！”②这是研究网络心理学的苏勒尔教授的访谈对象的话。先前的人内传播，是指个体吸纳外来信息之后的自我消化

---

① 〔美〕唐·伊德：《技术与生活世界：从伊甸园到尘世》，韩连庆译，北京，北京大学出版社，2012 年，第 34-44 页。

② 〔美〕约翰·R. 苏勒尔：《赛博人：数字时代我们如何思考、行动和社交》，刘淑华、张海会译，北京，中信出版社，2018 年，第 31 页。

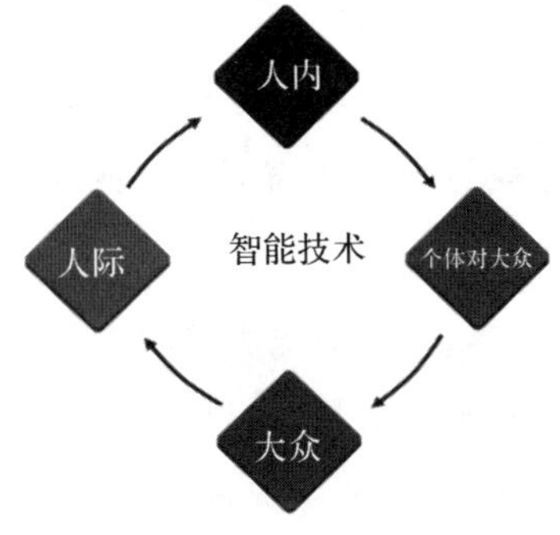

图 12　人机交互的传播形态

与“自言自语”，它不需要技术介入，是完全心理层面的内心活动。人机交互技术打通了人与外界界限的直接感官接触，是借助于传播技术的信息吸引、信息消化与信息发出。人的身体成为信息端口和信息界面，它可以是信息的接收方，也可以是信息的加工地，更可以是信息的传输所。比如借助降噪耳机、骨传导耳机等，可以高度沉浸地接收在线空间里的声音，让自己的一部分沉浸于另一个世界之中，同时也可以部分屏蔽现实时空；再如引发自发性知觉经络反应的 ASMR 则离不开拾音器与听者的连线状态。

借助视觉、听觉甚至触觉技术的在线游戏，在键盘、鼠标、耳机、屏幕、VR 设备或体感衣的装备升级中，玩家就可以轻易沉浸在另一个虚拟世界里。《头号玩家》使得看电影更多地变成“进入一部电影”，借由 VR 技术在虚拟世界里扮英雄，既是电影中人物的使命，也是电影观众的心向往之。以下是豆瓣评论 2018 年 3 月以来关于这部电影的前 5 条热评[①]，可以借此观察这部电影传递的有关技术与文化的讯号：

> * * *：游戏和影迷的春药！还原《闪灵》那场戏看到要爆炸了！值得去电影院刷十遍！
>
> * * *：剧本逻辑有缺陷吗？人物动机有问题吗？也许有。But nobody gives a fuck！就像 IMAX 开头那句话：“看一部电影，还是进入一部电影”，斯皮尔伯格用 140 分钟的影像为这句话做了最好背书。戴上 3D 眼镜，放下一切包袱，进入这个世界，然后几十年后和自己的后辈

① 考虑到隐私等问题，这里的引用中网友名称一律用＊＊＊代替。https://movie.douban.com/subject/4920389/。

吹嘘自己当年看这部电影时的场景吧。

＊＊＊：太好看了，我们这一代人的文化真的全在里面了，2045年你们要是建不出这样的虚拟世界，新年钟声敲响的一刻我立马举枪自杀。

＊＊＊：堪比“黑客帝国”的虚拟与现实切换，但没有苦大仇深的哲学思考，而是带着娱乐至死的精神，把影视游戏各种流行文化致敬了个遍。和当初的E.T.一样，童心未泯的斯皮尔伯格不经意就开启了电影的未来。宅男宅女们，欢迎来到VR纪元！

＊＊＊：斯皮尔伯格就是那个头号玩家。

不论是《头号玩家》里的韦德，还是现实世界的诸多游戏玩家，其身体成为连接此在与彼在的关键通道。在身体的这一头，是其所处的现实时空——他们的居所和他们现实身份，这是永远无法抹除的现实ID；在身体的另一头，是其自由遨游的另一个世界及另一个身份。《头号玩家》的韦德生活于贫民区，寂寂无名，戴上VR后成为自信、机智的帕西法尔，在历经磨难找到通关钥匙后，成为人们心目中的英雄。《雪崩》里也有类似的情节：“就算你住在粪坑里，总还有超元域可去。”而在超元域，主角阿宏是一位王子武士，这里的超元域就是元宇宙。《头号玩家》看似只是一部科幻电影，但它的风靡正是人机交互技术下人内传播的流行与体现。这里的人内传播，是此在的身体与彼在的数字化身的共存，它绝然不同于大众传媒兴起之前心理层面的人内传播。

其次，人是媒介的延伸在人的内涵方面引发新现象与新问题。唐·伊德在其技术现象学的分析中认为“技术转化了经验，因而技术是非中立的”[①]。由于技术转化了人的经验，它不再是单纯的媒介技术，但这种转化也指向了多个方面，就是说，在人机交互的智能技术与人的关系光谱上，技术与人类的关系是多重的。

较突出的是，人机交互技术一定程度上释放了人类自我多样化的内在诉求，那个称为帕西法尔的小伙子难道不是现实韦德的理想自我吗？微信

① 〔美〕唐·伊德：《技术与生活世界：从伊甸园到尘世》，韩连庆译，北京，北京大学出版社，2012年，第53页。

头像在多大意义上代表了使用者本身？由可穿戴设备和传感器等接入的虚拟世界及虚拟数字人，是现实的一种吗？戴上耳机后的人到底是处于真实世界还是虚拟世界？其实，这样的提问本身就包含了有关真实—虚拟二分法的思维模式，也忽视了现代性工具理性对多样化自我的压抑——这种压抑在人机交互技术的推动下得以释放。苏勒尔把这一心理需求称为“网络脱抑制效应”：“人们往往在网络空间所说、所做的事情是他们在现实世界中不常说或不常做的事情。在网络空间，他们不受约束，信口开河，公开地表达自我，我们称这种现象为网络脱抑制效应。”[①]网络脱抑制效应仍然带有被动与消极的意味，它只是人在追逐多样化自我时的一种表现。网络脱抑制现象还体现在对教育的挑战上，AI 代写论文、代写作业的现象已成趋势；而反向的问题同样存在，AI 对知识产权和隐私等的侵犯也算是另一种形式的“脱抑制”了。

在网络脱抑制效应之外，VR 技术对于人的自我而言，则带有更多积极性的意味——“VR 是一种将你暴露给自己的技术”[②]。从原子世界到比特世界，技术的确提供给人更多的想象，虚拟现实之父杰伦·拉尼尔认为，VR 技术是一种创造全面幻想的手段，“一种必须摆脱游戏、电影、传统软件、新经济权力结构甚至先驱想法束缚的新的艺术形式”[③]。拉尼尔带有艺术狂野气息的 VR 实验，是在拓展一种乌托邦气质的人的新空间。这种自我释放的 VR 新媒体实验，与网络脱抑制效应有相似之处，既增加了人的自闭化的可能，也打开了人类畅想另一个可能世界的窗户。很难说这种转向人的内在的传播技术现象或“精神分裂”[④]现象有多少是基于心理与社会层面的逃避与抵制，有多少是对更多可能性的探索与拓展。

走得更远的则是约翰·巴洛，他干脆发布了赛博空间的独立宣言，声称赛博空间是新的狂野西部，是永远超越政府管辖的自由主义者的天堂。显然，赛博空间是巴洛等反主流文化者眼中的另一种现实。个体可以借助智能技术同时做到封闭与打开——“转身离去”、多维自我、多维空间等特征，

---

① 〔美〕约翰·R. 苏勒尔：《赛博人：数字时代我们如何思考、行动和社交》，刘淑华、张海会译，北京，中信出版社，2018 年，第 122 页。

②③ 〔美〕杰伦·拉尼尔：《虚拟现实：万象的新开端》，赛迪研究院专家组译，北京，中信出版社，2018 年，第 62 页、第 301 页。

④ 〔荷〕约斯·德·穆尔：《赛博空间的奥德赛：走向虚拟本体论与人类学》，麦永雄译，桂林，广西师范大学出版社，2007 年，第 184-187 页。

为人与自己、人与他人的连线或断线、人与机构的连线或断线等开拓了更多的途径。

多维的生命体验，超越所处的现实时空，是人类长久以来的梦想。借助人机交互的智能技术，后人类生命形式也由此展开。但作为技术通道的肉身还是会成为人类的牵绊，比如它会衰老、生病、致残、死亡等，于是，无器官的信息意识上载便开启了后人类的新纪元。作为人体 2.0 的赛博格与无器官身体的人类 2.0，会成为人机交互技术与信息传播的最终版本。库兹韦尔认为“人体 2.0 版本将包括完全逼真的虚拟环境下的虚拟身体，以纳米技术为基础的肉体，以及更多种的身体形态”①，届时（奇点来临的时代），“人和技术将没有区别。这并不是像我们现在想的那样，人变成了机器，而是因为机器的能力可以媲美甚至超过人类”②，这是库兹韦尔的技术奇点论，这也是人类 2.0 版本的时代了。但无论关于人类发展有怎样的预测，有一点是肯定的，即依旧受制于政治经济结构体系的人机交互技术不会单枪匹马一骑绝尘地向前狂奔。

二、“捡起的树枝”与“后人类”

唐·伊德在阐释技术现象学时举了一个狐狸与葡萄的例子：狐狸看到葡萄太高，以它的身体弹跳能力根本够不着，就得出结论说，葡萄是酸的；人一开始也够不着葡萄，即便跳起来也够不着，但是人捡起一根树枝，打下了葡萄，因此就没有必要得出葡萄是酸的结论。从狭义的知觉现象来说，狐狸和人都感觉到葡萄可以吃，都想得到葡萄，但是树枝的原始技术情境把对葡萄的知觉性感觉改变为可以得到的，因此有了树枝后，人类所具有的宏观知觉既有了知觉的对象，也有了他或她获得这种对象的能力。③ 技术提供给人的知觉性感觉使其可以借助技术而心想事成。在唐·伊德之前，库布里克在他的电影《2001：太空漫游》中也展示了人类与技术的演化关系：电影开始，一群食素的猿猴在安闲地吃食、玩耍，但在偶然发现的神秘的黑石板启

---

①② 〔美〕雷·库兹韦尔：《奇点临近》，李庆诚、董振华、田源译，北京，机械工业出版社，2011 年，第 119 页、第 22 页。

③ 〔美〕唐·伊德：《技术与生活世界：从伊甸园到尘世》，韩连庆译，北京，北京大学出版社，2012 年，第 33 页。

发下，它们开始学会把骨头当作工具和武器猎食其他动物并抢占地盘。电影中，猿猴高高举起的骨头与下一个镜头剪辑在一起，那就是与骨头形状相似的太空飞船。随后，哈尔 9000 电脑、宇宙飞船等携带人类走上探索外太空的旅程，宇航员鲍曼在与哈尔搏斗后继续航程，最后变为星孩——一个没有身体边界的新生命形态。在这部 1968 年的电影里，已经显露出非人类中心主义的理念——人类，这个所谓的万物之灵指使不了人工智能哈尔，也逃不过它审时度势下的算计，更无法超越整个宇宙的神秘与广阔。从捡起的树枝到振臂高举的骨头，人类从智人演进到此时，已经在“后人类”的标签中开始了新的人类旅程。

从捡起树枝或抓起骨头到走上技术跃进之路，技术也通过影响人类知觉而使人类提升了与自然相处的能力，进而影响了整个人类进程。直至互联网技术的开发，图灵测试的出现，人工智能技术成为显学，人类与技术的关系已经由隐而显。近年，一些有关技术与人的新闻频频出现，比如 2017 年 AlphaGo 对阵人类棋手李世石、柯洁等的连胜；2018 年，中国南方科技大学教师贺建奎的实验室诞生了两位经过基因编辑的婴儿，这被称为或许是人类社会走向“后人类”的标志性事件。[①] 宁可爱上一个机器人(电影《她》)也许不再只是虚构文本里的事了。人们通过调笑 Siri 获得的快乐中，有多少会认为自己实际上在同语音数据说话？在电视剧《真实的人类》中，每集片首大大的 HUMAN 是特意倒着写的。人与机器的混合不论是在人机对话的日常生活中，还是在科技创新领域，已经生机勃勃地发展起来了。在这个过程中，对人机交互的信息过程及文化意义的观察只是对后人类命题的一个补充，它侧重于技术与人及信息联通的层面，其他视野如哲学、伦理学、社会学、人类学、心理学等综合性视野会对后人类内涵有更全面的理解。

由早期捡起树枝走向拿起遥控器，再到无线联网、无人驾驶、脑机接口、云储存、虚拟现实、增强现实等各种探索，人类社会经由技术终于向着万物互联的阶段进发。这个过程中，由感知觉转化的世界得以扩张，追随这样的思路，唐·伊德将技术引入身体现象学，即认为技术是生活世界的组成部

---

① 颜桂堤:《后人类主义、现代技术与人文科学的未来》,《福建论坛》(人文社会科学版)2019 年第 12 期。

分[1];并且,不管简单还是复杂、现代还是古代的工具,都不能改变我们对这种包含(技术)的感觉,技术已经进入人与环境的、身体的、活动的和知觉的关系中。技术就像海德格尔所说的"抽身而去",变成了准透明的。[2] 技术抽身而去,融入人类知觉之中,它与人类的关系不再主客分明。当技术不再是完全的客体时,它获得了一定的主体性,比如智能语音对话的场景,这带来一种新的文化应许及人类面相。

有意思的是,信息传播技术在获得主体性过程中,是先使人有更大的自主性为前提的,比如人类"捡起的树枝"变成了小巧灵活、"一切尽在掌握"的智能物件——操纵杆、鼠标、触控屏、可穿戴式设备、种植在手臂上的耳机、脑机接口以及其他部件等。"招之即来,挥之即去",或动动手指就可魔术般地更迭信息内容,似乎世界尽在指尖与眼前。"世界尽在其中""漫步云端乐在指尖""一切尽在掌握"等手机广告语,使电视遥控器与收音机等技术相形见绌黯然失色了。技术有走向透明或隐身术的趋势,尤其是人机交互技术,可联通、智能化等特征使人机双方都成为对方的陪伴物。

树枝或骨头改变了人与世界的知觉关系,也引发人类演化的历史,逐渐地,"后人类"的概念进入人们的视野。

关于什么是"后人类",伊哈布·哈桑(Ihab Hassan)早在1977年就以后人类主义的概念谈论人类主体性的消解,即去人类中心主义的价值取向。后人类主义认为"人类只是宇宙万物中的一分子,他不可能君临一切,也无法改变这一既定的生物格局"[3]。随着人机技术、生物改造及转基因技术等的发展,后人类命题越来越不可回避,唐娜·哈拉维在她关于赛博格的宣言中认为20世纪以来有三个关键界限的突破,即人与动物之间、有机体和机器之间、自然和非自然之间的突破。到了20世纪晚期,"机器完全模糊了自然和人造、心智和身体、自我发展和外部设计以及其他许多适用于有机体和机器之间的区别。我们的机器令人不安地蠢蠢欲动,而我们自己却迟钝得令

---

① 〔美〕唐·伊德:《技术与生活世界:从伊甸园到尘世》,韩连庆译,北京,北京大学出版社,2012年,第23页。

② 〔美〕唐·伊德:《让事物"说话":后现象学与技术科学》,韩连庆译,北京,北京大学出版社,2008年,第56页。

③ 王宁:《"后理论时代"的理论风云:走向后人文主义》,《文艺理论研究》2013年第6期。

人恐惧”[①]。数据技术最后要达成的是以数据联结万物，当然也包括人。1995年，罗伯特·帕博瑞尔(Robert Pepperel)在《后人类境况》中，将人类的状况描述为数据集合体——这是互联网兴盛期的人类预言。凯瑟琳·海勒对于“后人类”讲得更为细致，她认为“后人类”首先表现为一种形态，即人的身体性存在与计算机仿真之间、人机关系结构与生物组织之间、机器人科技与人类目标之间，并没有本质的不同或者绝对的界限；因而，人类主体已经成为一种混合物，一种异质的成分构成，并且这个构成是持续不断进行的，这是人类对自身边界的重建。但以上只是“后人类”的形态表现，凯瑟琳·海勒还认为后人类不是简单地与智能机器的接合，即一种类似于跨物种的接合，而是更广泛意义上的接合，使得生物学的有机智慧与具备生物性的信息回路之间的区别变得不再能够辨认。[②]

不再区分生物学的有机智慧与具备生物性的信息回路，这又是维纳控制论的理念。20世纪中期以来，随着控制论的影响扩展，人机之间在技术上的联通的确打开了“后人类”的有关话题。从人机技术的角度讲，“后人类”是数据的人格化，如智能语音机助手、人形机器人等和人格的数据化，是从人工智能(AI，Artificial Intelligence)到人工生命(AL，Artificial Life)的接合，这是一场双向的奔赴。

跨物种、非本质成为20世纪至今后人类讨论的核心概念，罗西·布拉伊多蒂(Rosi Braidotti)在她关于“后人类”的论述中也认为：“后人类认知主体既是一个时间连续统一体，又是一个集合组合，他的游牧愿景意味着要承担双重责任，一是投身于变化的过程，二是恪守社会生态智慧意义上的伦理规范。共存性即此在的同时性，定义了人类和非人类他者相互交往的伦理。”[③]从“游牧愿景”的用语可以看出罗西·布拉伊多蒂是受了德勒兹关于“游牧身份”的影响，即“后人类”游牧主体是非本质、可移动的身份。

从社会层面看，在后人类时代身份真是自由漂浮的吗？讨论过游牧身份的德勒兹还指出，在信息技术为主导的后人类时代里，权力控制仍然有其

① 〔美〕唐娜·哈拉维：《类人猿、赛博格和女人——自然的重塑》，陈静译，郑州，河南大学出版社，2016年，第321页。

② 〔美〕凯瑟琳·海勒：《我们何以成为后人类：文学、信息科学和控制论中的虚拟身体》，刘宇清译，北京，北京大学出版社，2017年，第45-46页。

③ 〔意〕罗西·布拉伊多蒂：《后人类》，宋根成译，郑州，河南大学出版社，2016年，第273页。

实施的方式，他认为继规训社会而来的是微观权力的更加隐秘，是“控制社会”。在控制社会里，数字化的符码成为新的规范，成为幽禁人们的新方式。伴随后人类技术装置的逐渐普及、渗透，数字技术的控制与规训及其对隐私权利的越界也逐渐深入。当然，也有学者认为目前对后人类现实的设想，有着大量科幻作品的影响，其中又含有以人为本的视角，即人文主义的味道；人们难以超出自身作为人的想象去想象机器人。总之，目前的共识是后人类现实已迫在眉睫，但如何应对却不是争议的重点。[①]

后人类现象既引发一些人对“捡起的树枝”的恐慌与不安，也引发另一些人的欣喜与期盼。按凯瑟琳·海勒的看法，后人类话题包含两种情绪，一种是欢乐，一种是恐怖：

> 相对而言，恐怖很容易理解。后人类的“后”字，具有接替人类并且步步紧逼的双重含义，暗示“人类”的日子可能屈指可数了……不管哪种情况，莫拉维克和志趣相投的思考者都认为人类的日子行将结束了。这种观点与沃伦·麦卡洛克晚年异常悲观情绪遥相呼应……他说：“依我看来，人可能是所有动物中最恶劣、最具破坏性的物种……机器为什么不可以非常快乐地取代并且奴役我们？”……欢乐的情况如何呢？对于一些人，也包括我自己而言，后人类唤起了令人振奋的前景：摆脱某些旧的束缚，开拓新的方式来思考作为人类的意义。[②]

借助智能技术摆脱某些旧的束缚，这蕴含了技术包治百病的理想。从信息传播技术或技术与人类的整体关系看，技术对人类演化的辅助作用不可谓不大，然而，同时相伴的还有技术对人类的负面影响。就信息传播技术而言，在各项技术中，电视与人的关系似乎构成了迄今为止负面关系较多的一种，如“沙发土豆”、电视人、容器人等称谓；数字技术以来，信息茧房、回音室、过滤气泡等说法又强调了人类对自我化信息的过度依赖。

数字技术和人工智能技术的确使人—机—物的关系增强，但智能技术开发中包含着的乌托邦畅想，最终也抵不过平台经济、大数据与数字资本主

---

① 赵柔柔、罗岗、王洪喆等：《人工智能与后人类时代》，《读书》2017 年第 10 期。

② 〔美〕凯瑟琳·海勒：《我们何以成为后人类：文学、信息科学和控制论中的虚拟身体》，刘宇清译，北京，北京大学出版社，2017 年，第 383-385 页。

义、平台资本主义的巨大诱惑，“后人类并不意味着人类的终结。相反，它预示着某些特定的人类概念要终结。充其量，这种概念只适用于一小部分人类，即，有财富、权力和闲暇将他们自身概念化成通过个人力量和选择实践自我意志的自主生物的那一小部分人”[①]。从媒介物质性的角度讲，虚拟现实等技术的背后需要大量基础设施的支撑，需要大量劳动力的付出，“现在的问题是由谁来支付建构和维持‘赛博空间的天国之门’的代价”[②]。技术现象学从身体与技术的感知关系观察人与世界的关系，但也容易忽略社会结构是人机交互的基本面向。成为在线英雄的韦德——或帕西法尔，他居住于贫民区的生活现实并没有改变，但却收获了心理上的满足——他在另一个世界获得的彩蛋，使他不必环顾现实后揭竿而起，取而代之的是借由数字设备进入另一个世界中去实现英雄梦。

这种“数字弥赛亚主义”——数字技术的救世主义，忽视了人机交互的情境性与社会生成性。人机交互技术并不是透明和中立的，它的军工基因及后来与新自由主义的和亲式婚姻，都显示了它在军事资本主义、父权制资本主义、数据资本主义等历史进程中举重若轻的角色。另一方面，人机交互技术中的身体也进入资本体系的运作过程中。福柯在对权力与身体的研究中，把身体视为权力的毛细血管之所在，在身体的肌理处，权力的行使过程更加隐蔽深入，这一灼见依旧适用于技术介入身体后的境况，因为改造身体与情感或使身体参数化，才是权力对人的终极改造，至此，权力的运行才所向披靡。

人机交互中，“互动式的后现代控制”[③]体现于智能传播技术开启的人与另一个自己、人与另一些数字人的交互，这类交互以自主娱乐为表，以沉浸式粘连为实。这种粘连，在个体层面，可以与现实世界暂时脱钩；在整体社会层面，则容易悬置现实世界以及数字资本主义对人的数据劫掠。

关于人机交互信息传播过程的理论批判，需要把人机交互之间的物质性特质彰显出来，否则，智能技术传播除了在数字经济领域声势浩大且赚得盆满钵满之外，人类向技术寻求精神家园的路径，会再一次因假托“虚体”与

① 〔美〕凯瑟琳·海勒：《我们何以成为后人类：文学、信息科学和控制论中的虚拟身体》，刘宇清译，北京，北京大学出版社，2017年，第388页。

②③ 〔荷〕约斯·德·穆尔：《赛博空间的奥德赛：走向虚拟本体论与人类学》，麦永雄译，桂林，广西师范大学出版社，2007年，第30页、第47页。

幻像的方式，而重新走上乌托邦之路。

三、人机交互及人类命运共同体

“我们曾经有梦，IBM 让我们梦想成真”，这是 IBM 曾经的广告。风靡于世的《数字化生存》的结语标题则是“乐观的年代”，其理由是数字化具有四个强有力的特质：分散权力、全球化、追求和谐和赋予权力。该书作者尼葛洛庞帝认为：“早在政治走向和谐、关贸总协定就原子的关税和贸易达成协议之前，比特就已经变得没有国界，比特的存储和运用都完全不受地理的限制。”[①]没有国界、完全不受地理限制，这是多么美好的想法，这似乎也是比特技术“与生俱来”的基因——那些由 0 和 1 组成的数串可以自由跨越地域国界而四处扩散。虚拟现实之父杰伦·拉尼尔就在关于 VR 的众多定义中多次以梦想来定义 VR：它是“能够搭载梦想的媒介的希望”；它是“一个共享的、清醒的、有意识的、交流的、协作的梦想”；它是一种全面创造幻想的手段。因为它有着自由的体验，它是一种整体表达的方法，分享的是一个清晰的梦境，是摆脱现实束缚的一种方式，我们苦苦追求的，恰恰就是摆脱这个世界既定环境的纠葛和束缚。[②] 如今，埃隆·马斯克的 SpaceX 火箭又试图带着人类奔向火星——人类飞天揽月、遨游太空的梦想离实现越来越近；而脑机接口技术又试图真正实现维纳关于人—机—物互联互通的控制论理念。

当然，一些人的梦想在另一些人眼里不过是梦魇罢了，人机交互技术既可能是普罗米修斯盗取来的天火[③]，也可能是一个潘多拉魔盒。

在反对人机交互技术的人眼里，人工智能不过是玛丽·雪莱笔下怪物弗兰肯斯坦的翻版，它最终会反噬创造他的主人。正如史蒂芬·霍金的担忧：“人工智能的全面发展将是人类的末日。”2015 年，霍金与人合作在英国

---

① 〔美〕尼古拉·尼葛洛庞帝：《数字化生存》，胡泳、范海燕译，海口，海南出版社，1997 年，第 268-269 页。

② 〔美〕N. 维纳：《人有人的用处——控制论和社会》，陈步译，北京，商务印书馆，1989 年，第 119 页。

③ 前文提及，玛丽·雪莱于 1818 年出版《弗兰肯斯坦》时有个副标题——现代普罗米修斯的故事。

《独立报》一篇文章上称人工智能的短期影响取决于谁在控制它，而其长期影响则取决于是否能被人类控制。埃隆·马斯克则于2014年在推特上发文说人工智能可能比核武器还危险。2015年1月，在“未来生命”研究所(Future of Life Institute)发起的公开信活动中，马斯克和霍金联合签署了承诺人工智能领域的发展将不会超出人类控制的公开信；同年7月，他们又签署了另一份公开信，呼吁禁止“无须人为干预即可选择和射杀目标”的人工智能军备竞赛。与此同时，比尔·盖茨也在社交新闻网站Reddit上赞同马克斯的观点。为此，2016年1月，埃隆·马斯克、史蒂芬·霍金一同获得由信息技术和创新基金(Information Technology & Innovation Foundation)颁发的“卢德奖”(Luddite Award)——这个奖项被俗称为“阻碍技术创新”奖，比尔·盖茨(Bill Gates)也获得该奖提名。霍金又于2017年一次演讲中针对AI技术再次提出警告：超级人工智能可以全面超越人类，甚至取代人类的存在；有效的人工智能技术将是人类文明史上最大的事件，但同样也可能是人类文明史上最糟糕的事情。

比以上几位更为极端的新卢德主义者是卡辛斯基(Theodore Kaczynski)，他曾在1995年寄给《纽约时报》的论文《工业社会及其未来》(Industrial Society & Its Future)中写道：“工业化时代的人类，如果不是直接被高智能化的机器控制，就是被机器背后的少数精英所控制。如果是前者，那么就是人类亲手制造出自己的克星；如果是后者，那就意味着工业化社会的机器终端，只掌握在少数精英的手中。”

但是，如何看待人机交互技术的发展，情况似乎没那么简单。人们都知道脑机接口的最前沿技术正在马斯克的脑机接口公司如火如荼地进行着；人们也知道史蒂芬·霍金作为肌萎缩型脊髓侧索硬化症患者，在尝试了眼镜上的红外传感器、眼球追踪技术、脑电波识别技术之后，又借助英特尔公司开发的软件输入系统与世界通话；而马斯克也宣布目前的脑机接口会为肢体残疾者带来巨大的希望。

人类已经因无限的好奇心离开了伊甸园而进入尘世，望远镜、显微镜让我们既看到了遥远的星球，又细察到微观的世界；火车、汽车、飞机让我们插上了翅膀，在可控的时间里穿越不同的地域空间或翱翔于蓝天白云之间。技术不仅带领人类走出了伊甸园的世界，逐渐使之适应这个大千世界，而且还与人类建立起“具身”关系、“诠释”关系、“它异”关系、“背景”关系——技术在更加微妙地转化人与世界的关系，它正在成为一种准主体、准它者，技术还在成为人类的生态环境。唐·伊德关于人与技术四种关系的思考中，包含了人类主体位置和技术主体位置的变化，这已经关涉到有关后人类的命题了。

正如维纳所说："当一个发明提出来以后，一般要经过相当长的时间，人们才能了解它的全部意义。"自"二战"以来，关于人机交互技术的发展就伴随着文化与哲学的思考，这类思考已经上升到以人类命运的整体性来衡量和判断。与以往的技术与人类发展关系的人类中心主义不同，人机交互技术对人的边界拓展，使人机关系及其思考呈现去人类中心主义的特点。迈克斯·泰格马克(Max Tegmark)在他关于人类命运3.0的主题思考中，就以复杂程度为标准，划分出人类命运的三个版本，生命1.0、生命2.0和生命3.0。他认为，生命1.0在它有生之年都无法重新设计自己的硬件和软件，比如细菌、老鼠，二者皆由其DNA决定，只有进化才能带来改变，而进化则需要许多世代才会发生。生命2.0能够重新设计自身软件的一大部分，比如人类，可以学习复杂的新技术如语言、运动和其他职业技能，也可以从根本上更新自己的世界观和目标追求。生命3.0现在尚不存在，它不仅能够最大限度地重新设计自己的软件，还能重新设计自己，比如把大脑容量扩充1000倍。生命1.0阶段靠进化获得硬件和软件，因此又可以概括为生物阶段；生命2.0靠进化获得硬件，但大部分软件是自己设计的，因此可以概括为文化阶段；生命3.0靠自己设计的硬件和软件，因此可以概括为科技阶段。在迈克斯·泰格马克看来，硬件就是物质，软件就是形态，关于这两点，人工智能是可能实现的，他认为：智能的出现并不一定需要血肉或碳原子。[①] 至此，生命3.0阶段就是显著的去人类中心主义的阶段了。

不过，关于人机交互技术的去人类中心主义苗头，科学与文化领域有着不同的看法。在迈克斯·泰格马克看来，关于生命3.0有三个学派，它们分别是：数字乌托邦主义者(Digital Utopians)、技术怀疑主义者(Techno-Skeptics)和人工智能有益运动支持者(Members of The Beneficial-AI Movement)。数字乌托邦主义认为数字生命是宇宙进化的自然结果，数字

---

① 〔美〕迈克斯·泰格马克：《生命3.0：人工智能时代人类的进化与重生》，汪婕舒译，杭州，浙江教育出版社，2018年，第88页。

智能的发展结果一定是好的；技术怀疑主义者则认为通用人工智能没有几百年的时间根本无法实现，因此没必要杞人忧天；人工智能有益运动支持者则认为人工智能需要发展，但要有益于人类。[①] 总之，如果把技术置于人类的历史长河中看待，含有人类中心主义色彩的人类命运共同体的问题和人机融合中去人类中心主义的问题，成为思考人机关系的两个方向性命题。

对计算机技术鼓与呼的《连线》杂志曾经声称：“我们要让机器人接管这一切，它们能解放我们，让我们发现新的工作和任务，发现新的自我。它们能够让我们比现在更加专注于如何认识人性，成为一个真正的人。”让机器人接管一切，机器人可以解放人类并使我们发现新的自我，这是多么热切的期望。而身处刚刚结束的“二战”以及冷战时代的来临，还有原子弹爆炸及大国军备竞赛的升级，维纳则不无忧虑地说：“一个人如果怀着这种悲剧感去对待另一种力之本源的显现……那他就会怀着畏惧战栗的心情。他不会冒险进入天使都害怕涉足的地方去的，除非他准备接受堕落天使的折磨。他也不会心安理得地把接受选择善恶的责任托付给按照自己形象而制造出来的机器，自以为以后不用承担从事该项选择的全部责任。”在人与按照自己形象制造出的机器之间，维纳左右徘徊了，他在《控制论》和《人有人的用处》中持续阐述了在消息和通信设备的未来发展中，人与机器、机器与人以及机器与机器之间的消息势必在社会中占据日益重要的地位；“任何一部为了制定决策而制造出来的机器要是不具有学习能力的话，那它就会是一部思想完全僵化的机器”，但如果“我们让这样的机器来决定我们的行动，那我们就该倒霉了”[②]。维纳的控制论两难也是人机交互传播的两难问题。

所以，从人类命运共同体的视角看，人机交互技术已促使传播变成一个无远弗届的泛传播现象，一如迈克斯·泰格马克关于生命的更广阔的定义：

> 它是一个能保持自身复杂性并能进行复制的过程。复制的对象并不是由原子组成的物质，而是能阐明原子是如何排列的信息，这种信息由比特组成。当一个细菌在复制自己的DNA时，它并不会创造出新的

---

① 〔美〕迈克斯·泰格马克：《生命3.0：人工智能时代人类的进化与重生》，汪婕舒译，杭州，浙江教育出版社，2018年，第38-46页。

② 〔美〕N. 维纳：《人有人的用处——控制论和社会》，陈步译，北京，商务印书馆，1989年，第152页。

原子，只是将一些原子排列成与原始DNA相同的形态，以此来复制信息。换句话说，我们可以将生命看作一种自我复制的信息处理系统，它的信息软件既决定了它的行为，又决定了其硬件的蓝图。①

从信息传播的角度讲，机器人应该既是机器的信息代理者，也是人的信息代理者，只有这样，信息传播才能真正实现信息传通、万物互联。再就人机交互传播而言，如果肉身只是简化为连接机器的工具，从而使自我成为数字化或比特化的自我，这样的人便成了利奥塔所言的“非人”。“非人”与“非现实”的互动，其后果是什么，难以想象。因而，必须摆脱传播学把机器当作传播渠道或传播介质的看法；也必须牢牢维系自身的经验之锚，以便从信息海洋中寻找到生命存在的意义。② 在人机交互的背景下，人机传播、人内传播与人与虚拟现实的互动等，很难再用大众传播理论比如二级传播、意见领袖等现象来解释。社交媒体上涌现的一波波舆情也很难在人机互动的技术背景下重现，那些隐匿于技术世界的沉浸式互动，在渐次去除组织化与社群化的现有关系。

从人机关系的角度讲，人机交互技术开启了融合人类中心主义与去人类中心主义的视野，这既扩展了关于信息传播的认知，也扩展了关于人类生命的认知。唯有如此，人机交互技术中的人类才能在历史长河中不失尊严，以人文精神与科学理性的融合视野沉着应对加速而来的智能化时代。“展望现代科技的发展前景时，必须要摆脱人类中心主义的思路，唯其如此才能预见危机。与此同时，反思现代科技所带来的伦理问题和政治问题时，人类中心主义却是必须坚持的原则和底线，唯其如此才能解除危机。”③这是弗朗西斯·福山关于后人类未来的看法，这也是人类走向后人类的应然选择。

维纳在他的《人有人的用处》中这样说：

在一个非常真实的意义上，我们都是这个在劫难逃的星球上的失

① 〔美〕迈克斯·泰格马克：《生命3.0：人工智能时代人类的进化与重生》，汪婕舒译，杭州，浙江教育出版社，2018年，第31-32页。

② 〔美〕迈克尔·海姆：《从界面到网络空间》，金倍伦等译，上海，上海科技教育出版社，2000年，第39页。

③ 〔美〕弗朗西斯·福山：《我们的后人类未来：生物技术革命的后果》，黄立志译，桂林，广西师范大学出版社，2017年，导读第x页。

> 事船只中的旅客。但即使是在失事船只上面，人的庄严和价值并非必然地消失，我们也一定要尽量地使之发扬光大。我们将要沉没，但我们可以采取合乎我们身份的态度来展望未来的。①

可以说，在控制论的思想影响下，人机交互技术发扬光大；在“人有人的用处”的呼唤下，尽管未必如维纳担忧的“我们将要沉没”或身处“在劫难逃的星球”，但是，拥有庄严和价值的人理应是人类命运共同体的真正掌舵者。

最后，为人机交互的继续研究提出如下思考：具有相对私密属性的人机交互新空间是否还容得下跨越阶层、性别、地域等的公共话题和公共领域？人机交互新技术是否可以开启一种新的数字公共领域的形式？其前提条件是什么？或者说，在科技公司的资本圈地和新自由主义思潮的双峰并峙下，人机交互技术在人类发展的前景方面，是否会有其他的发展方向？

……

本书以影响人机交互技术发展至深的维纳的话作结：

> 我们的新工业革命是一把双刃刀，它可以用来为人类造福，但是，仅当人类生存的时间足够长时，我们才有可能进入这个为人类造福的时期。新工业革命可以毁灭人类，如果我们不去理智地利用它，它就有可能很快地发展到这个地步的……要关心利用新技术来为人类造福，减少人的劳动时间，丰富人的精神生活，而不是仅仅为了获得利润和把机器当作新的偶像来崇拜。②

---

①② 〔美〕N. 维纳：《人有人的用处——控制论和社会》，陈步译，北京，商务印书馆，1989 年，第 29 页、第 132 页。

参考文献

1. Clark A. Natural-Born Cyborgs: Minds, Technologies, and the Future of Human Intelligence [M]. New York: Oxford University Press, 2003.

2. Chris Crawford. 游戏大师 Chris Crawford 谈互动叙事[M]. 方舟，译. 北京：人民邮电出版社，2015.

3. Cockburn C. & Ormrod S. Gender and Technology in the Making [M]. London: Sage, 1993.

4. David Bell. Cyber Culture Theorists: Manuel Castells and Donna Haraway[M]. London & New York: Routledge, 2007.

5. Don Ihde. Bodies in Technology[M]. Minneapolis: University of Minnesota Press, 2001.

6. Dyer-Witheford, Nick. Cyber-Marx: Cycles and Circuits of Struggle in High Technology Capitalism [D]. Illinois: University of Illinois, 1999.

7. Eric S-Raymond. 大教堂与集市[M]. 卫剑钒，译. 北京：机械工业出版社，2014.

8. Featherstone and Burrows (eds). Cyberspace/Cyberbodies/Cyberpunk: Cultures of Technolo-gical Embodiment [C]. London-Thousand Oaks-New Delhi: Sage Publications Ltd, 1996.

9. Hans P. Moravec. Mind Children: The Future of Robot and Human Intelligence[M]. Cambridge, Massachusetts: Harvard University Press, 1988.

10. Michae Heim. The Metaphysics of Virtual Reality [M]. New York: Oxford University Press, 1994.

11. Johnson Steven. Interface Culture: How New Technology

Transforms the Way We Create and Communicate[M]. New York: Harper Collins, 1997.

12. Tim Jordan. Cyber Power: The Culture and Politics of Cyberspace and the Internet[M]. London: Routledge, 1999.

13. Lev Manovich. The Language of New Media[M]. Cambridge, Massachusetts: MIT Press, 2001.

14. Mark Hansen. Bodies in Code: Interfaces with Digital Media[M]. New York: Routledge, 2006.

15. Mark Stephen Meadows. Pause & Effect: The Art of Interactive Narrative[M]. Indianapolis: New Riders Press, 2003.

16. Martin Dodge, Rob Kitchin. Mapping Cyberspace[M]. London: Rouledge, 2000.

17. N. 维纳. 控制论(或关于在动物与机器中控制与通信的科学)[M]. 郝季仁,译. 北京:科学出版社,1985.

18. N. 维纳. 人有人的用处——控制论和社会[M]. 陈步,译. 北京:商务印书馆,1989.

19. Pierre Levy. Cyberculture[M]. Translated by Robert Bononno. Minneapolis: University Of Minnesota Press, 2001.

20. Poole Steven. Trigger Happy: Videogames and the Entertainment Revolution[M]. New York: Arcade Publishing, 2000.

21. Robert W. McChesney. Digital Disconnect: How Capitalism is Turning the Internet Against Democracy[M]. New York: The New Press, 2013.

22. Scott Bukatman. Terminal Identity: The Virtual Subject in Postmodern Science Fiction[M]. Durham: Duke University Press, 1993.

23. Steven Levy. 黑客[M]. 赵俐,刁海鹏,田俊静,译. 北京:机械工业出版社,2011.

24. Judy Wajcman. Pressed for Time: The Acceleration of Life in Digital Capitalism[M]. Chicago: The University of Chicago Press, 2014.

25. 阿德里安·麦肯齐. 无线:网络文化中激进的经验主义[M]. 张帆,译. 上海:上海译文出版社,2018.

26. 奥利维耶·阿苏利. 审美资本主义:品味的工业化[M]. 黄琰,译. 上海:华东师范大学出版社,2013.

27. 保罗·莱文森. 人类历程回放:媒介进化论[M]. 邬建中,译. 重庆:西南师范大学出版社,2017.

28. 保罗·莱文森. 软利器:信息革命的自然历史与未来[M]. 何道宽,译. 上海:复旦大学出版社,2011.

29. 保罗·莱文森. 数字麦克卢汉:信息化新纪元指南[M]. 何道宽,译. 北京:社会科学文献出版社,2001.

30. 保罗·莱文森. 新新媒介[M]. 何道宽,译. 上海:复旦大学出版社,2011.

31. 保罗·维利里奥. 视觉机器[M]. 张新木,魏舒,译. 南京:南京大学出版社,2014.

32. 北京大学互联网发展研究中心. 游戏学[M]. 北京:中国人民大学出版社,2019.

33. 贝尔纳·斯蒂格勒. 技术与时间 3:电影的时间与存在的问题[M]. 方尔平,译. 南京:译林出版社,2012.

34. 布鲁诺·阿纳迪,帕斯卡·吉顿,纪尧姆·莫罗. 虚拟现实与增强现实:神话与现实[M]. 侯文军,译. 北京:机械工业出版社,2019.

35. 查尔斯·霍顿·库利. 人类本性与社会秩序[M]. 包凡一,王源,译. 北京:华夏出版社,1999.

36. 程栋. 智能时代新媒体概论[M]. 北京:清华大学出版社,2019.

37. 大卫·哈维. 新自由主义简史[M]. 王钦,译. 上海:上海译文出版社,2010.

38. 戴安娜·卡尔,大卫·白金汉,安德鲁·伯恩,加雷恩·肖特. 电脑游戏:文本叙事与游戏[M]. 丛治辰,译. 北京:北京大学出版社,2015.

39. 戴维·莫利. 传媒、现代性和科技:"新的地理学"[M]. 郭大为,等译. 北京:中国传媒大学出版社,2010.

40. 丹·席勒. 数字化衰退:信息技术与经济危机[M]. 吴畅畅,译. 北京:中国传媒大学出版社,2017.

41. 丹·席勒. 数字资本主义:全球市场体系的网络化[M]. 杨立平,译. 南昌:江西人民出版社,2001.

42. 丹·席勒.信息拜物教:批判与解构[M].邢立军,等译.北京:社会科学文献出版社,2008.

43. 丹尼尔·贝尔.资本主义文化矛盾[M].严蓓雯,译.北京:人民出版社,2010.

44. 德勒兹,加塔利.资本主义与精神分裂(卷2):千高原[M].姜宇辉,译.上海:上海书店出版社,2010.

45. 德烈亚斯·胡伊森.大分野之后:现代主义、大众文化、后现代主义[M].周韵,译.南京:南京大学出版社,2010.

46. 段永朝.互联网思想十讲:北大讲义[M].北京:商务印书馆,2014.

47. 菲利普·津巴多,尼基塔·库隆布.雄性衰落[M].徐卓,译.北京:北京联合出版公司,2016.

48. 弗兰克·施尔玛赫.网络至死:如何在喧嚣的互联网时代重获我们的创造力和思维力[M].邱袁炜,译.北京:龙门书局,2011.

49. 弗朗西斯·福山.我们的后人类未来:生物技术革命的后果[M].黄立志,译.桂林:广西师范大学出版社,2017.

50. 弗雷德·特纳.数字乌托邦:从反主流文化到赛博文化[M].张行舟,等译.北京:电子工业出版社,2013.

51. 弗里德里克·詹姆逊.未来考古学——乌托邦欲望及其他科幻小说[M].吴静,译.南京:译林出版社,2014.

52. 弗里德里希·基特勒.留声机 电影 打字机[M].邢春丽,译.上海:复旦大学出版社,2017.

53. 弗里德里希·拉普.技术哲学导论[M].刘武,康荣平,等译.沈阳:辽宁科学技术出版社,1986.

54. 弗诺·文奇.真名实姓[Z].李克勤,张弈,译.北京:北京联合出版公司,2019.

55. 格·施威蓬豪依塞尔,等.多元视角与社会批判:今日批判理论(上卷,下卷)[M].鲁路,彭蓓,译.北京:人民出版社,2010.

56. 古斯塔夫·勒庞.乌合之众——大众心理研究[M].冯克利,译.北京:中央编译出版社,2004.

57. 尤尔根·哈贝马斯.公共领域的结构转型[M].曹卫东,等译.南京:译林出版社,1999.

58. 哈罗德·英尼斯. 传播的偏向[M]. 何道宽，译. 北京：中国人民大学出版社，2003.

59. 海伦·帕帕扬尼斯. 增强人类：技术如何塑新的现实[M]. 肖然，王晓雷，译. 北京：机械工业出版社，2018.

60. 韩炳哲. 精神政治学：新自由主义与新权力技术[M]. 关玉红，译. 北京：中信出版社，2019

61. 韩炳哲. 透明社会[M]. 吴琼，译. 北京：中信出版社，2019.

62. 韩炳哲. 在群中：数字媒体时代的大众心理学[M]. 程巍，译. 北京：中信出版社，2019.

63. 亨利·詹金斯. 融合文化：新媒体和旧媒体的冲突地带[M]. 杜永明，译. 北京：商务印书馆，2012.

64. 胡泳，王俊秀，主编. 后机器时代[C]. 北京：中信出版社，2018.

65. 胡泳. 众声喧哗：网络时代的个人表达与公共讨论[M]. 桂林：广西师范大学出版社，2008.

66. 简·M. 腾格，W. 基斯·坎贝尔. 自恋时代[M]. 付金涛，译. 北京：北京联合出版公司，2017.

67. 杰弗里·温斯洛普-扬. 基特勒论媒介[M]. 张昱辰，译. 北京：中国传媒大学出版社，2019.

68. 杰伦·拉尼尔. 互联网冲击：互联网思维与我们的未来[M]. 李龙泉，祝朝伟，译. 北京：中信出版社，2014.

69. 杰伦·拉尼尔. 虚拟现实：万象的新开端[M]. 赛迪研究院专家组，译. 北京：中信出版社，2018.

70. 杰米·巴特利特. 暗网[M]. 刘丹丹，译. 北京：北京时代华文书局，2018.

71. 居伊·德波. 景观社会[M]. 张新木，译. 南京：南京大学出版社，2017.

72. 卡尔·波兰尼. 大转型：我们时代的政治与经济起源[M]. 刘阳，冯钢，译. 杭州：浙江人民出版社，2007.

73. 卡罗琳·克里亚多·佩雷斯. 看不见的女性[M]. 詹涓，译. 北京：新星出版社，2022.

74. 凯瑟琳·海勒. 我们何以成为后人类：文学、信息科学和控制论中的虚拟身体[M].刘宇清，译.北京：北京大学出版社，2017.

75. 凯文·凯利.失控：机器、社会系统与经济世界的新生物学[M].东西文库，译.北京：新星出版社，2010.

76. 克莱·舍基.人人时代：无组织的组织力量[M].胡泳，沈满琳，译.北京：中国人民大学出版社，2012.

77. 克里斯·希林.文化、技术与社会中的身体[M].李康，译.北京：北京大学出版社，2011.

78. 克里斯蒂安·福克斯，文森特·莫斯可.马克思归来（上下卷）[C].传播驿站工作坊，译.上海：华东师范大学出版社，2016.

79. 克里斯蒂安·福克斯.社交媒体批判导言[M].赵文丹，译.北京：中国传媒大学出版社，2018.

80. 克里斯多夫·库克里克.微粒社会：数字化时代的社会模式[M].黄昆，夏柯，译.北京：中信出版社，2018.

81. 雷·库兹韦尔.机器之心[M].胡晓姣，张温卓玛，吴纯洁，译.北京：中信出版集团，2016.

82. 雷·库兹韦尔.奇点临近[M].董振华，李庆诚，译.北京：机械工业出版社，2011.

83. 雷·库兹韦尔.人工智能的未来：揭示人类思维的奥秘[M].盛杨燕，译.杭州：浙江人民出版社，2016.

84. 雷吉斯·德布雷.媒介学宣言[M].黄春柳，译.南京：南京大学出版社，2016.

85. 李开复，陈楸帆.AI未来进行时[M].杭州：浙江人民出版社，2022.

86. 李沁.沉浸传播：第三媒介时代的传播范式[M].北京：清华大学出版社，2013.

87. 李斯特，等.新媒体批判导论[M].吴炜华，付晓光，译.上海：复旦大学出版社，2016.

88. 列夫·马诺维奇.新媒体的语言[M].车琳，译.贵阳：贵州人民出版社，2021：70.

89. 林文刚.媒介环境学思想沿革与多维视野[M].北京：北京大学出版社，2007.

90. 刘易斯·芒福德.技术与文明[M].陈允明，王克仁，李华山，译.北京:中国建筑工业出版社,2009.

91. 罗伯特·洛根.理解新媒介——延伸麦克卢汉[M].何道宽,译.上海:复旦大学出版社,2012.

92. 罗西·布拉伊多蒂.后人类[M].宋根成,译.郑州:河南大学出版社,2016.

93. 马尔科·内斯科乌,主编.社交机器人:界限、潜力和挑战[C].柳帅,张英飒,译.北京:北京大学出版社,2021.

94. 马克·波斯特.第二媒介时代[M].范静哗,译.南京:南京大学出版社,2000.

95. 马克·波斯特.信息方式:后结构主义与社会语境[M].范静哗,译.北京:商务印书馆,2001.

96. 马文·明斯基.情感机器[M].王文革,程玉婷,李小刚,译.杭州:浙江人民出版社,2016.

97. 埃里克·麦克卢汉,弗兰克·秦格龙.麦克卢汉精粹[M].何道宽,译.南京:南京大学出版社,2000.

98. 马歇尔·麦克卢汉.理解媒介:论人的延伸[M].何道宽,译.南京:译林出版社,2000.

99. 马修·辛德曼.数字民主的迷思[M].唐杰,译.北京:中国政法大学出版社,2015.

100. 玛格丽特·博登.人工智能哲学[M].刘西瑞,译.上海:上海译文出版社,2001.

101. 迈克尔·海姆.从界面到网络空间:虚拟实在的形而上学[M].金吾伦,刘钢,译.上海:上海科技教育出版社,2000.

102. 迈克斯·泰格马克.生命3.0:人工智能时代人类的进化与重生[M].汪婕舒,译.杭州:浙江教育出版社,2018.

103. 麦克·布洛维.公共社会学[M].沈原,等译.北京:社会科学文献出版社,2007.

104. 麦克尔·哈特,安东尼奥·奈格里.帝国:全球化的政治秩序[M].杨建国,范一亭,译.南京:江苏人民出版社,2003.

105. 曼纽尔·卡斯特.网络社会的崛起[M].夏铸九,王志弘,等译.北京:社会科学文献出版社,2006.

106. 米格尔·尼科莱利斯. 脑机穿越：脑机接口改变人类未来[M]. 黄珏苹，郑悠然，译. 杭州：浙江人民出版社，2015.

107. 牟怡. 传播的进化：人工智能将如何重塑人类的交流[M]. 北京：清华大学出版社，2017.

108. 尼尔·波斯曼. 技术垄断：文化向技术投降[M]. 何道宽，译. 北京：北京大学出版社，2007.

109. 尼尔·弗格森. 广场与高塔[M]. 周逵，颜冰璇，译. 北京：中信出版社，2020.

110. 尼古拉·尼葛洛庞帝. 数字化生存[M]. 胡泳，范海燕，译. 海口：海南出版社，1997.

111. 尼古拉斯·盖恩，戴维·比尔. 新媒介：关键概念[M]. 刘君，周竞男，译. 上海：复旦大学出版社，2015.

112. 尼克. 人工智能简史[M]. 北京：人民邮电出版社，2017.

113. 帕拉格·卡纳，爱伊莎·卡娜. 混合现实（电子书）[M]. Lain，Silberbromid，译. 东西文库，2013.

114. 皮埃罗·斯加鲁菲，牛金霞，闫景立. 人类 2.0：在硅谷探索科技未来[M]. 北京：中信出版社，2017.

115. 乔纳森·克拉里. 24/7：晚期资本主义与睡眠的终结[M]. 许多，沈清，译. 北京：中信出版社，2015.

116. 乔治·戴森. 图灵的大教堂：数字宇宙开启智能时代[M]. 盛杨灿，译. 杭州：浙江人民出版社，2015.

117. 乔治·扎卡达基斯. 人类的终极命运：从旧石器时代到人工智能的未来[M]. 陈朝，译. 北京：中信出版社，2017.

118. 让·鲍德里亚. 为何一切尚未消失？[M]. 张晓明，薛法蓝，译. 南京：南京大学出版社，2017.

119. 凯斯·桑斯坦. 网络共和国：网络社会中的民主问题[M]. 黄维明，译. 上海：上海人民出版社，2003.

120. 上野千鹤子. 父权制与资本主义[M]. 邹韵，薛梅，译. 杭州：浙江大学出版社，2020.

121. 师曾志，等. 生命传播：自我—赋权—智慧[M]. 北京：北京大学出版社，2018.

122. 斯蒂芬·贝克. 当我们变成一堆数字[M]. 张新华,译. 北京:中信出版社,2009.

123. 斯蒂芬·戈德史密斯. 网络化治理:公共部门的新形态[M]. 孙迎春,译. 北京:北京大学出版社,2008.

124. 斯拉沃热·齐泽克,格里·戴里. 与齐泽克对话[M]. 孙晓坤,译. 南京:江苏人民出版社,2005.

125. 斯拉沃热·齐泽克. 幻想的瘟疫[M]. 胡雨谭,叶肖,译. 南京:江苏人民出版社,2006 年.

126. 斯拉沃热·齐泽克. 视差之见[M]. 季广茂,译. 杭州:浙江大学出版社,2014.

127. 斯拉沃热·齐泽克. 自由的深渊[M]. 王俊,译. 上海:上海译文出版社,2013.

128. 斯洛沃热·齐泽克. 无身体的器官:论德勒兹及其推论[M]. 吴静,译. 南京:南京大学出版社,2019.

129. 唐·伊德. 技术与生活世界:从伊甸园到尘世[M]. 韩连庆,译. 北京:北京大学出版社,2012.

130. 唐·伊德. 让事物"说话":后现象学与技术科学[M]. 韩连庆,译. 北京:北京大学出版社,2008.

131. 唐娜·哈拉维. 类人猿、赛博格和女人——自然的重塑[M]. 陈静,译. 郑州:河南大学出版社,2016.

132. 托马斯·弗里德曼. 世界是平的:21 世纪简史[M]. 何帆,肖莹莹,郝正非,译. 长沙:湖南科技出版社,2006.

133. 威廉·J. 米切尔. 伊托邦——数字时代的城市生活[M]. 吴启迪,等译. 上海:世纪出版集团,上海科技教育出版社,2005.

134. 威廉·J. 米切尔. 比特之城——空间、场所、信息高速公路[M]. 范海燕,胡泳,译. 北京:生活·读书·新知三联书店,1999.

135. 维克托·迈尔-舍恩伯格,肯尼思·库克耶. 大数据时代[M]. 盛杨燕,周涛,译. 杭州:浙江人民出版社,2013.

136. 文森特·莫斯科. 数字化崇拜:迷思、权力与赛博空间[M]. 黄典林,译. 北京:北京大学出版社,2010.

137. 乌苏拉·胡斯. 高科技无产阶级的形成:真实世界里的虚拟工作

[M]. 任海龙，译. 北京：北京大学出版社，2011.

138. 邬晓燕. 科学乌托邦主义的建构与解构[M]. 北京：中国社会科学出版社，2013.

139. 吴国盛. 技术哲学讲演录[M]. 北京：中国人民大学出版社，2009.

140. 西恩·贝洛克. 具身认知：身体如何影响思维和行为[M]. 李盼，译. 北京：机械工业出版社，2016.

141. 西皮尔·克莱默尔，编. 传媒、计算机、实在性——真实性表象和新传媒[C]. 孙和平，译. 北京：中国社会科学出版社，2008.

142. 西斯·哈姆林克. 赛博空间伦理学[M]. 李世新，译. 北京：首都师范大学出版社，2010.

143. 休伯特·德雷福斯. 计算机不能做什么——人工智能的极限[M]. 宁春岩，译. 北京：生活·读书·新知三联书店，1986.

144. 许煜. 论数码物的存在[M]. 上海：上海人民出版社，2019.

145. 雪莉·克特尔. 群体性孤独：为什么我们对科技期待更多，对彼此却不能更亲密[M]. 周逵，刘菁荆，译. 杭州：浙江人民出版社，2014.

146. 杨庆峰. 翱翔的信天翁——唐·伊德技术现象学研究[M]. 北京：中国社会科学出版社，2015.

147. 姚建华. 媒介产业的数字劳工[C]. 北京：商务印书馆，2017.

148. 尤瓦尔·赫拉利. 今日简史：人类命运大议题[M]. 林俊宏，译. 北京：中信出版社，2018.

149. 尤瓦尔·赫拉利. 未来简史：从智人到智神[M]. 林俊宏，译. 北京：中信出版社，2017.

150. 约翰·R. 苏勒尔. 赛博人：数字时代我们如何思考、行动和社交[M]. 刘淑华，张海会，译. 北京：中信出版社，2018.

151. 约翰·布罗克曼. AI 的 25 种可能[M]. 王佳音，译. 杭州：浙江人民出版社，2019.

152. 约翰·布罗克曼. 人类思维如何与互联网共同进化[M]. 付晓光，译. 杭州：浙江人民出版社，2017.

153. 约翰·布罗克曼. 如何思考会思考的机器[M]. 黄宏锋，李骏浩，张羿，等译. 杭州：浙江人民出版社，2017.

154. 约翰·布罗克曼. 文化：关于社会、艺术、权利和技术的新科学

[M]. 侯新智，许云萍，盛杨燕，译. 杭州：浙江人民出版社，2019.

155. 约翰·杜海姆·彼得斯. 对空言说：传播的观念史[M]. 邓建国，译. 上海：上海译文出版社，2017.

156. 约翰·杜海姆·彼得斯. 奇云：媒介即存有[M]. 邓建国，译. 上海：复旦大学出版社，2020.

157. 约翰·赫伊津哈. 游戏的人：文化的游戏要素研究[M]. 傅存良，译. 北京：北京大学出版社，2014.

158. 约翰·马尔科夫. 人工智能简史[M]. 郭雪，译. 杭州：浙江人民出版社，2017.

159. 约书亚·梅罗维茨. 消失的地域：电子媒介对社会行为的影响[M]. 肖志军，译. 北京：清华大学出版社，2002.

160. 约斯·德·穆尔. 赛博空间的奥德赛：走向虚拟本体论与人类学[M]. 麦永雄，译. 桂林：广西师范大学出版社，2007.

161. 詹姆斯·弗拉霍斯. 智能语音时代：商业竞争、技术创新与虚拟永生[M]. 苑东明，胡伟松，译. 北京：电子工业出版社，2019.

162. 张以哲. 沉浸感：不可错过的虚拟现实革命[M]. 北京：电子工业出版社，2017.

163. 张屹. 赛博空间与文学存在方式的嬗变[M]. 北京：中国社会科学出版社，2018.

164. 周宪，陶东风. 文化研究（第 35 辑）[C]. 北京：社会科学文献出版社，2018.